Physique quantique
Physique noétique
Homme démiurge

Du même auteur

Journal du temps suspendu, Dialogue avec la Vérité. 2002

Paradigmes et postulats pour une révolution
ou La Prophétie de la Physique 2002

Conscience Visionnaire et Amour. 2002

Amour et Religion 2004

Physique noétique Tome I. L'Ordre implexé de l'Univers Information
d'Ordre désimplexée Déploiement de l'espace–temps 2004

Physique noétique Tome II. Implexité, désimplexité, déploiements
Anthropogenèse Finalité universelle 2004

Physique noétique Tome III Implexum noétique Anthropocréation
noétique et démiurgique 2004

Troisième miracle ou l'Accomplissement de l'humanité 2005

Physique noétique Tome IV La Grande Révolution conceptuelle
de l'Univers L'Homme–Démiurge Créateur du Monde

La BioNoétique ou l'Incarnation du Troisième miracle. 2005

Physique noétique Tome V Théorie du Champ nouménal Principe
holomorphe. Une introduction à la BioNoétique. 2005

Physique noétique Tome VI. La thermodynamique de l'Invisible
De la matière évanescente à la matière BioMacroNoétique…
immortelle 2006.

La Révélation de Dieu–en–l'Homme. La grande Catharsis de
l'humanité. 2007.

N'–Théorie. La Fusion de l'Espace–temps
et la Finalité universelle par le Nombre d'Or. 2007.

Refondation de l'humanité ou la Grande extinction de la Vie ? 2008

Cantique sans paroles. 3ième édition. 2008

Gnosis noétique métaphysique.
La Rédemption par la Connaissance. 2208

L'Union Matière-Esprit par la Gémellarité. 2008

La grande Unité de l'Univers Matière-Esprit révélée
par la physique. 2009

Johann Soulas

Physique quantique
Physique noétique
Homme démiurge

Publibook

Retrouvez notre catalogue sur le site des Éditions Publibook :

http://www.publibook.com

Éditions Publibook
14, rue des Volontaires
75015 PARIS – France
Tél. : +33 (0)1 53 69 65 55

IDDN.FR.010.0113837.000.R.P.2009.030.40000

Cet ouvrage a fait l'objet d'une première publication aux Éditions Publibook en 2009

« Le hasard, c'est Dieu qui
se promène incognito »

Albert Einstein

A Judith,

A Huguette,

A Jean,

A Céline,

Dans la Fidélité de l'Absolu.

Révolutions culturelles
Révolution conceptuelle
Et quiddité

« S'il est dans toute la nature un objet qui semble matérialiser une intention, un projet, une finalité enfin, ou, si l'on préfère d'user d'un terme plus savant et moins compromis, d'une « téléonomie », c'est, à coup sûr, le germe, ce « comprimé d'avenir ».

Jean Rostand, 19-10-1972

Lorsqu'au cours de sa vie, l'homme, à force d'avoir cherché, bute contre le mur de l'Inconnu, il lui est signifié qu'il est prêt pour la seule révolution qui vaille, celle de son être **intérieur**. Traverser ce mur est une épreuve redoutable. C'est l'aventurier qui ose aller « défricher » tout ce qu'au plus profond de lui-même, son « moi », lui avait toujours « interdit ». Défricher, c'est élaguer, arracher l'ivraie qui stérilise la floraison de la prochaine fructification laquelle serait, sinon, condamnée. La « friche » désignée, ici, c'est le flot des infinies variétés de conditionnements qui inondent toute existence et auquel la quasi totalité des femmes et des hommes ont toujours fini par se soumettre. Mais l'expérience lucide apprendrait que l'immense majorité des conditionnements psychiques résulte de présupposés, de préjugés qu'une mise à l'épreuve psychologique patiente permettrait, sans tarder, de cataloguer dans la rigidité des relativismes.

Notre constitution est faite pour questionner, apprendre puis comprendre. Elle n'a jamais été faite pour « accepter a priori ». L'intrépidité, l'exigeante honnêteté du questionnement désigne la vérité. Nous sommes tous nés au sein d'une famille et de son environnement qui nous ont fourni, les premières années, des repères. Avec l'adolescence se pose la première question sérieuse : ces repères, à leur tour, sont-ils conditionnés, « pré-jugés » ? La réponse, simple, est évidente dans son affirmation. Sont-ils subalternes, nuisibles ou utiles ? Subalternes, jamais, utiles si une éducation intelligente vient en décliner toutes les facettes habituelles, nuisibles si l'intelligence fait défaut. La complexité de la solution, s'il y en a une, est telle que l'homme qui en résulte, élargi à l'humanité, est un produit bâtard, héritier de confluences dont la multiplicité, insupportable au psychisme, conduit habituellement à de multiples formes de schizoïdies (la plupart du temps bénignes au sens où la psychiatrie ne leur confère pas l'attribut pathologique) qui rendent l'existence, à terme, néanmoins difficile.

La vérité, cette sorte d'« inflammation » aiguë de l'éthique, naît dans le berceau de chaque nourrisson, dans le ventre de sa mère, en « accord » avec sa conception physique. Ce sont tous les travestissements auxquels conduisent les conditionnements acceptés, nés de la vérité relativisée, donc avalisés, sans esprit critique positif (non conflictuel), qui éloignent, avec les années, la quête pathétique du RÉEL et qui conduisent actuellement l'humanité au bord du gouffre nécessaire (cf. « La Refondation de l'humanité ou la Grande Extinction de la vie ? » J. S. Publibook). Le seul antidote possible est la Révolution de toutes ses conceptions antérieures dans la Quiddité, dans sa « propre Essence », dans CE QUI EST. Celle-ci ne saurait être instruite par aucune philosophie, aucune psychologie actuelle, et encore moins par l'idéologie politique. Le seul « assassin » de l'antidote est l'idéologie religieuse, d'où qu'elle vienne puisque, par nature, chacune d'elles prétend détenir LA Vérité.

Précisément, lorsque la Révolution en question survient, la capacité critique d'évaluer les conditionnements est telle, que la mainmise de l'égocentre sur sa propre individualité se trouve compromise. Progressivement, la Voie royale de la Vie et du RÉEL s'ouvre et l'homme, en cessant, petit à petit, d'accepter l'emprise du contingentement, s'Éveille en se libérant de la tutelle des présupposés, des « pré » jugés qui cessent d'être juges et jugés mais qui s'autorisent en « autojuridictions » éclairées, où tout cesse d'être « pré » établi dans l'ignorance du pourquoi, pour s'établir dans la « juridiction éthique » du SOI.

Si aucune philosophie ne parvient à éveiller toutes les facultés à la CONSCIENCE de l'être, la Science, quant à elle, peut en être la talentueuse instigatrice imprévue. D'aussi loin que l'homme se souvienne, qu'il auscultât son environnement ou qu'il consultât le ciel, il lui a fallu explorer. Les progrès techniques, la persévérance dans une quelconque « curiosité d'au-delà » incitèrent l'astronomie à explorer l'univers par les propriétés heureusement révélées de l'optique. Bien vite, les investigations théoriques montrèrent que notre vaste Univers s'est développé sous l'égide d'une édification **structurelle** de la matière en organisation de plus en plus développée par le « conflit ». Conflit et complexité. Ce que les observations astronomiques nous montraient, les géologues, paléoanthropologues et biologistes devaient en confirmer la justesse concernant le développement de la vie sur notre planète : l'évolution « mise en forme » par Charles Darwin, naturaliste anglais, ne pouvait se comprendre, en termes de sélection des espèces, que par la notion du conflit (à noter que la théorie des catastrophes, bâtie par l'éminent mathématicien français, René Thom, démontre impeccablement comment toute morphologie résulte d'un conflit ou de vastes ensembles conflictuels ; pour ne prendre qu'un seul exemple puissamment révélateur, celui de l'apoptose embryogénique du fœtus qui, au cours de sa gestation de neuf mois, voit les cellules qui l'ont formé, détruites progressivement et remplacées par des cellules neuves jusqu'à 95% du potentiel cellulaire originel au cours d'une « guerre » spectaculaire et sans merci).

Les prémices de la première grande révolution conceptuelle s'ébauchèrent ainsi (cf. « Gnosis noétique et métaphysique » Publibook 2008) : les trois ébranlements successifs, astronomique, biologique et psychique. Une Histoire nouvelle va commencer, difficile et douloureuse, parce que les trois bouleversements en question vont « assainir », petit à petit, la vision du monde ; les croyances millénaires basées, grosso modo, sur les affirmations théistes et religieuses, sont secouées car l'on passe de l'affirmation gratuite à une conjecture basée sur la **raison**, ce que l'observation analysée nous permet d'engager en tant que réflexions discursives.

La première vision de notre condition terrestre est que nous faisons partie du vaste univers. Dans les apparences dimensionnelles, dans l'évaluation de l'énergie comparée, nous sommes proches du « rien », vague poussière, peu différente d'un caillou du chemin, nullement épargnés par les colossales menaces potentielles telluriques, météorologiques et cosmiques. Mais ce nihilisme nouveau qui nous débarrasse d'un infantilisme lié à la superstition et à la magie, nous rapproche de la grandeur d'une « législation » universelle entrevue et dont le paradoxe n'est pas absent : si je suis cette poussière, issu d'une lignée évolutive datant de beaucoup de milliards d'années, c'est que l'espèce dont je suis est aussi la seule capable, dans l'Univers, à en analyser les données. Quelle analyse est la plus importante ? Celle d'un nihilisme masochiste outrancièrement matérialiste qui me renvoie dans le macabre décor de l'insignifiance, ou l'autre qui me dit : si j'ai la **Conscience** totale de pouvoir observer, de juger par la **Raison** d'une hiérarchie dans l'organisation du développement édificateur, c'est que j'appartiens à la

CONSCIENCE universelle dont je suis également issu et qui me permet cette contemplation. Mieux ! Si l'Univers donne naissance à la CONSCIENCE, c'est que celle-ci donne un sens à l'Univers. Alors, en donnant Sens à l'Univers, l'observateur que je suis s'investit lui-même du Sens comme partie de cet Univers, **devient** Univers Lui-même ! Gardons-nous de juger ces propos hâtivement et faisons alors en sorte d'apprendre que le cerveau humain, pour insignifiant qu'il paraisse par sa taille, par sa masse, constitue en fait – au meilleur sens du terme – le sommet de l'organisation dans l'Univers. Poussons maintenant dans les derniers retranchements : la montagne n'a pas accouché d'une souris minuscule, c'est la petite souris qui accouche du colosse montagnard, c'est l'être dérisoire que je suis qui, bien qu'issu de l'énergie primitive colossalement « insignifiante », s'autorise CRÉATEUR du Monde ! Nous revoici aux prises avec l'antique Alliance, mais sur des bases nouvelles. La vieille version, basée sur la croyance en une sorte de « panthéon » divin, demeures de figures paternelles veillant sur nous, vaille que vaille non sans bienveillance, a volé en éclats. L'univers, rétréci commodément, était rassurant. Dieu ou les dieux étai(en)t le (ou les) patron(s) de ces figures et nous empêchai(en)t de nous sentir seuls, aux prises avec nous-mêmes avec nos incertaines responsabilités. Nous étions, tous, enfants de Dieu. Si nous nous comportions bien, il nous accueillait volontiers au ciel. Puis, voici la « tourmente » astronomique qui nous dévoile l'infinitude dans son immensité, la manière dont l'Univers s'est constitué, progressivement, à partir d'un « bourdonnement » d'électrons et de protons avec le premier atome d'hydrogène, à, partir de cette « origine » mystérieuse que la notion popularisée appelle big bang (j'y reviendrai à la deuxième Partie). Et voici le choc biologique qui nous apprend que notre ascendance est moins glorieuse que nous aurions pu le croire. Le « Père-qui-êtes-aux-cieux » est remplacé par le chimpanzé et tous les ancêtres qui ont hanté l'espace terrestre au cours des quelques milliards d'années d'évolution. Et, pour clore le tableau du nihilisme désespérant qui vient de renverser la pléthore des dieux, voici que l'iconoclastie voudrait encore nous habituer au hasard ; défunts fils de Dieu, nous serions les enfants du hasard !! Terrible. Trop poussé ? Peut-être inacceptable ? Je devrai m'y arrêter. Mais on peut comprendre la communauté des physiciens novateurs du probabilisme relativiste, méfiants du certain. En attendant, voici pour terminer, le carnage des certitudes : le **choc psychologique**. Le plus éprouvant. Dans celui-ci vient régner l'Inconscient, personnel puis collectif, un amalgame fait de mémoires conflictuels, ayant installé de redoutables phénotypes qui nous auraient emprisonné dans des schèmes mentaux sous bannière de libre-arbitre. Conjonction : le phénotype s'intègre dans le génotype qui conditionne la génétique, qui renvoie les pères spirituels aux oubliettes d'un musée soudain dégarni voire délabré.

C'est ainsi que nous entrons brutalement dans l'éprouvante révolution conceptuelle sans en avoir encore terminé avec les bouleversements culturels, astreintes pas encore suffisamment explorées. Nietzsche avait déjà enfoncé le glaive qui veut définitivement occire les croyances religieuses en annonçant, à sa manière, que Dieu est une pure invention humaine. Voici la Science devenue lèse-croyance, coupable de lèse-divinité. Coupable ? Certes pas ! La mythification tous azimuts a été avenante au cours des siècles passés, elle a accompli suffisamment de détournements d'intelligences pour devoir céder la place au rationnel (je n'ai pas dit **rationalisme** !). Les temps sont venus pour que nos intelligences désormais entraînées à affronter les « tempêtes » qui sévissent déjà, acceptent par la force du Destin, de regarder le RÉEL droit en face. Pour que nous apprenions que l'homme est RESPONSABLE de tout. Il en a toujours été ainsi. Il est temps qu'il accepte qu'il n'y aura jamais nul dieu pour l'extraire de sa misère, pour empêcher les calamités et la foudre ou l'holocauste de briser les fragiles conquêtes et possessions de toutes sortes. Il est temps que l'homme apprenne l'austère évidence : né les mains vides, lorsque son dernier soupir aura expiré, il « quittera les lieux » les mains vides.

Ce que j'appelle Révolution conceptuelle dans la quiddité, c'est accepter puis honorer, après avoir arpenté la dernière révolution qui nous a débarrassé du dernier bandeau psychologique qui refusait de regarder les choses de ce monde en face, notre confrontation à la dernière ligne **droite** de la Voie royale : Dieu est « dans l'Homme ». Après la Mutation intégrale de son être, de la contingence à l'Accomplissement Hors-conflit, l'Homme découvrira qu'il est Créateur du vaste Univers, du Monde, de la vie, de Lui-même. Donc du RÉEL. Non pas du « réel » relatif selon une opinion personnelle, mais de l'ABSOLU, de l'ESPRIT-INCRÉÉ ce qui n'a jamais pu être enseigné par la théologie la plus ouverte. Fin, donc, des relativismes ? Non ! Chaque « chose » à sa place. Rendez la relativité à César. Et l'ABSOLU ? « Il « n'est pas à « rendre ». Essence du TOUT, il EST.

Qui saurait nous y conduire ? L'Évolution naturelle du Destin ? Après l'étape biophysiologique, ce sera l'« Ère-Psyché ». Que me permet une telle prétention, une énormité aussi péremptoire ? L'énormité même de l'Enjeu. Quel en est le support ? Encore une fois, dans sa ligne évolutive naturelle : la SCIENCE. Et nous allons découvrir une merveille : l'ancienne fausse alliance, par Révolution obligée, va devenir la Grande et dernière Alliance. Après avoir dissous les divagations religieuses multiséculaires mais aussi l'« extravagance-Hasard » des sciences matérialistes.

Il y a plus d'un siècle. La première « catastrophe conceptuelle » fit irruption dans le monument de la physique qui croyait avoir achevé, à l'orée du vingtième siècle, son descriptif de la Nature : ce fut la **Mécanique quantique**, puis la **physique quantique**. Chercheur solitaire car je n'ai trouvé nul « compagnon » pour accompagner l'indicible, je prétends apporter, après plus de dix ans de recherches directes à la suite de dix années d'approches indirectes et nombre d'ouvrages, le « prolongement » nécessaire par ce que j'ai nommé PHYSIQUE NOÉTIQUE. Celle-ci, assurée des solides bases traditionnelles de la physique classique et de la Mécanique quantique, « libère » la physique quantique de son encombrant harnais « espace-temps » et l'« enroule » là où elle est destinée à évoluer : la Fusion Espace←temps. Les conséquences en sont fastueuses : la physique noétique devient une physique holiste au sens où elle intronise l'Information non moins royale de la CONSCIENCE universelle, non plus liée directement au mental du cerveau, mais à l'Indicible ABSOLU. C'est la Révélation ESPRIT dans une conjecture métamathématique quasi démontrée. C'est, en conséquence, la Révélation d'une potentialité démiurgique constitutive de l'homme qui devient Homme, l'Homme en voie d'Accomplissement. Je lui ai « offert » la désignation NOÉTICANTHROPE.

Ainsi, la Science physique contemporaine serait-elle encore aux avant-postes de la CONNAISSANCE humaine, le tremplin salvateur pour dessiller les yeux de l'ignorance ? Pour sauver de la dévastation généralisée qui menace ? L'on se rappelle ce que le génie du siècle dernier, Albert Einstein, a dû affronter, d'abord dans son propre camp de la communauté physicienne à la suite de la publication de sa magnifique théorie de la Relativité généralisée qui a marqué la physique d'il y a un siècle puis l'esprit des hommes de l'Occident dans son ensemble, d'un stigmate indélébile. Vaille que vaille, la tradition a dû être bousculée. Aujourd'hui, il est devenu indispensable de considérer l'avènement de la physique quantique, après la relativité générale, comme le Choc – ni plus astronomique, ni biologique – mais psychologique le plus impérieux pour préparer nos sociétés à la Révolution conceptuelle.

Mais c'est la QUIDDITÉ de celle-ci qui est dévoilée dans la physique noétique. Gageons qu'une Révolution (en gestation) encore plus exigeante que celles dont je viens d'esquisser le portrait sera nécessaire.

Aucune obsession de singularisme ni de grandeur. Toute révolution installée, avec le temps, dans les esprits, dicte les comportements dans le naturel grandissant des choses du coutumier. Plus tard, à long (?) terme, la Noéticanthropie apparaîtra dans sa belle austérité comme l'évidence même dans sa simplicité naturelle, dans sa condition définitivement humaine, clôturant ainsi le cycle de la Finalité du Monde.

Pour terminer ce préambule, et pour clarifier mon discours dans la partie qui va suivre, quelques mots concernant le hasard. On peut accepter de comprendre en fonction de l'avancement des esprits, dans l'ordre de ce qui doit évoluer au gré du temps « qui passe ». Mais il est permis, dans l'éclairage de l'« aguet » qui annonce ce qui vient, de s'opposer à l'idéologie. La notion du hasard s'est blottie, précisément, dans cette détestable disposition matérialiste des sciences dites dures et humaines. Détestable, parce que son emprise s'est établie sans intelligence et avec une dose suffisante d'ostracisme pour en avoir rajouté au nihilisme inévitable des nécessaires bouleversements apportés par l'astronomie, la géologie, la paléo-anthropie, la biologie et la révolution psychologique freudienne et jungienne. Il a suffi d'un prix Nobel, nommé Jacques Monod, parce que « nobel », pour installer le hasard comme une loi de la Nature. C'est faux ! J'aimerais titiller, à ce sujet, les esprits mathématiciens augustes dans la spécialité du calcul des probabilités et leur demander de me « dire » la probabilité pour que, dans l'espace-temps, plus de dix milliards d'années après le (soi-disant commencement primordial) big bang, pour qu'apparût la planète Terre compte tenu de l'avènement de l'homme puis… de l'Homme. Pour ma part, et pour rester très simple, je vais y répondre, sans prétention ni condescendance. Au cours de mes travaux, j'ai établi il y a environ un an un « nombre », tellement gigantesque qu'il exclut du domaine des grandeurs, non seulement totalement l'imaginable, mais encore « nommable » ; mais, puisqu'il faut désigner, voici le « Gogol-Asankheya » de valeur approchée $1{,}8.10^{122}$ (1,8 suivi de 121 zéros !!). Le nombre de particulaires élémentaires dans la vastitude de l'Univers est de l'ordre de 10^{80} (1 suivi de 80 zéros). On pensait avoir « épuisé » l'hypergigantisme. Il n'en est rien (il paraît qu'un autre physicien aurait aussi trouvé ce nombre hallucinant mais j'ignore comment). Selon moi, ce Nombre désigne TOUT INFORMATIF. La probabilité pour que l'organisation suprême de l'Univers (le cerveau humain) apparût est donc de l'ordre de l'inverse de $1{,}8.10^{122}$ soit environ un peu plus de $0{,}55.10^{-122}$ (zéro, virgule, suivi de 122 zéros puis le chiffre 55). L'honnêteté intellectuelle minimum décrète alors la **nullité absolue**. Le **hasard** combinatoire pour qu'il « suscitât » notre planète « destinée » (!) à « façonner » dans l'espace-temps, l'organisation la plus élevée de l'Univers, est donc rigoureusement nul. Pourtant ! Nous y sommes pour en discuter. En poussant notre amusement plus loin et en décrétant, par exemple que chaque unité de ce Nombre-Univers représente une seconde, il eut fallu de l'ordre de 10^{113} à 10^{114} années alors que l'Âge-durée de l'Univers n'est que d'environ $13{,}7.10^{9}$ années. Concluons. D'après l'astrophysicien Hubert Reeves, le déterminisme intégralement organisateur de l'Univers n'aurait engendré que « grisaille et monotonie ». J'ajouterais bien volontiers, un « totalitarisme » engendrant la mort immédiate. D'où la nécessité du hasard lequel, par sa diversité dans l'imprévu soumis au probabilisme, nous aurait évité la « mort thermique » due à l'uniformité entropique. Soit. Dans ce cas, il y a malentendu sémantique. Le hasard peut alors être le masque de notre ignorance, il saurait alors, quant à lui, être intelligent. Mais ce n'est pas ainsi que le hasard est compris. Notre masque ignorant se joint à la cécité du hasard et l'on s'en remet au calcul des probabilités. Sauf que... le développement édificateur de notre univers n'a rien à voir avec le « jackpot » des jeux du « gros lot » où chacun perd beaucoup d'argent mais où le casino en gagne beaucoup. Et l'on retrouve la physique noétique qui remplace probabilité par **Intention** noétique (I. N.). En effet, l'I. N. Hors-Temps-Espace, sur la base d'ESPRIT-INCRÉÉ, engendre la **téléonomie** qui est l'étude des lois de la Finalité. Ainsi le discours-hasard s'éclaire-t-il (ce qui n'échappa nullement à Jacques Monod, rendons-lui sa perception aiguë) sous un jour nouveau. Sans le moindre prédéterminisme linéaire, l'acausalité Fusion Espace←temps, se détermine causalement, chronologiquement, mais avec de **très grands nombres de liberté** que seule la théorie du morphogénisme basée sur la sélection des lois du conflit, générateur de qualités, est capable de traiter. Ainsi, la boucle-quiddité est-elle « bouclée ». La Noéticanthropie, c'est la boucle « bouclée » du conflit : c'est pourquoi le Démiurge crée-t-il HORS CONFLIT.

Première partie

Physique quantique

Physique Noétique

L'aube du Réel

1

Transgression

La loi tribale

Imaginons un lieu commun en forme de conte, bien que le décorum ne le soit pas : deux terriens, l'un savant, l'autre astronaute se livrent à une expérience inédite. Le premier a mis au point un système technique ultrasophistiqué destiné à **séparer l'Illusion du Réel**. C'est pourquoi l'astronaute doit aller sur la planète Mars pour en vérifier le fonctionnement. Les calculs ont été effectués pour que, au moment où la capsule spatiale se déposera sur la planète rouge, celle-ci sera distante, assez exactement de 48 millions de kilomètres de notre planète bleue compte tenu que le voyage interplanétaire aura duré trois ans pour le cosmonaute. Ce dernier ne sortira pas de sa capsule car le matériel amené pour communiquer avec la Terre ne doit souffrir d'aucun parasitage (à cause des rayonnements cosmiques sur la planète (quasi absence d'atmosphère). Les deux hommes, au cours des trois ans, sont restés en communication hertzienne toutes les quatre minutes, les récepteurs, l'un resté sur Terre, l'autre emmené dans la capsule, affichent le temps avec une précision égale à la millionième de seconde (horloges astronomiques). Les signaux hertziens voyageant à la vitesse de la lumière (299792,458 Km/s) peuvent alors situer au mètre près la position quasi instantanée de l'astronaute. A l'arrivée sur Mars, l'extrême précision technique ayant piloté l'opération, compte tenu des trois années (exactement) de parcours nécessaire, indique bien à une précision meilleure à quelques kilomètres près, la distance exacte par rapport à la Terre : le signal met exactement 160 secondes (à 10^{-6} seconde près) pour parvenir à la capsule. A l'instant exact (à un millionième de seconde (10^{-6}) près où le signal arrive, un autre, identique, part vers le laboratoire terrestre lequel, au terme de 160 secondes exactes (à 10^{-6} s près) renvoie à 10^{-6} s près le même signal vers Mars et ainsi de suite.

La première partie de l'expérience est vite effectuée. Tous les modèles mathématiques traités par calculateurs rapides sont vérifiés expérimentalement. Rien d'extraordinaire donc. Comme l'exprime l'astronaute au savant qui recevra son message 2 minutes 40 secondes plus tard : « la loi tribale est vérifiée ».

La loi transgressée

Commence la deuxième phase de l'opération. Elle a été soigneusement mise au point dans des laboratoires terrestres spécialisés en mécanique quantique. Mon histoire se permet la liberté d'imaginer une sophistication suffisamment élaborée pour admettre une technique extrêmement avancée. Le matériel, ultraminiaturisé, comporte un canon à photons qui ont été corrélés, par un cristal d'oxyde de niobium-potassium. Le matériel comporte encore quatre détecteurs à coïncidence à très haute sensibilité, avec une résolution telle que seul le photon à longueur d'onde déterminée à 1 nanomètre près et qui doit être détecté, le sera à exclusion de tout parasite cosmique. Deux détecteurs ont été embarqués à bord de la fusée interplanétaire. Le calcul, rappelons-le, a été effectué avec une extrême précision, trois années, millième de seconde pour millième seconde près, avant le départ pour que la position de Mars vis-à-vis de la Terre soit telle que les centres respectifs du dispositif coïncident avec le centre du Soleil afin que l'alignement des deux appareils soit assuré avec le maximum de précision. La première phase de l'opération terminée (très rapidement), commence la deuxième phase, beaucoup plus délicate. L'astronaute a eu l'habitude de s'y entraîner à loisir durant les trois années qu'a duré le voyage d'autant plus qu'il est resté en communication constante avec le savant (resté sur Terre) à 160 secondes près (durée du voyage de l'information électromagnétique communicative entre les deux planètes). Précisons, maintenant, les données de l'expérience. Celles-ci exigent des connaissances théoriques dépassant le discours de cet ouvrage. L'astronaute va faire en sorte de s'expliquer à lui-même la « manip' » en se servant des diodes E. L. de la console de travail, et de manière accessible à la compréhension, le reste étant une configuration périphérique à programmer par l'activation ou non des D. E. L. (diodes électroluminescentes). Le but du travail consiste à déterminer :

1. si la **communication quantique** suit – ou non – les lois classiques de la physique (loi tribale : celle qui suit la vitesse de la lumière (**aucune** vitesse de communication ne peut lui être **supérieure**) ;
2. au cas où la loi serait transgressée, la limite de cette vitesse (300000 Km/s) serait-elle violée ?
3. dans le cas ②, est-il possible de déterminer la structure géométrique de l'espace-temps de l'Univers entier au cas où la transgression ne concernerait pas la vitesse céique à 300000 Km/s, vitesse qui resterait bien la limite indépassable ? Et en déduire qu'une telle géométrie corrèle l'espace-temps ou non ?

Le schéma de principe de l'opération est représenté ci-dessous :

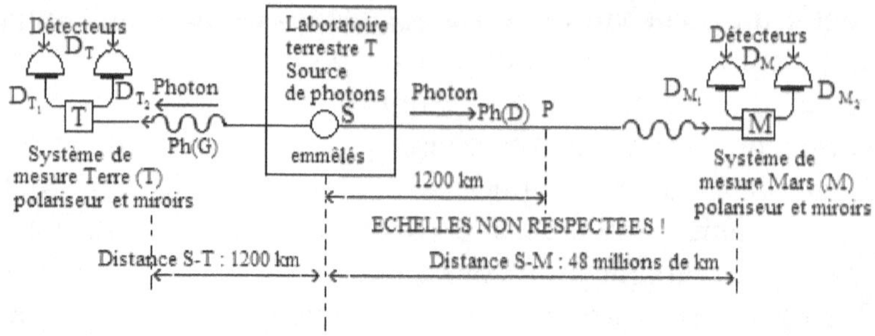

Figure 1

Le système polariseur T est sélectionné par l'opérateur du laboratoire terrestre. La source de photons laser emmêlés est un cristal d'oxyde de Niobium-potassium ($KNbO_3$). L'un des deux photons est orienté vers le système de mesure T, l'autre, dans l'alignement exact (parfait) avec le premier « vole » vers le système de mesure M. La distance S-T est égale à 1200 Km, la distance S-M est égale à 48 millions de kilomètres. Les deux photons volent vers les détecteurs à vitesse rigoureusement constante et égale à 299792458 mètres par seconde que l'on arrondit ici pour des considérations de simplification à 300000 Km/s. Le photon G (à gauche) parvient donc au mesureur (T) au terme de 1200/300000 = 0,004 s (quatre millième de seconde). Le photon D parvient au mesureur (M) au terme de 48 millions de Km divisé par 300000 Km/s soit 160 secondes (2 minutes 40 secondes). On admet que les techniques ont évolué suffisamment pour que le photon D puisse parvenir sans encombre sur le mesureur M enfermé dans la capsule de l'astronaute immobilisée sur la planète Mars. Le photon D « voyage » donc selon une durée égale à 160/0,004 soit 40000 fois plus importante que le photon G. Lorsque le photon G parvient au mesureur T, le photon D, très loin encore de Mars, est situé quelque part dans l'espace intersidéral, au point P, toujours dans l'alignement parfait entre les deux mesureurs T et M. Voici ce qui va se passer, maintenant. Les deux systèmes de mesure (T et M) peuvent être considérés comme, soit des commutateurs optiques, soit des miroirs semi réfléchissants et réfléchissants, ces ensembles étant pilotés par ordinateurs synchronisés depuis la Terre et Mars. Les systèmes de mesures étant déclenchés (actifs) lors du départ des deux photons, celui de gauche (G) atteint (supposons) le commutateur (T), tel qu'il soit « ouvert » pour le photon G ; ce dernier passe donc et va « renseigner » l'un des deux détecteurs (admettons D_{T_1}) qu'il est passé. L'opérateur terrestre sera avisé par un dispositif photoélectrique du passage (diode électroluminescente). Les ordinateurs mettent en mémoire ce premier résultat. Deux minutes et quarante secondes plus tard, le photon D parvient sur le mesureur M et l'opérateur astronaute enregistre également le passage de celui-ci sur le détecteur D_{M_1}. Les ordinateurs mettent en mémoire ce deuxième passage. Les opérateurs humains T et M **ignorent** a priori si le mesureur T « **permet** » ou **non** le passage du photon G vers l'un des deux détecteurs. Le calcul des probabilités indique qu'une chance sur deux est réservée au photon, soit pour le passage (« porte » ouverte », soit pour l'arrêt « porte » fermée, le photon étant absorbé). Les ordinateurs synchronisés (T et M) pilotent l'expérience en faisant en sorte qu'au terme du voyage du photon D vers Mars, l'opération recommence, identiquement à la précédente. Au terme d'un nombre d'opérations statistiquement satisfaisant (mille, durant presque 44 heures et demie d'affilée), les deux opérateurs T et M sont en droit, en respectant les critères classiques des lois de la physique, de s'attendre à ce que, le commutateur T ayant une chance sur deux d'être soit ouvert, soit fermé, et celui de Mars, également, les résultats fournis par les détecteurs soient en conformité à savoir le résultat suivant : les deux détecteurs T et M réagissent en toute **indépendance** l'un par rapport à l'autre, indiquant ainsi aux opérateurs la même

indépendance entre les deux systèmes de mesures T et M. Mais les opérateurs ne constatent rien de tout cela.

Rappelons bien la précision des horloges pilotant les ordinateurs et, simultanément, la source laser S des photons : un millionième de seconde ! Ce qui fait que le photon G (en admettant qu'il soit doué de « prévoyance ») ne « sait » nullement « à l'avance » si le commutateur polariseur optique le laissera « passer » ou non. C'est au **moment précis** où il atteint celui-ci (0,004 seconde après son départ) qu'il le « saura » seulement. Que constatent, maintenant, les opérateurs ? Lorsque le mesureur T est **passant** pour le photon G, le photon D parvenant 2 min 40 secondes plus tard sur le mesureur M, **passe** aussi ; lorsque le mesureur T est **non passant** pour le photon G, le mesureur M sera **non passant** également pour le photon D. Et ceci, non pas au « hasard coïncidant » mais avec une quasi certitude proche de 100% sur le millier de mesures effectuées. Le constat suivant s'impose : au moment précis (à la millionième de seconde près) où le photon G « **constate** » (0,004 seconde après son départ) que la « porte » est **ouverte**, il « renseigne » le photon D qui vole vers Mars et qui se trouve exactement et au **même** instant à 1200 Km de la Terre et à 2 × 1200 Km = 2400 Km du photon G, **met sa polarisation en conformité** pour que, lorsqu'il parviendra 2 min. 40 secondes (moins 0,004 seconde !) sur le commutateur M, ce dernier soit ouvert et non fermé pour qu'il y ait **coïncidence photoélectrique** entre les deux détecteurs D_{T_1} et D_{M_1}. Si, dans les mêmes conditions, la « porte » est fermée pour le photon G, le photon D, au **même instant** « sait » qu'elle est fermée et se met en conformité pour que le mesureur M soit fermé pour lui lorsqu'il y parviendra. Dans ce cas, les deux photons (G et D) ayant été absorbés, ne déclenchent pas la diode électroluminescente « passage » (lumière verte) mais la diode « arrêt » (lumière rouge). **Le résultat est**

fantastique !!! Car… comment le photon D peut-il être renseigné à l'instant exact où le photon G apprend la situation (« passage » ou « arrêt ») ? Ils sont séparés à cet **instant exact** (photon D est en P sur le trajet vers Mars) de 2400 Km l'un de l'autre. Or, pour être renseigné, un signal de communication électromagnétique est nécessaire qui ne peut aller plus vite qu'à 300000 Km/s. Normalement, ce signal devrait donc aller infiniment plus vite que les photons eux-mêmes mais qui volent quant à eux, précisément, à la vitesse indépassable de 300000 Km/s ! Aucune possibilité, donc, pour le photon D, de pouvoir être rattrapé par un tel signal. La conclusion, fastueuse, est simple : CE SIGNAL N'EXISTE PAS. D'ailleurs, les conclusions de la théorie de la relativité restreinte, vérifiées sans cesse et connues depuis un siècle maintenant, sont formelles. Dans notre référentiel espace-temps, les vitesses superlumineuses (supérieures ou égales à 299792458 mètres par seconde) sont impossibles. Seuls, les photons (bosons d'une manière générale, dépourvues de masse) sont « doués » d'une telle célérité.

Alors ? Qu'en est-il de la « réponse magique » ?

La réponse « magique »

Les photons « grains de lumière » qui sont émis par la source S sont « emmêlés » selon l'expression consacrée (par Erwin Schrödinger, naguère, qui avait proposé ce terme) et qui a été officialisé par la communauté des physiciens spécialistes. Je n'aime pas beaucoup ce terme inélégant et qui me semble peu approprié. Le verbe emmêler a une « connotation-confusion ». Ce qui, visiblement, n'est pas le cas. Les protocoles, et de la mesure et de la réponse sont stricts : il s'agit de « quelque chose » qui ne relève pas de l'ordre de la physique classique. Toutes les réponses proposées par les spécialistes du quantique ont essayé de « partir » d'un protocole explicatif classique, conforme à la logique des lois que nous connaissons, ce qui est un procédé on ne peut plus normal, voire nécessaire. Au final… impasse. On trébuche systématiquement sur cette mystérieuse « connivence » des deux photons. Des expériences du même type (elles sont nommées E. P. R., des initiales des trois physiciens qui l'avaient proposée à titre d'« expérience de pensée » pour « provoquer » le débat en présupposant qu'il manquait des paramètres à la jeune mécanique quantique de l'époque : Einstein, Podolsky, Rosen) ont eu lieu avec des électrons : les résultats ont été identiques. A priori, la démarche classique consiste à raisonner en « termes **d'indépendance** » : les deux systèmes de mesures et les photons sont **indépendants** entre eux. Ce que l'on constate, c'est qu'il n'en est rien. Source de photons et systèmes de mesures sont **reliés**, **dépendants** entre eux. Les photons (emmêlés) sont corrélés, jumeaux, pour utiliser des compléments grammaticaux plus appropriés, à mon sens. Reliés en quoi ? Quelle que soit la manière d'aborder ce problème, la non indépendance trouve sa source dans les propriétés fondamentales de la physique quantique, à savoir INFORMATION CONNECTÉE. D'une manière incontestablement mystérieuse, j'affirme que cette « connexion quantique », propriété générale du quantique, est celle d'un référentiel où espace et temps n'ont pas les propriétés que nous lui accordons au vu de nos sens physiologiques. Je l'appelle, quant à moi, FUSION ESPACE←TEMPS, la fléchette signifiant que le temps « entre » dans l'espace, « fusionne » avec lui en annihilant les caractéristiques de l'un et de l'autre. Ceci apparaît à chaque fois qu'il y a involution géométrique de l'espace-temps qui est de l'ordre de grandeur où commence véritablement la physique de l'infiniment petit (dimensions très inférieures à celles de l'atome). Il apparaît, d'après mes propres calculs que les phénomènes quantiques apparaissent pour la dimension très exacte de 2,4263106.10^{-12} mètre soit 0,0000000024263106 millimètre (un peu plus de 2,4 milliardièmes de millimètre). Pour toute dimension inférieure commence l'« univers quantique ». Les nombreux ouvrages scientifiques que j'ai consacrés, à ce jour, à la **physique noétique**, me montrent que, pour toute dimension inférieure à 2,4.10^{-9} millimètre, la matière, telle qu'il convient de la définir en tant **substances** ayant une **masse**, donc un **poids** variant avec le lieu cosmique, une **dimension spatiale**, une « longueur de vie » **temporelle** (y compris pour la matière inerte), une **température**, une entropie, etc. tous attributs matériellement « manifestés », **cessent d'exister**. En d'autres termes, les « particules » quantiques que nous appelons électrons, protons, neutrons, photons et toutes les autres, cessent d'exister au sens que nous donnons au mot **existence**. Ce ne sont donc pas des **particules** au sens objets matériels en connotation courante. Ainsi, pour la dimension symbolique exacte précédente 2,42631 milliardièmes de millimètre, l'« aspect quantique » est défini en « doublure » : celle qui est au repos (vitesse nulle dans son propre référentiel) : l'aspect quantique est totalement **immatériel** ; vitesse communiquée par rapport à notre référentiel : l'**aspect quantique se matérialise** par ses aspects physiques (exemple : constitution atomique matérialisée). Le cas de l'électron est particulièrement intéressant ; pour l'aspect quantique (électron au repos) l'électron n'« existe pas » au sens où il est pure INFORMATION, (énergie très faible 4,09...10^{-14} joules ou 0,2555 mégaélectronvolts). Qu'il soit accéléré dans un conducteur métallique par différence de potentiel, et il provoque, avec des milliards d'autres électrons dans le métal, un courant électrique fournissant chaleur et énergie mécanique, tous attributs classiques de la matière-énergie-mouvement. La notion de cette dimension égale à

$2{,}42...10^{-9}$ mm (il s'agit en fait de la longueur d'onde du rayonnement de Broglie, mécanique ondulatoire) doit être considérée avec précaution : elle caractérise, en fait, un « univers » hypersphérique symbolique (non matérialisé par conséquent) traduisant ses propriétés quantiques-noétiques, donc celles de l'électron. Je reviendrai à ce sujet très important dans un prochain chapitre. Revenons aux photons corrélés de l'expérience E.P.R. Celle-ci, à **l'encontre de toutes les lois connues et conformes**, intégralement, à notre Univers cosmologique, à notre environnement macrophysique, nous apprend que, quoi qu'il arrive aux photons « jumeaux » (corrélés… emmêlés), l'Information noétique de l'un est celle de l'autre. Une transformation mathématique simple (celle de Heaviside) formalise la transformation d'un nombre réel (le coefficient relativiste $\gamma = \frac{1}{\sqrt{1-\beta^2}}$ en relativité restreinte ($\beta = v/c_0$, v : vitesse de la particule matérielle (ex. électron), $c_0 = 299792458\,\text{m/s}$, coefficient céique (vitesse de la lumière) avec $\beta \leq 1$ ($v < c_0$) en nombre complexe (imaginaire) écrit sous la forme $-i\Gamma = \frac{-i}{\sqrt{\beta^2 - 1}}$ où, cette fois $\beta > 1$ d'où $v > c_0$ avec $i = \sqrt{-1}$. Or, il est impossible à une vitesse « matérielle » au sens d'une vitesse imprimée à une masse (matérielle) donc « grave », de devenir supérieure à c_0, vitesse limite universelle dans l'espace-temps, qui est celle des photons. Dans le cas de l'expérience, la transformation $\gamma \Rightarrow -i\Gamma$ (le signe moins désigne ici une **inversion symbolique**) signifie que $v \Rightarrow \tilde{u}$ avec $\tilde{u} > c_0$ qui est une vitesse de phase « dématérialisée » peut devenir infinie auquel cas $\beta \to \infty$ d'où $-i\Gamma \Rightarrow 0$ ce qui signifie bien, annulation de la masse et de l'énergie. Pour toute valeur non infinie, donc finie avec $\gamma = -i\Gamma$ ou

$\Gamma = i\gamma$, la transformation est celle de l'énergie en Information noétique exprimée par :

$$I_q = E_q^{-1} \text{ (ou } 1/E_q \text{)}.$$

Dans le cas de l'électron au repos, la théorie montre que l'énergie associée vaut :

$$E_q^{-1} \approx 1/4{,}09...10^{-14} \approx 2{,}445...10^{13}.$$

Cette valeur très élevée est celle de ce qui « prélude » à l'avènement immédiat de la matière par l'électron (la valeur théorique de E_q^{-1} correspond à la valeur complexe $-i\Gamma = -0{,}707\,i$). On constate que je n'attribue aucune valeur dimensionnelle à l'Information E_q^{-1} : elle doit être considérée comme un nombre mathématiquement **pur**. Ces données résumées et simples nous démontrent que l'expérience E.P.R. effectue une (magnifique) ILLUSION (au sens du mot latin **ludere** qui signifie « jeu de facettes de miroir » mais non au sens commun inexistentiel !). En effet, les deux photons « existent » bien dans l'espace-temps où s'effectue l'expérience (notre monde matérialisé) mais y traduisent la RÉALITÉ d'un autre « univers » non matériel où tout est INFORMATIF non grave (NG), où le Réel s'exprime par la mathématique pure (exemple : le nombre $2{,}445...10^{13}$) mais non plus par des dimensions (G). En l'occurrence, la vitesse de phase des photons est **infinie** ce qui signifie que les deux photons E.P.R. sont **non séparables** dans la RÉALITÉ puisque leurs états quantiques jumeaux décrètent que, quel que soit l'état de l'un, tout événement qui lui survient doit rester identiquement (Hors temps-Espace) lui-même pour l'autre (« porte » fermée ↔ « porte » fermée… « porte » ouverte ↔ « porte » ouverte). Tout se passe comme s'il y avait, entre les photons une « communication » totale (infinie car $\tilde{u} \to \infty$). Sur le plan humain, si l'on « osait » une telle transposition… et il n'y aurait rien de déraisonnable à prendre celle-ci en compte, on évoquerait la communion.

En fin de compte… tout est sauf ! Rendons à Einstein ce qui appartient à César (la relativité ne peut pas être violée ($v < c_0$) dans le référentiel phénoménal) et… où TOUT ce qui appartient à personne au sens de la « non matière », l'ESPRIT, donc ABSOLU-INCRÉÉ c'est bien… « personne » ! Ce référentiel-« personne », je l'appelle **convolinvolution symplectique-nouménal** et ne peut être « accepté » intellectuellement si on ne le formalise pas en **Fusion Espace←temps**.

Rappel

Le nombre $i = \sqrt{-1}$ est un merveilleux outil mathématique. Il désigne un nombre dit **imaginaire** car il n'existe tout simplement pas ! Aucune racine carrée d'un nombre négatif n'a le moindre sens arithmétique (exemple : $\sqrt{4} = 2$ car $2 \times 2 = 4$; si on fait -2×-2, on retrouve le nombre positif 4, donc aucune extraction de racine carrée ne peut concerner un nombre négatif) Remarquons pourtant ! le carré de $\sqrt{-1}$ (imaginaire) donne $\sqrt{-1} \times \sqrt{-1} = -1$, nombre réel ! N'est-ce pas magique ? Pourtant, il y a plus de cinq siècles, en 1501 naquit, dans la misère, un certain Jérôme Cardano (dit Cardan), en Italie. Il devait devenir l'inventeur du **calcul complexe** utilisant le nombre imaginaire ; Invention prodigieuse car ce calcul est la base même des modèles mathématiques concernant les spins quantiques des particules subatomiques. Dans le présent travail, la transformation $\Gamma = i\gamma$ que j'ai imaginée car elle s'imposait théoriquement et que j'ai vérifiée il y a onze ans est « miraculeuse » car elle est à l'origine première des **modèles noétiques** de la mécanique quantique.

2

Structure géométrique de la Fusion Espace←Temps

Introduction

Après un premier chapitre rédigé en description essentiellement qualitative, nous devons aborder la poursuite de nos réflexions en **physique noétique**. Il sera donc nécessaire de l'aborder formellement, l'outil mathématique étant le seul « descripteur » possible car, à l'évidence, nous sommes confrontés à l'inédit, après avoir bien compris que les phénomènes quantiques « profonds » ne peuvent pas se traiter avec nos approches familières de l'espace-temps telles que nous les connaissons par nos sens physiologiques. Il s'agit, non pas d'un point de vue « contingent » comme cela serait le cas d'une opinion quelconque de la vie courante, mais d'une Mutation au sens où « jetez à la poubelle » la plupart de vos présupposés en espérant pouvoir vous initier avec des concepts courants. Rappelons-nous : RÉVOLUTION CONCEPTUELLE dans l'Essence des choses (quiddité). Nous allons nous en apercevoir.

En fait, je vais aller « vite » car la théorie que j'ai mise au point, remonte à plusieurs années et fait l'objet d'explications approfondies dans mon site (LEXIQUES) http://johann_soulas.publibook.com ainsi que dans mon récent ouvrage : « La grande Unité de l'Univers Matière-Esprit révélée par la physique » 1ère Partie (Publibook).

Comme nous allons le constater, la solution au titre de ce deuxième chapitre sera de nature mathématique, après quoi, la « version géométrique » s'imposera.

Description sommaire de la Mutation référentielle espace-temps phénoménal → Fusion Espace←temps symplectique

On part d'un ensemble de variables d'état X_1, X_2, limité à deux pour un système universel d'ordre deux tel que :

$$\dot{X} = \frac{dX}{dt}; \ddot{X} = \frac{d^2X}{dt^2}$$

de sorte que :

$$\{\dot{X}_1, \dot{X}_2\} = \{F(X_1, X_2), G(X_1, X_2)\} \quad (1)$$

avec :

$$\dot{X}_1 = F(X_1, X_2) \text{ et } \dot{X}_2 = G(X_1, X_2) \quad (2)$$

On pose

$$\rho = \frac{X_2}{X_1}, \quad (3)$$

ainsi que, d'une manière tout-à-fait générale :

$$E_S = \frac{1}{2}(X_1^2 + X_2^2) \quad (4)$$

puis :

$$\dot{E}_S = \frac{d}{d\alpha}(E_S) = X_1\dot{X}_1 + X_2\dot{X}_2 \qquad (5)$$

E_S est une énergie symplectique (noétique) et $\dot{E}_S$ sa dérivée, de sorte que $\dot{E}_S$ soit la fonction H par

$$H(X_1, \rho, r) \qquad (6)$$

Plusieurs cas de configuration de variables sont possibles. Mais le seul qui soit conforme aux exigences définies est traduit par :

$$\begin{aligned} \dot{X}_1 &= rX_1 + X_2 + X_1X_2 \\ \dot{X}_2 &= -\left(X_1^2 + X_2^2\right) \end{aligned} \qquad (7)$$

La résolution de (7) avec (3) fournit :

$$\dot{E}_S = X_1^2\left(r + \rho - \rho^2\right) \qquad (8)$$

Le paramètre r est une variable de contrôle ce qui est intéressant en vue de contrôler un processus car, pour l'instant, nous ignorons tout de la « viabilité » du dispositif théorique. ρ_1, ρ_2 doivent, ainsi, désigner les pôles du système du second ordre annoncé, par :

$$\rho^2 - \rho - r = 0 \qquad (9)$$

tels que :

$$\rho_1 = \frac{1}{2}\left(1 + \sqrt{1 + 4r}\right) \text{ et } \rho_2 = \frac{1}{2}\left(1 - \sqrt{1 + 4r}\right) \qquad (10)$$

On reprend le paramétrage physique (référentiel phénoménal) de la fonction holomorphe relativiste du premier chapitre, soit :

$$\gamma = \frac{1}{\sqrt{1-\beta^2}} \tag{11}$$

et on cherche sa transformation de Heaviside $\mathcal{H}$ (Γ) symplectique par :

$$\mathfrak{C}(\Gamma^2) = \int_0^\infty f(\mathcal{H}) e^{-\Gamma^2 \mathcal{H}} d\mathcal{H} \tag{12}$$

Le résultat donne (avec $f(\mathcal{H}) = 1$) :

$$\mathfrak{C}(\Gamma^2) = \Gamma^{-2} \tag{13}$$

La théorie générale de l'espace-temps en convolinvolution extrême fournit un Cardinal de puissance 1* pour la Fusion E←T. En utilisant deux paramètres A et B supplémentaires de sorte, précisément, que :

$$\mathfrak{C}(\Gamma^2) = 1^* = A\rho_0 + B\rho_0^2 \qquad (14),$$

et, en faisant intervenir la variable structurelle de la Fusion cherchée, λ_0, on aboutit après calculs à :

$$\lambda_0^2 - A\Gamma^{-2}\lambda_0 - B\Gamma^{-2} = 0 \tag{15}$$

avec ses pôles λ_0 associés, faciles à calculer.

Nous devons nous occuper, maintenant, sur l'exemple de (12) de trouver la transformée de Heaviside de γ en Γ^2. Je réfère à l'ouvrage cité pour la procédure (les équations (33) à (43) puis de (46) à (49)). On trouve l'expression (50) soit :

$$\mathfrak{C}(\Gamma) = -e^{-\Gamma\gamma}\left(\frac{\gamma}{\Gamma} + \frac{1}{\Gamma^2}\right) + K \qquad (16)$$

On cherche le rapport γ/Γ avec, à l'origine :

$$\left|-e^{-\Gamma\gamma}\right| = 1\,,\ \gamma_0 = -i\,,\ K = 0$$

(ou –j selon le symbole utilisé) d'où $\mathfrak{C} = 1$, soit :

$$\frac{\gamma}{\Gamma} + \frac{1}{\Gamma^2} = 1\,* \qquad (17)$$

Il est nécessaire de garder le symbolisme de (17) pour le mettre en équivalence avec ((30) op. cit.), soit :

$$A\Gamma^{-2}\lambda_0^{-1} + B\Gamma^{-2}\lambda_0^{-2} = 1\,* \qquad (18)$$

ayant fourni (15) du développement ci-dessus. Le terme λ_0 structurel n'est pas une variable comme on va s'en apercevoir mais, répétons-le, un terme dont l'aspect structurel s'impose. Par équivalence, donc, on déduit :

$$A = \frac{\gamma}{\Gamma} \text{ et } B = 1.$$

Les coefficients étant arbitraires au départ, mais compte tenu de la condition à l'origine :

$$\beta_\varphi^2 = 2$$

pour $E'_q = 2E'_{20}$ (voir (15) et (18) de l'ouvrage cité précédemment), on déduit :

$$\gamma = \Gamma$$

d'où

$$\frac{\gamma}{\Gamma} = 1, \ \Gamma^2 = 1.$$

En remplaçant par les valeurs numériques dans (18) les termes A, Γ, B, on trouve bien l'unité cardinale 1* pour :

$$\boxed{\frac{1}{\lambda_0} + \frac{1}{\lambda_0^2} = 1} \qquad (19),$$

relation fondamentale et très simple, sans la moindre dimension physique (comme prévu) définissant, géométriquement, la Fusion E←T dans la Mutation référentielle, **exactement** (sur le plan mathématique) à la transition « phénoménal-symplectique ».

En multipliant (19) par le nombre λ_0^2, on obtient la série algébrique du second degré :

$$\boxed{\lambda_0^2 - \lambda_0 - 1 = 0} \qquad (20)$$

Ses pôles fournissent :

$$\lambda_0^{(1)} = \frac{1}{2}\left(1 + \sqrt{5}\right) \text{ et } \lambda_0^{(2)} = \frac{1}{2}\left(1 - \sqrt{5}\right) \qquad (21)$$

si bien que l'on obtient, en remarquant que, avec $\lambda_0^{(1)} = \lambda_0$

$$\lambda_0^{(2)} = -\lambda_0^{-1} \qquad (22),$$

et, en posant $\Phi = \lambda_0$:

$$\Phi - \Phi^{-1} = 1^{**} \qquad (23),$$

relation de structure totale de l'Univers symplectique/nouménal, donc l'expression fondamentale de TOUT soit :

ESPRIT-INCRÉÉ-ABSOLU.

La puissance du Cardinal est au maximum (deux astérisques) ; je nomme (23), **Cardinalat gémellaire**. En effet, par :

$$\Phi = \frac{1}{2}\left(1+\sqrt{5}\right)$$

on reconnaît le **Nombre d'Or**. Le Cardinalat est gémellaire parce que la somme algébrique de l'irrationnel dans $\Phi\left(\sqrt{5}\right)$ et sa Section dorée dans $\Phi^{-1}\left(-\sqrt{5}\right)$, s'annule (il reste 1**). Si on considère que 1** représente la Fusion E←T, les « parties jumelles » $\sqrt{5}$ et $-\sqrt{5}$ doivent s'annuler dans (21) en les sommant. On retrouve bien, sur le plan mathématique pur, la signification du « jumelage » entre les deux photons corrélés et ses propriétés « magiques » dans l'expérience E.P.R.

La structure géométrique symbolique de la Fusion E←T

La relation (23) est le « signifiant terminal » de la seule « représentation » possible de la Fusion E←T. « Représentation » c'est beaucoup et peu dire à la fois. Beaucoup parce que TOUT est dans le Cardinalat :

$$\mathfrak{C} = 1^{**} \qquad (24)$$

et peu, sinon rien, parce que la Fusion E←T est irreprésentable. Il s'agit, d'abord, de la géométrie de Riemann. Or, dans notre modèle précédent, le Cardinalat, par commodité, s'« exprime » en géométrie euclidienne. C'est donc, ainsi, que je vais esquisser une symbolique immédiate et tenter, ensuite, une « interprétation » riemannienne. Le Cardinalat « commence » par le Nombre d'Or Φ. Sa section $-\Phi^{-1}$ en est le « jumeau ». Dans le plan euclidien, il conviendra de rechercher une inscription **finie** de la structure. Par exemple, circulairement,

$$\Phi = \frac{1}{2\cos 72^\circ}$$

et

$$-\Phi^{-1} = -2\cos 72^\circ .$$

On peut donc construire, a priori, la figure triangulaire ci-dessous.

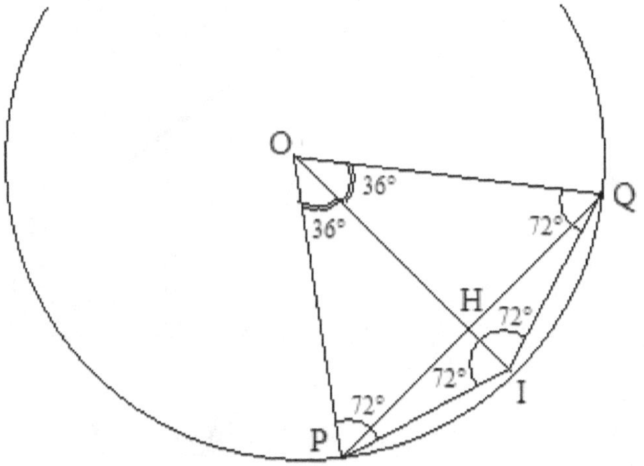

Figure 2

La droite $\overline{PQ}$ représente ainsi, par rapport au polygone régulier inscriptible dans le cercle, l'inverse de deux fois le cosinus de 72°, lequel par isométrie circulaire des triangles isocèles POI et IOQ le long de la circonférence inscrit un décagone. Le Nombre d'Or Φ inscrit donc la moitié « cellulaire » du décagone en **pentagone**. En effet, le terme $1/2\cos 72°$ a pour longueur l'**arc** PQ sous-tendu par la sécante $\overline{PQ}$: l'arc a pour longueur le Nombre d'Or Φ mais ce sont les sécantes et leurs rapports « dorés » entre eux qui définissent la structure géométrique du Nombre d'Or tel que $\overline{AQ}/\overline{PQ}$ et qui forment le pentagone, cellule de base de la dite structure (voir la « Figure - 3 » pour détails).

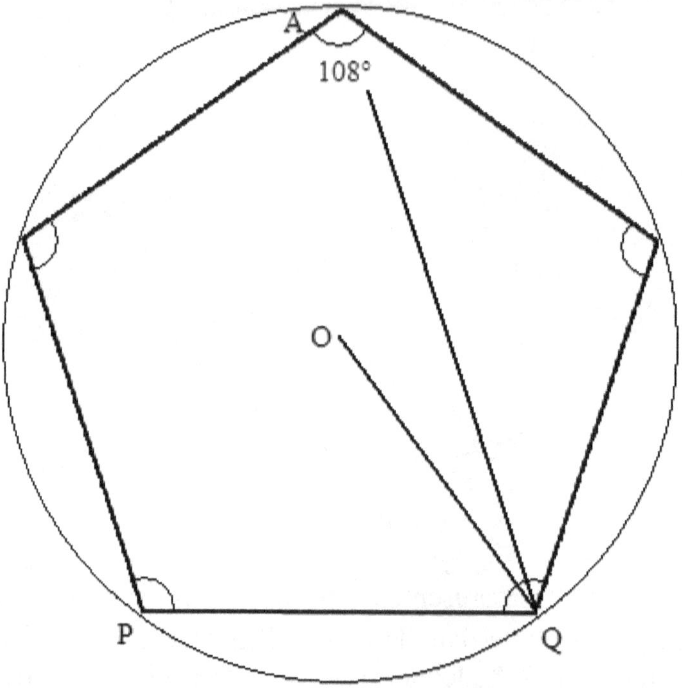

Figure 3

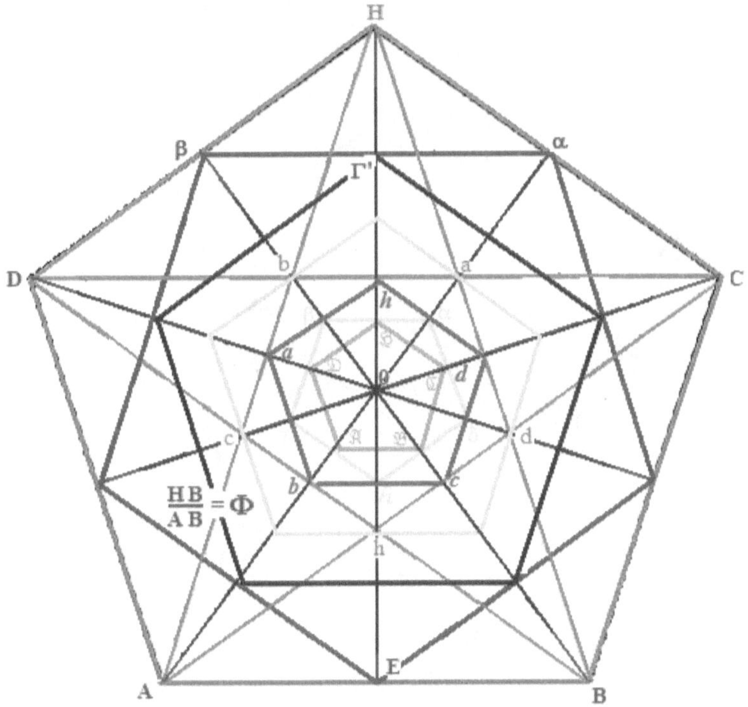

Figure 4

Il est important d'accéder au fait que, en toute rigueur, le pentagone est inconstructible en espace-temps (Φ est un nombre irrationnel non définissable dans une précision absolue). Ce nombre et sa construction relèvent, comme le nombre imaginaire i, du calcul complexe en domaine quantique, donc du référentiel **convolinvolutif symplectique-nouménal** de la **Fusion Espace←temps**. Pour s'approcher de davantage de réalisme, il convient de construire un dodécaèdre (polyèdre régulier) inscrit en hypersphère de Riemann par la figure ci-dessous.

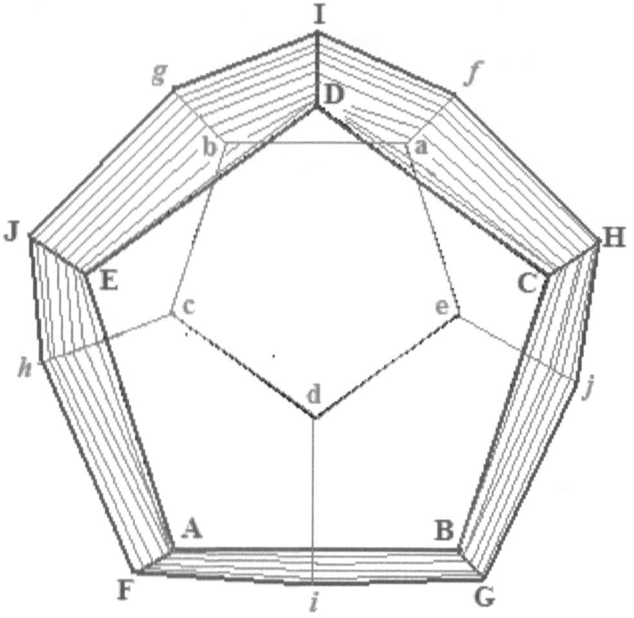

Figure 5

Voici un dodécaèdre, structure polyèdre régulier, à 12 faces pentagonales, en perspective spatiale (3D) sur ce dessin. Le pentagone ABCD est supposé horizontal, aire la plus élevée (par rapport au sol), le pentagone a b c d e, horizontal, antipodique (au sol). Les sommets successifs Aa, Bb, Cc, Dd, Ee sont antipodiques (sommets opposés). Tous ces sommets A, B,… i, j font partie de l'enveloppe sphérique de l'espace de Hilbert (non représentable sur la figure) à 20 sommets.

Isométries configurationnelles de la Fusion E←T

L'isométrie qui permet la configuration de la Fusion E←T a été expliquée à plusieurs reprises dans mes ouvrages (en particulier « N'-Théorie » et « De l'Univers quantique à l'Homme-Univers »). Je n'y reviendrai ici, par conséquent, que pour l'essentiel.

Juxtaposons au triangle QPS, le triangle PSO, de sorte que les deux arêtes latérales respectives à {QPS, PSO}, soit : PS et SP, coïncident :

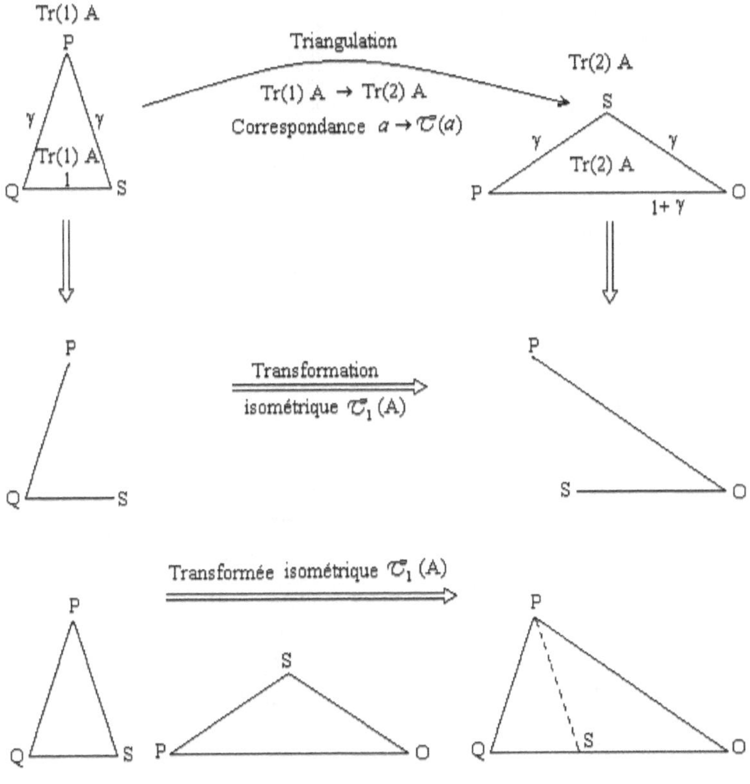

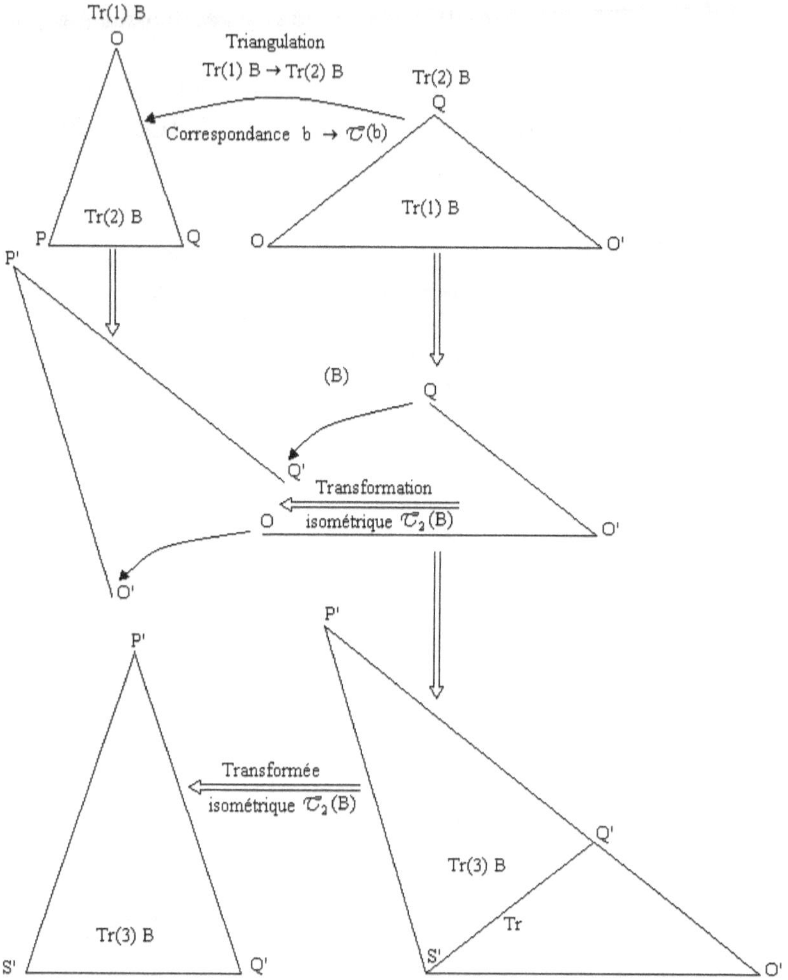

Figure 6

Compte tenu des imperfections des dessins, mesurons :
Transformée isométrique

$\mathcal{T}(\text{A})[a]$ $\qquad \frac{\text{PQ}}{\text{QS}} \approx \gamma$ en prenant l'unité pour $\overline{\text{QS}}$

(base = 1)
Transformée isométrique

$$\mathcal{T}_1(\mathrm{A})[a \to \mathcal{T}(a)] \ \frac{\mathrm{OP}}{\mathrm{SP}} = \frac{1+\gamma}{\gamma}$$

On remarque que l'association $\{\mathrm{PQS}; \mathrm{SPO}\}$ donne le triangle isocèle OPQ avec $\mathrm{PQ} = \gamma$ (base) et $\mathrm{OP} = \mathrm{OQ} = 1 + \gamma$

Le motif réalisé ci–dessous est le début d'une mosaïque effectuée avec une série de triangulations issue, primordialement, des figures précédentes composées à partir des transformations isométriques (à isométrie près) toutes sur le même thème. On constate, par construction, modélisée algébriquement, que, l'architecture, basée sur les deux figures géométriques les plus simples (cercles pour l'inscriptibilité polygonale) et triangles (architecturations) est basée sur :

- la quantification des espaces (par $z_n = 1 \Rightarrow z_{n+1} = 0$), en effet, lors de l'isométrie $a \to \mathcal{T}(a)$ et sa transformation $\mathcal{T}_1(\mathrm{A})$, celle–ci a lieu par : $\mathrm{tr.}\{\mathrm{PSQ} - \gamma, 1, \gamma\} \Rightarrow \mathrm{tr.}\{\mathrm{PSO} - \gamma, \gamma, \gamma + 1\}$ avec $\frac{\gamma+1}{\gamma} = 1 + \frac{1}{\gamma}$;
- le « corsetage » structuré par un Invariant topologique numérique (γ) et sa section $\frac{1}{\gamma}$.

Figure 7

En effet, aux imperfections de la construction et des mesures millimétrées près (le dessin a été réalisé à l'ordinateur mais sans commande par logiciel adopté), on constate :

$$\frac{AD}{AE}=\frac{AB}{BD}=\frac{AB}{AD}=\frac{AB}{AO}=\frac{OB}{BC}=\frac{MN}{MP}=\frac{MN}{NQ}=\Phi=\frac{1}{2}\left(1+\sqrt{5}\right)$$

$$\frac{BC}{AE}=\Phi^2 \text{ et } \frac{B'C'}{AE}=\Phi^3$$

La mosaïque « quantique » est donc simultanément basée sur :

- une topologie trivialement commutative par suite de la réplication architecturale « fusionnelle » ;
- une invariance topologique non triviale par le nombre d'Or ce qui conditionne la mosaïque à une structure non commutative énoncée par :

$$(a \cdot \mathrm{b})_{(z_1,z_2)} = \sum_{z_1} a_{(z_1,z_2)} \mathrm{b}_{(z_2,z_1)}$$

  avec : $z_n = 1 \Rightarrow z_{n+1} = 0$;
- la « symplecticité ». En effet, reprenons la transformation isométrique précédente en nommant γ le côté du premier triangle isocèle et l'unité comme base arbitraire. Avec : $\frac{\gamma+1}{\gamma} = \Phi$ et avec la condition $\gamma = \Phi$, on a : $\Phi^2 = \Phi + 1$, équation fondamentale du nombre et de la section d'Or ; les racines sont, en effet : $\Phi_{1,2} = \frac{1}{2}\left(1 \pm \sqrt{5}\right) \approx \begin{cases} 1{,}618... \\ -0{,}618... \end{cases}$

La structure est donc « entrelacée » et bâtie selon une pseudo–périodicité déterminée par les valeurs 1,618 et – 0,618, la gémellité étant basée sur $\Phi - \Phi^{-1} = 1$ **.

3

Mécanique quantique et physique noétique

Réalité objective, virtualité subjective… réalité subjective, virtualité objective : début de réponse de la physique noétique

Soit un photon en superposition d'états $|\varphi_1\rangle + |\varphi_2\rangle$, l'état $|\varphi_1\rangle$ activant un détecteur D. L'état $|\varphi_2\rangle$ est orthogonal à $|\varphi_1\rangle$ mais n'active pas D. Exemple :

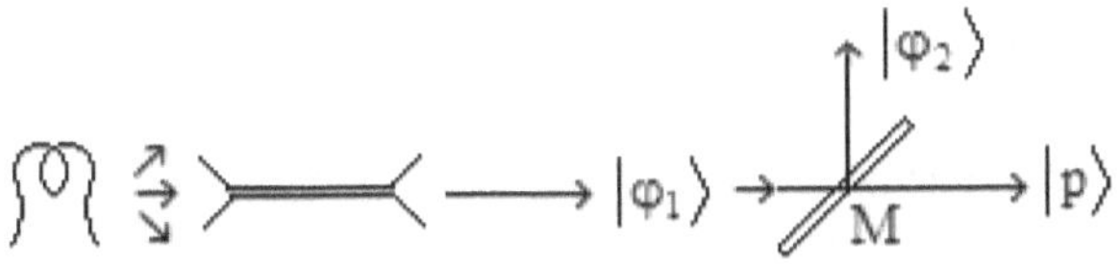

Figure 8

M désigne un miroir semi-réfléchissant et le sigle $|\ \rangle$ signifie « état quantique » (opérateur linéaire associatif). L'état superposé par M s'écrit :

$$|\varphi_1\rangle \Rightarrow |p\rangle + i|\varphi_2\rangle \qquad (25)$$

avec $i = \sqrt{-1}$, d'où $i^2 = -1$. En physique classique $|p\rangle$ et $|\varphi_2\rangle$ représentent deux états « séparés » du photon. En physique quantique ces deux états sont superposés par l'écriture (25) qui représente l'emmêlement (appelons cette superposition « **gémellité** »). La gémellité noétique (emmêlement quantique) constitue une Fusion E←T (simultanéité-non séparabilité de p et de φ_2. Recombinons, maintenant, les deux « rayonnements »-photons représentant $|p\rangle$ et $|\varphi_2\rangle$

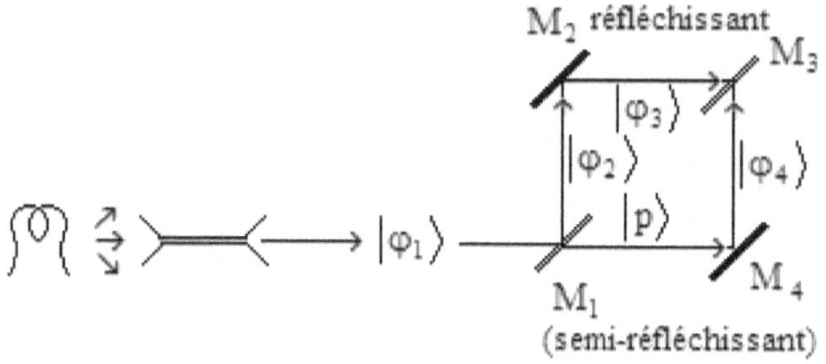

Figure 9

On a :

$$|p\rangle \Rightarrow i|\varphi_4\rangle$$

et

$$|\varphi_2\rangle \Rightarrow i|\varphi_3\rangle$$

($i = \sqrt{-1}$). La transformation de l'état entier :

$$|p\rangle + i|\varphi_2\rangle$$

se fait conformément à :

$$|p\rangle + i|\varphi_2\rangle \Rightarrow i|\varphi_4\rangle + i(i|\varphi_3\rangle)$$

d'où :

$$|p\rangle + i|\varphi_2\rangle = i|\varphi_4\rangle - |\varphi_3\rangle$$

Comprenons bien que, si p est un photon (rayon) classique (électromagnétique), φ_2 n'en est pas puisqu'imaginaire. Admettons que l'aspect ondulatoire (oscillant) n'intervienne pas. Poursuivons les transformations

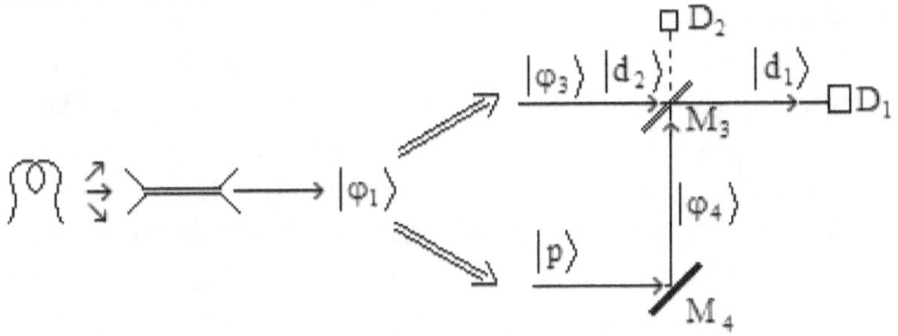

Figure 10

$|\varphi_4\rangle$ se transforme en $|d_2\rangle + i|d_1\rangle$

$|d_2\rangle$ est l'état transmis,

$|d_1\rangle$ l'état réfléchi.

On a aussi : $|\varphi_3\rangle$ qui devient $|d_1\rangle + i|d_2\rangle$

D'où :

$$|\varphi_4\rangle \Rightarrow |d_2\rangle + i|d_1\rangle$$

et

$$|\varphi_3\rangle \Rightarrow |d_1\rangle + i|d_2\rangle$$

D'où :

$$i|\varphi_4\rangle - |\varphi_3\rangle \Rightarrow \left(i|d_2\rangle + i|d_1\rangle\right) - \left(|d_1\rangle + i|d_2\rangle = i|d_2\rangle - |d_1\rangle - |d_1\rangle - i|d_2\rangle\right.$$

Le calcul donne :

$$\boxed{i|\varphi_4\rangle - |\varphi_3\rangle = -2|d_1\rangle} \qquad (26)$$

Constat : le photon $|p\rangle$ ne peut pas être dans $|d_2\rangle$. Sa seule situation, c'est $|d_1\rangle$: le détecteur D_1 est activé, D_2 n'est pas activé.

En fin de compte, ce calcul montre que le photon se comporte comme étant susceptible de pouvoir « choisir » deux voies interférentielles possibles. A chaque interférence, il est **gémellé**, la mesure du détecteur D le **dégémellant** dans un état ou un autre. **Il ne se divise pas en deux photons** mais sa pseudo-localisation est faite d'une coexistence de deux états possibles (d'où une localisation « floue », incertaine, voire impossible à définir hors détection).

Dans l'exemple ci-dessus, seul D_1 enregistre le photon, D_2 n'enregistre rien. Évoquons, maintenant, le **cas général**. Effectuons la pondération de $\underline{d_2 + id_2}$ par la superposition :

$$|v\rangle|d_1\rangle + |w\rangle|d_2\rangle.$$

Les détecteurs D_1 et D_2 effectuent d'abord une mesure pour déterminer si le photon est $|d_1\rangle$ ou $|d_2\rangle$. Toute **mesure quantique** fait passer du **niveau quantique** au **niveau physique classique** (fin de superposition donc de gémellité). Il y a **soit** détection par d_1, soit détection par d_2, le résultat s'effectuant selon la **probabilité quantique** d'enregistrement par le rapport mathématique des probabilités :

$$P = |v|^2 / |w|^2 \qquad (27)$$

(resp. détecteurs D_1 et D_2).

En admettant que les superpositions soient du type $a+ib$, avec a et b binaire ($v=0$ ou 1, $w=1$), d'où $\mathrm{P}=\{0;1\}/1$, résultat de la « direction unitaire » (orthogonalité) de tout processus évolutif quantique. En reposant :

$$|v\rangle|\mathrm{d}_1\rangle+|w\rangle|\mathrm{d}_2\rangle,$$

et en supposant que $|v\rangle$ et $|w\rangle$ d'une part, ainsi que $|\mathrm{d}_1\rangle$ et $|\mathrm{d}_2\rangle$ d'autre part, sont les états orthogonaux respectifs des deux process superposés, la mesure qui définit (selon sa probabilité) que le premier process est dans l'état $|v\rangle$ **ou** $|w\rangle$ **détermine instantanément** que le second process est dans l'état correspondant $|\mathrm{d}_1\rangle$ ou $|\mathrm{d}_2\rangle$. Approfondissons maintenant nos alternatives métrologiques. Je suppose ainsi que je peux effectuer un **choix orienté** et délibéré résultant d'une « fantaisie ». Étudions cela sommairement. Soit une particule de spin 0 (zéro) se désintégrant en deux particules de spin ½ chacune, lesquelles sont orientées en opposition directionnelle : $|\delta_{\mathrm{G}}\rangle$ pour la **direction gauche**, $|\delta_{\mathrm{D}}\rangle$ pour la **direction droite**. Écrivons l'état originel O jumelé selon la convention standard en spin zéro :

$$|\mathrm{O}\rangle=|\delta\rangle-\overline{|\delta\rangle},$$

$\overline{|\delta\rangle}$ étant l'état « complémentaire » à $|\delta\rangle$. Supposons que les deux particules gémellées du fait de leurs états de spin complémentaires soient en opposition directionnelle. Selon le principe de **conservation** du moment cinétique des spins, les orientations des spins sont en opposition, si bien que l'on doit écrire :

$$|\mathrm{O}\rangle=|\delta_{\mathrm{G}}\leftarrow\rangle|\delta_{\mathrm{D}}\rightarrow\rangle-|\delta_{\mathrm{G}}\rightarrow\rangle|\delta_{\mathrm{D}}\leftarrow\rangle \qquad (28)$$

Je **décide** ainsi de mesurer le spin de la particule gauche δ_G dans la **direction gauche**. La **détection physique** D_φ correspond donc à $|\delta_G \leftarrow\rangle$ et la non détection $\overline{D_\varphi}$ à $|\delta_G \rightarrow\rangle$. Naturellement, par commutativité, on peut **décider** également de considérer que D_φ correspond à δ_D. La relation ci-dessus est ainsi **décrite** par le **simple choix** de décider que D_φ corresponde à $|\delta_G \leftarrow\rangle$. La « magie quantique » se ramène ainsi à ceci : la connaissance (j'insiste : **connaissance** mais **non savoir**) de la direction de mesure du spin sur la particule de gauche (dans le cas du **choix** ci-dessus) **définit la direction** du spin de la particule de droite. Tant qu'**aucune mesure** sur la particule de gauche n'est effectuée, **aucune information** n'est transmise à la particule de droite. **La nature de cette information est NOÉTIQUE.** Elle n'est reliée à aucun aspect dimensionné « grave-G » de la physique classique. Information pure, elle n'est douée d'**aucune énergie**, donc d'**aucune vitesse** car le « fait-NG » (non grave) rend l'Information « immobile » dans son propre référentiel que je nomme **convolinvolution symplectique**, univers-« en-soi », relié pourtant mystérieusement à l'Univers cosmologique, puisqu'une décision de mesure **consciente** détermine l'état quantique du process. Dans notre langage humain, nous évoquons une **transmission informative**, mais… **il n'y a pas** transmission. Cette **instantanéité** supprime donc **toute distance, tout intervalle temporel**. Conclusion extraordinaire : si la particule de droite est éloignée de la particule de gauche de quelques centimètres ou de milliards de kilomètres dans notre espace-temps, pourvu que ces deux particules soient « jumelles » (gémellées) par la description de l'état originel $|O\rangle$, la mesure du spin sur la particule gauche est **instantanément détectée** par la particule de droite **quelle que soit la distance qui les**

sépare. La « loi tribale » est donc transgressée (voir l'expérience E.P.R. décrite ci-dessus). La situation référentielle « physique ↔ symplectique convolinvolutive (selon mes propres définitions) peut se définir selon la correspondance « OBJECTIVITÉ (RÉEL) – SUBJECTIVITÉ (VIRTUEL) » ou son opposé **subjectivité espace-temps/objectivité Hors espace-temps**. Il y a **commutativité fonctionnelle** dans l'appréciation éthique que nous en faisons. Je dis que l'**inlocalisation** quantique, du fait de la non-séparabilité intemporelle quantique relève de la théorie de ce que je nomme FUSION ESPACE←TEMPS. Naturellement, par les fonctions de notre incarnation, nous serons tentés de nommer **Réel** l'espace-temps déployé « grave » avec ses attributs basé sur la **variabilité-fugacité**, et Illusion (virtualité) la Fusion E←T. Si c'est ainsi, nous optons pour la **réalité-éphémère**. L'éphémère, ce qui passe, trépasse et façonne notre histoire : une réalité ? J'affirme, quant à moi, que ce qui est INSTANT-PRÉSENT dans la « perpétuité » intransformable (immortel) en Fusion E←T, est le SEUL RÉEL, toute la manifestation matérielle de l'Univers et de nos vies, étant, par conséquent ILLUSION. Mais ludere NÉCESSAIRE.

Confrontation physique-subtil : le dodécaèdre ou la mise en défaut de la causalité espace-temps déployé

Descriptif

Rappelons-nous : la structure de la Fusion E←T est, en univers riemannien, dodécaédrique. Il s'agit, évidemment, d'une structure symbolique dans la mesure où nous n'avons aucun accès « réel » (!) ou… RÉEL de la Fusion E←T. Ce qui est, par contre, fort instructif, c'est de « faire comme si… » (à défaut de pouvoir « faire comme CELA ») en « construisant » un décaèdre en espace-temps (voir ci-dessous la figure sur un plan euclidien, copie d'une figure précédemment établie).

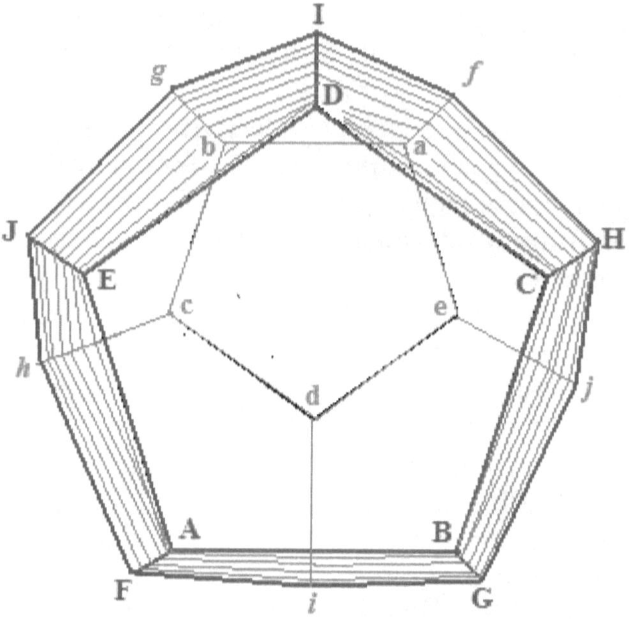

Figure 11

La figure est posée à plat sur un plan supportant le pentagone {a-b-c-d-e}, le pentagone supérieur horizontal {A-B-C-D-E} étant antipodique au précédent. Les autres pentagones sont inclinés en prospectif 3D. Nous nous rappelons bien que la géométrie du pentagone, donc celle du dodécaèdre, est basée strictement sur le Cardinalat gémellaire {(23 – 24)}, la perfection stylisée du Nombre d'Or et de sa Section dorée.

Expérience « de pensée »(*) en espace euclidien

Soient deux dodécaèdres exactement identiques (voir ci-dessus). L'un, (DT), est étudié par un observateur terrestre, l'autre, (DM), par un terrien qui s'est « déplacé » (!) sur la planète Mars. DT et DM sont ainsi éloignés l'un de l'autre par quelques dizaines de millions de kilomètres. Nous sommes donc ramenés à l'expérience décrite précédemment avec deux photons gémellés sauf... que présentement, nous essayons de la reproduire à l'aide de deux objets (dodécaèdres), matériels, donc non quantiques, c'est-à-dire à l'aide d'une structure basée sur le Nombre d'Or-Cardinalat gémellaire en espace euclidien (espace-temps physique). Nous allons essayer d'imaginer le comportement de ces deux objets en admettant que les vingt sommets des dodécaèdres sont des capteurs et des détecteurs (actionneurs-capteurs senseurs) simultanément. Le cahier des charges de l'expérience est le suivant et doit être scrupuleusement respecté :

1. Les DT et DM : tout sommet agit en actionneur (supposons par contact thermosensible des doigts de la main) et en capteur-émetteur (en émettant un flash lumineux blanc le sommet en question est sélectionné). On peut parfaire le dispositif en imaginant une barrette électronique reliée à chaque dodécaèdre à diodes électroluminescentes (DEL) sélection → blanc, non sélection, pas d'affichage (noir). On décide que la sélection s'opère lorsque deux sommets diamétralement **opposés** [S(X) et S(x)] sont sélectionnés. La diode électroluminescente (DEL) est alors lumineuse (LB). DEL est active lorsque l'un des sommets est

(*) Son principe est celui de l'ouvrage de Roger Penrose, spécialiste du quantique mondialement connu : « Les ombres de l'esprit » - Interéditions.

sélectionné contigu à S(X) si, et seulement si DM sélectionne le sommet S(x) opposé.

2. Les deux dodécaèdres sont, spatialement, placés tels que leurs centres respectifs soient alignés selon l'alignement de deux sommets homologues. La DEL (dB) se manifeste alors par l'un des six sommets sélectionnés concernés.
3. Aucune influence ne relie DT à DM : les dodécaèdres sont totalement **indépendants**.
4. Conclusion : chaque sommet est alors, selon le cas, activé-sélectionné (DEL blanc allumée (dB), soit non sélectionné (DEL éteinte (dN)). L'activation d'un sommet n'est pas relié au temps (ordonnancement des sommets contigus actives).
5. Il en résulte (1) que deux sommets contigus à un même sommet ne peuvent pas, **simultanément**, allumer une DEL (dB).
6. Il en résulte (2) que les six sommets contigus à deux sommets antipodiques (cas de {A, a} ; {F, h, i ; f, H, I}) ne peuvent pas être **en même temps inactifs** (DELS éteintes ou (dN)).

Les « magiciennes » des dodécaèdres sont silencieuses

Si DM choisit un sommet antipodique à DT, nul n'a le moyen de savoir s'il l'a choisi ou non. Composons le formalisme du fonctionnement interactif étudié selon une logique classique. En prime : DT et DM sont indépendants (pas d'influence « mystérieuse » à distance selon (3)). Il en découle que selon (2) si, de manière aléatoire (hasard), DT et DM activent **deux sommets homologues** (les centres des dodécaèdres sont alignés, admettons, sur le barycentre du Soleil), la DEL doit se produire **nécessairement** pour **l'un** des six sommets que DT et DM activent. Convenons, en reprenant le descriptif évoqué que ce sommet sera « DEL allumé ». Admettons que ce soit le sommet A. Admettons encore que le sommet contigu E soit également « DEL blanc » (diminutif dB). Les sommets entourant A et E, soit :

D, C, B, G, j, H, f, g, J, sont nécessairement non actifs (DEL « noirs » ou dN) car chacun d'eux est contigu à un sommet contigu à A ou à E. Considérons, maintenant, les six sommets contigus à chacun des deux sommets de la paire antipodique {j, J}. L'un des six sommets est nécessairement dB, d'où l'un au moins des deux sommets h et d doit l'être aussi (dB). Par symétrie, l'application à la paire antipodique {G, g} conduit au fait que l'un au moins des i et b est nécessairement dB aussi. Mais cette conclusion est impossible car i et b sont contigus seconds à la fois à h et à d. Cela **exclut** le fait que A (dB) puisse avoir son voisin immédiat, B ou E (dB) et, par symétrie exclut également le dB pour deux sommets voisins. Donc les sommets E, D, C, B, G, i, F, h, J qui entourent A (dB) sont (dN) car chacun d'eux est contigu à A directement ou contigu « en second » à A. De même, l'examen des six sommets contigus à l'un des sommets A, a, entraîne à la conclusion que l'un des b, e, f contigu à a est nécessairement (dB). Supposons alors, par exemple, que f soit (dB). Logiquement, e et g, contigus à des sommets contigus à f sont (dN) : e, g (dN). D'où le même sort pour H contigu à f. Le raisonnement précédent permet alors de stipuler que les sommets qui y sont contigus (j, c, f, q, I, H) ne puissent être (dB). Donc, j, c, f, a, I, H doivent être (dN). Mais le couple antipodique G et g est entouré de sommets respectifs (contigus) : B, i, j pour G et J, b et I pour g qui sont (dN). Or, (6) stipule que les six sommets contigus à une paire antipodique (G et g) ne peuvent être (dN) en même temps. Ce qui contredit la conclusion juste précédente ci-dessus où G et g (parmi B, i, j, J, b, et I) sont (dN). Cette antinomie nous montre que le « traitement dodécaédrique » est insoluble en espace-temps euclidien :

on aboutit à des contresens sans issue en considérant la proposition (3) d'**indépendance** des **deux dodécaèdres**. Il a été essayé (par (3)) d'expliquer un comportement quantique « impossible », i. e. un processus hautement **subtil**, se déroulant dans un référentiel où l'espace-temps est dans une « **situation** » **inconcevable** pour nos sens physiologiques, en utilisant un objet, (dodécaèdre) structure fondamentale du subtil (espace riemannien de la convolinvolution symplectique) dans notre référentiel espace-temps phénoménologique qui ne sait qu'en faire, puisqu'en espace euclidien. Cette antinomie qui explique l'échec de ce que l'« expérience de pensée des dodécaèdres » voulait prouver, se tient en un seul mot : **indépendance**. Le dodécaèdre, comme je l'ai montré, est le « module » structurel de la Fusion E←T. Mais il **ne s'agit pas d'un objet physique** ! Sinon, on est dans la **stricte indépendance** et rien ne va plus ! Le dodécaèdre est la composition mathématique du Nombre et de sa Section d'Or, donc basée (quant à la composition) sur la GÉMELLITÉ ce qui définit précisément l'« emmêlement » quantique ou, mieux dit, le jumelage entre particules quantiques. En ce sens le **dodécaèdre quantique structure** la **non indépendance quantique** par : $\Phi - \Phi^{-1} = 1$ **.

La « magie » du dodécaèdre n'existe pas en référentiel espace-temps macrophysique classique mais en submicrophysique Fusion Espace←temps

Il y a antinomie entre le raisonnement discursif logique, celui de notre espace-temps classique (principes de conservation et causalité) et les hypothèses de fonctionnement liés à la structure pentagonale polyédrique (dodécaèdre) de la Fusion E←T en submicrophysique noétique (convolinvolution symplectique). Magie pour « magie ». Reprenons le Nombre d'Or. En établissant en

« version » torique l'algèbre A de la géométrie non commutative en Mutation référentielle (cf. « N'-Théorie » J. S. Publibook), j'ai établi ce que j'appelle **Nombre d'Ordre** Ω_Φ par :

$$\Omega_\Phi = \left(\frac{\Phi_1 - \Phi_2}{\Phi_1 + \Phi_2} \right)^2 = 5$$

avec $\Phi_1 = \frac{1}{2}\left(1 + \sqrt{5}\right)$ et $\Phi_2 = \frac{1}{2}\left(1 - \sqrt{5}\right)$.

Il s'agit du carré de l'irrationnel $\sqrt{5}$ figurant dans Nombre et Section d'Or et du nombre de côtés du pentagone, donc du module de base construisant le dodécaèdre. Étudions rapidement la figure pentagonale (Figure 4) avec sept structures antipodiques pentagonales construites à l'intérieur de ABCHDA. Faisons les rapports suivants :

$$\frac{\text{ACDBHA}}{\text{ABCHDA}} = \frac{\text{étoile pentagonale}}{\text{pentagone A} \to \text{A}} = \Phi\ .$$

Puis :

$$\frac{\text{pentagone A} \to \text{A}}{\text{pentagone a} \to \text{a}} = \Phi^2$$

puis :

$$\frac{\text{étoile pentagonale A} \to \text{A}}{\text{pentagone a} \to \text{a}} = \Phi^3,$$

etc. Les principales constructions intérieures au pentagone ABCHDA sont donc liées par la progression géométrique Φ^n (n = 1 ; 2 ; 3 ; ...).

D'autre part, les angles sont définis comme suit :

$$\widehat{DHC} = \widehat{HCB} = \ldots = \widehat{cba} = \widehat{bad} = \ldots$$

Puis :

$$\widehat{OAB} = \widehat{ABO} = \frac{1}{2}\left(\pi - \frac{2\pi}{\Omega_\Phi}\right) = \frac{3\pi}{10}(54°) = \frac{\widehat{DAB}}{2}$$

puis :

$$\widehat{DAB} = \widehat{ADM} = \ldots = \widehat{CBA} = 54° \times 2 = 108°$$

On déduit :

$$\Phi = \frac{1}{2\cos\left(\widehat{ADH} - \widehat{BDC}\right)}$$

La hauteur du dodécaèdre construit avec les 12 pentagones dont les côtés sont entre eux selon les angles

$$\widehat{DAB} = \ldots = 108°$$

est défini à partir de ce que j'appelle un centre doré Γ tel que $\frac{E\Gamma'}{H\Gamma'} = \Phi^3$ (voir figure 4). En considérant le dodécaèdre reposant à plat sur l'une de ses faces et en partant verticalement du centre 0 du pentagone horizontal (admettons inférieur), les jonctions a et b (nœuds dorés) déterminent le triangle isocèle 0αβ dont la base αβ coupe OH au point Γ'. Si AB est la base du pentagone continu à celui qui lui sert de base horizontale inférieure, la **hauteur élevée** par une droite verticale suivant l'apothème EH et issu du centre de ce pentagone inférieur (horizontal) de base, détermine sur celle-ci (la hauteur), le point Γ décalé de Γ' de la ligne horizontale $\overline{\Gamma\Gamma'}$, tel que :

$$\frac{\overline{E'H'}}{\overline{\overline{H'\Gamma'}}} = \Phi^3 \equiv 2\Phi + 1$$

Retour au dodécaèdre : de l'expérience « de pensée » à l'E.P.R. Fusion E←T ou : de la « magie » au numen

Les référentiels symplectique et nouménal en Fusion E←T appartiennent à la géométrie de Riemann, c'est-à-dire un « espace » à deux dimensions : mais ce « deux-dimensions–surface sphérique » est une surface « finie » au sens où **début** et **fin** selon nos conceptions spatiotemporelles sont dépourvues de sens. Il s'agit d'une « catastrophe » conceptuelle, pour le cerveau humain. La Fusion E←T doit être considérée comme un « non lieu intemporel », totalement Hors Espace-Temps. La difficulté que le savant scientifique (à l'image de tout-un-chacun) a à se le représenter est certifié par la difficulté que nous avons à accepter que « quelque chose » pourrait ne pas se comporter selon nos habitudes : l'expérience E.P.R. en est la « savante » illustration. L'expérience, effectuée avec de l'instrumentation classique (donc **au sein** de l'espace-temps) bouleverse le processus prévus selon les canons « attendus » en plaçant l'indétermination probabiliste au cœur de l'explication. Conséquence : le comportement et les résultats démentent l'« attendu », promeuvent **l'inattendu** sans comprendre de quoi ce dernier « est fait », la mesure en elle-même étant le « roman » explicatif de la décohérence quantique en conformité avec la violation des inégalités de Bell, mais en non-conformité avec ce qu'Albert Einstein pouvait « admettre » et en concevoir à cause de l'« effrayante action à distance » (selon ses propos). Si la quasi totalité des physiciens a dû admettre la cohérence des résultats obtenus par Alain Aspect (1982 à l'Institut National d'Optique de Paris) et tous ceux qui en ont expérimenté les variantes en l'améliorant ou en la diversifiant, les questions de non-localité et de non-séparabilité, inconcevables en espace-temps, restent « non admises ». La physique noétique ne s'est pas contentée de l'inconfort du non conceptuel. Elle s'est efforcée d'amorcer l'introduction d'une nouvelle physique ce que « réclament » d'ailleurs les spécialistes du quantique. Mais… il ne suffit pas de « réclamer ». Honorer par la rigueur de garder le « temple du rationnel » n'est pas incompatible avec le fait d'admettre l'inconfort (passager) d'une Révolution qui deviendrait vite riche en Passion de l'Inédit. Par exemple, les propriétés « cachées » mais révélées du dodécaèdre assujetties au concept de la Fusion E←T se transmueraient en « expertise » de la grande Relève conceptuelle qui serait aussi celle de la CONNAISSANCE et de l'Accès supérieur à la Compréhension RÉELLE – et non apparente – de notre Univers et du Sens qu'un Principe anthropique supérieur nous octroierait. Revenons à la géométrie de Riemann bidimensionnelle. Le dodécaèdre, « déployé » dans cet espace devient une imbrication de pentagones dont les vingt sommets se déduisent les uns des autres selon une progression simple du Nombre d'Or et en violant tranquillement les inégalités de Bell selon la **connexion jumelée** (par $\mathfrak{C} = 1^{**}$) de l'irrationalité ($\sqrt{5}$) se transformant **instantanément** en « détection séparée » par le détecteur de coïncidence supposé en fonctionnement. Le dodécaèdre se conditionne alors par la « continuité pentagonale » suivante :

$\{\mathfrak{A}\ \mathfrak{B}\ \mathfrak{C}\ \mathfrak{H}\ \mathfrak{D}\} \Rightarrow \{$ [illegible] $\}\ \Phi^{1/2} \Rightarrow \{b\ c\ d\ h\ a\}\ \Phi^{1/2} \Rightarrow \{\mathrm{b\ a\ d\ h\ c}\}\Phi^{1/2}$

dans le plan euclidien que l'on peut imaginer extensible à l'espace riemannien en Fusion E←T.

Nous avons vu que l'expérience de « pensée »-dodécaèdre ne fonctionne pas puisque, par la nature propre des lois de la physique habituelle (celle de l'espace-temps), les deux objets physiques DT et DM sont séparés spatialement et temporellement, ne sont donc nullement gémellés. Les deux dodécaèdres sont indépendants « en soi ». A l'opposé, nous avons vu que l'expérience E.P.R.

« hors pensée » avec des photons jumeaux fonctionne : c'est probablement la plus belle et la plus signifiante de tout ce que la physique a pu élaborer, avant et ce qu'elle pourra découvrir, après. Le véritable « Graal » dont se réclament les physiciens a été appréhendé formellement avec la « manip » au laboratoire National d'Optique de paris dans les années précédent 1982 jusqu'à la fin de cette année-là. Parce qu'elle dévoile l'Esprit pour la première fois « en pointillé », il est vrai, mais avec une promesse quasi incantatoire de devoir aller jusqu'au terme de celle-ci. J'ai proposé, dans mon ouvrage précédent : « La grande Unité de l'univers Matière-Esprit révélée par la physique » Publibook 2009, le tracé de la Voie qui y mène.

Revenons à l'expérience des deux dodécaèdres, non plus en « forme pensée » mais en tant qu'expérience de physique quantique. Puisque nous devons considérer le système en Fusion E←T, les centres Γ des dodécaèdres sont « réunis » et confondus avec le centre O des tracés pentagonaux de la figure à pentagones imbriqués. Supposons que l'on dispose d'un quantum de spin 3/2 placé au centre O. Écrivons l'état total :

$$|Q\rangle = |T\uparrow\uparrow\uparrow\rangle|M\downarrow\downarrow\downarrow\rangle - |T\uparrow\uparrow\downarrow\rangle|M\downarrow\downarrow\uparrow\rangle + |T\uparrow\downarrow\downarrow\rangle|M\downarrow\uparrow\uparrow\rangle - |T\downarrow\downarrow\downarrow\rangle|M\uparrow\uparrow\uparrow\rangle \quad (29)$$

Or, l'expérience est censé s'effectuer dans notre espace-temps habituel. Il nous faut donc un deuxième « plan dodécaédrique » identique déployé à l'instar du précédent. L'expérience, si elle ne souhaite pas retourner « en pensée », peut donc se ramener à celle qui utilise un canon à photons distribuant (cette fois-ci par la pensée (!)) vingt sources corrélées (une par sommet) pour chaque figure pentagonale imbriquée. Chacune des deux figures possédant un quantum 3/2 est alors en corrélation par :

$\mathfrak{A}a$; $\mathfrak{B}b$;...; $\mathfrak{D}d$ etc.

Si chaque photon active le sommet d'un dodécaèdre (i.e. l'un des sommets imbriqués selon $\mathfrak{A}$a; $\mathfrak{B}$b; etc.), il déclenche sur le quantum une mesure modifiant les états. Supposons, par exemple, que la modification des états dans (29) soit telle que, par le détecteur DT le quantum affiche (par le deuxième faisceau du modificateur d'états quantiques) : $|T\uparrow\downarrow\downarrow\rangle$ par l'un des sommets ($\mathfrak{C}$) par exemple. A l'instant **exact** de cette modification, (dB_T) avertit de l'effectivité de la mesure : au **nième** instant **exact**, le sommet c de DM vient d'être activé (dB_M) : un photon jumeau a « atteint » le quantum placé au centre de DM. L'état du quantum (M) est alors $|M\downarrow\uparrow\uparrow\rangle$. Les quatre opérations (dB_T) ; (dB_M) ; $|T\uparrow\downarrow\downarrow\rangle$; $|M\downarrow\uparrow\uparrow\rangle$ ont lieu **en même temps**, rigoureusement. La même mesure peut être recommencée dix-neuf autres fois, par l'activation photonique des dix-neuf autres sommets appariés (« antipodicité ») : il y a corrélation jumelée quantique totale entre DT et DM par « emmêlement » informatif. En fait, de par la relation fondamentale $\mathfrak{C}=1**$, il convient de comprendre que le pentagone est une figure « régalienne » : l'activation d'un seul sommet entraîne l'activation potentielle de tous les autres : jusqu'à concurrence du nombre d'états modifiables du quantum (dans le cas du spin 3/2), résultat d'un quantum de spin 0 scindant celui-ci en deux de spin de 3/2 chacun, l'activation rend la potentialité opérationnelle pour le nombre d'états concernés. La relation d'états par Q (29) traduit le jumelage des deux dodécaèdres, c'est-à-dire (sur la figure pentagonale imbriquée) la totalité de la figure pentagonale à pentagones imbriqués. On remarque que la relation de jumelage dans les différents pentagones, à partir du pentagone $\mathfrak{A}\,\mathfrak{B}$... s'opère selon la progression géométrique de base $\sqrt{\Phi}$. Pour tout couple sommital $\{i, j\}$

opposé par ses sommets, on aura pour couple {i, j} de chaque dodécaèdre le jumelage suivant :

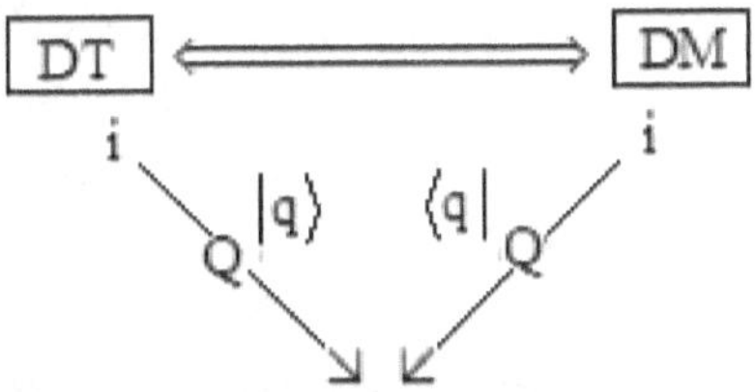

Le jumelage quantique-noétique « emmêle » ainsi également DT et DM, et les millions de kilomètres qui les séparent correspondent, en fait, à une réunion des deux : aucune indépendance quantique n'est ainsi possible. La « solution impossible » apparue au début du chapitre 3 vient donc du fait que l'indépendance entre DT et DM du fait de leur éloignement spatial semblait pertinente au vu de ce que le vécu dans l'espace-temps nous dicte. Mais cette « solution d'indépendance » d'apparence logique ne s'applique pas à la géométrie pentagonale d'où l'impression d'avoir eu affaire à de la « magie » puisqu'en absence d'un processus quantique (quantum au centre du dodécaèdre), la solution d'indépendance classique qui paraissait aller de soi ne vérifiait pas les propriétés géométriques du dodécaèdre. En reprenant la même expérimentation dans les mêmes conditions avec les deux dodécaèdres DT et DM, l'explication du fonctionnement en Fusion E←T revient à considérer, non pas le résultat en fonction du processus expérimental, mais à considérer le résultat a priori puisque le Cardinalat gémellaire **conditionne** le fonctionnement. Le dodécaèdre doit être considéré comme le **prototype** (symbolique) de **tout** processus quantique sans exclusive puisque, par définition, tout processus quantique s'effectuant Hors Temps-Espace, celui-là est tributaire de la structure géométrique de celui-ci. Et nous avons vu que cette structure, par construction isométrique, est basée sur Nombre et Section d'Or (voir mosaïque). Le motif isométrique doit nous inspirer un « motif quasi-isomorphique » à savoir ce que j'avance ci-après comme une conjecture supplémentaire de la manière suivante. Les expériences du type E.P.R. s'effectuent avec des photons ou des fermions jumelés par leurs spins respectifs. Le Cardinalat, comme son nom l'indique, est **jumelé** arithmétiquement par les séries décimales fractionnaires du Nombre et de la Section d'Or, donc par le nombre de décimales que l'on consent à utiliser : en fait, la rigueur quantique en exige une infinité. Considérons :

$$\Phi = 1{,}618033987\ldots \text{n décimales} \rightarrow \infty \rightarrow \frac{1}{2}\left(1+\sqrt{5}\right)$$

$$-\Phi^{-1} = -0{,}618033987\ldots \text{n décimales} \rightarrow \infty \rightarrow \frac{1}{2}\left(1-\sqrt{5}\right)$$

La sommation algébrique $\Phi - \Phi^{-1}$ restitue le Nombre cardinal unitaire nanti de sa puissance du Continu d'ordre deux en vertu de la théorie cantorienne des ensembles Transfinis (voir mes ouvrages : « Gnosis noétique et métaphysique » - Publibook 2008 et « Une introduction théorique à l'Ordre mathématique de l'Univers » - Site). La **puissance deux** de la transfinitude cantorienne, représentée par l'unité cardinale, ordinalement rationnelle signifie, ici, une Information transfinie noétique représentable par le Nombre aleph-zéro $\aleph_0$. Elle doit être comprise, d'après ma conjecture, comme l'ABSOLU (nombre infini d'Informations quantiques-noétiques structurant l'Univers dans « son TOUT » : INCRÉÉ, somme toutes, ou encore ESPRIT débarrassé de ses fantasmagories spiritualistes).

Enfin dernier élément. Si l'algèbre du Nombre et de la Section d'Or (18) à (23) est extrêmement simple, la géométrie qui y est rattachée, l'est beaucoup moins. La première est **commutative**, la seconde, basée sur la structuration par isométrie, induit la **non commutativité** « au sein » de cette commutativité, car basée sur la C*-

algèbre A (cf. « Géométrie non commutative », Alain Connes, Interéditions 1990). J'en ai déduit des approches théoriques pour montrer que la non commutativité est la propriété dominante du référentiel symplectique, « juste » à la « frontière » de l'espace-temps phénoménologique et de la Fusion Espace←Temps convolinvolutivement symplectique, de la « structuration » Hors-Temps-Espace pour $\beta_0 = \sqrt{2}$ jusqu'à $\sqrt{3}$. La combinatoire quantique (par exemple, les spectres de raie atomiques) suit l'algèbre des matrices (composition de Ritz Rydberg : groupoïde $\Delta = \{(i,j); i,j \in \text{ensemble d'indices}\}$ suivant la composition

$$(i,j) \bullet (j,k) = (i,k) \qquad (30)$$

Cette combinatoire se retrouve intégralement en physique noétique et elle est **non commutative**. Mais dans le cas le plus simple d'une composition matricielle deux fois une seule colonne, par exemple, le produit matriciel est commutatif, ce qui est le « cas E.P.R. » - dodécaèdre et E.P.R. commutateur avec deux photons jumeaux. On peut alors évoquer la commutation binaire symplectique au sein du groupoïde Δ ce qui signifie l'« aboutissement-Cardinalat » en décohérence directe boson→fermion (détecteur photomultiplicateur avec canon à photons « un par un »). Or, la décohérence E.P.R.-dodécaèdre, en révélant l'électron, doit l'associer au Nombre d'Or Φ. Tout se passe comme si le bilan expérimental révélait {« l'équilibre $-\Phi^{-1}$ » / violation des inégalités de Bell / naissance matérielle} par l'électron Φ.

4

La catastrophe conceptuelle initiée par la mécanique quantique

Aperçus théoriques du spin : de la « catastrophe » à la révolution conceptuelle

Aperçus introductifs

Considérons un espace de Hilbert dans lequel se développent des **spins quantiques**. Le spin est une propriété intrinsèque de toute « particule » quantique. En fait, le terme même de particule est inapproprié car celle-ci n'est pas matière au sens de la macrophysique. Je montrerai plus loin, que chaque (fausse) particule peut être considérée comme un **submicro-univers** associé, sous forme hypersphère submicroscopique de Riemann. La forme dodécaèdre étudiée précédemment est **inscriptible** dans une telle hypersphère à deux dimensions, chacun des vingt sommets de celui-là, constituant une sorte de « lieu » géométrique de la sphère (même en absence de lieu localisé !). Naturellement, dans ces conditions, il est bien difficile de savoir si la géométrie du dodécaèdre concerne un agglomérat de sphères submicroscopiques associées à autant de « particules » ou si, comme suggéré ci-dessus, il n'y a pas d'agglomérats mais des « individus », chacun d'eux étant une constitution symboliquement dodécaédrique. Pour la théorie élaborée ici, il n'est pas sûr du tout qu'une telle distinction soit importante. Considérant le cas individuel, le submicro-univers est doté de spin. Le spin est un concept qu'il paraît difficile de rationaliser dans la perception physicienne classique. Je préfère avancer que « tout se passe comme si » le spin est ceci ou cela. Ainsi, il est défini comme une rotation autour d'un axe présentant un **moment cinétique**. En ce qui me concerne, la physique noétique a dû établir la symbolique d'un submicro-univers attaché à la « particule » (admettons, ici) l'électron. Les propriétés de ce submicro-univers ont dû, de ce fait établir aussi la propriété **moment magnétique** du spin $\frac{1}{2}\hbar$, donc de même valeur que $\frac{1}{2}\hbar$ « cinétique ». Le submicro-univers est un « tout ». Il paraît, dès lors, étrange de pouvoir qualifier un « moment » quelconque (cinétique, par exemple), à un « tout » : en mécanique classique, un tel « moment » se définit à partir de **mouvements orbitaux** de particules de matière (atomes, molécules ou masse de matériaux quelconques) autour d'un axe physique constitué aussi de molécules (métallique, matériau de synthèse, etc.). Mais, en mécanique quantique, rien de tel. Il ne s'agit, ni de « masses physiques matérielles » (particule, axe de rotation), ni de rotation au sens que nous avons du mouvement. En mécanique quantique, il s'agit de « quelque chose » d'indéfinissable selon nos critères habituels, pouvant être « grave » (G) mais essentiellement « non grave » (NG), selon la définition référentielle retenue mais qui aurait des « moments mécanistes » « par rapport à lui-même », dans sa globalité intrinsèquement unitaire. Cette curiosité se confirme par le fait qu'en termes d'action, tout se passe comme si ces moments (cinétique et magnétique) sont des constantes définies par des états quantiques, représentés mathématiquement par des « kets » de sigle $|\ \rangle$. L'unité quantique qui exprime le moment est la constante universelle de Planck réduite : $\hbar = h/2\pi$. La mesure du spin est toujours un multiple entier (boson : maxwellien) radiatif ou demi entier (fermion : non maxwellien non radiatif) de $\hbar$, soit :

$$0\,;\frac{1}{2}\hbar\,;\hbar\,;\frac{3}{2}\hbar\ ;2\hbar\,;\ \text{etc}\ldots$$

On dit alors que le spin vaut :

$$0\,;\frac{1}{2}\,;1\,;\frac{3}{2}\ ;2\,;\ \text{etc.}$$

Je rappelle que seuls les états entiers sont maxwelliens au sens électromagnétique ondulatoire. Les états, dans la représentation sphérique du submicro-univers quantique associé peuvent être « imagés » comme suit :

Etat $|\uparrow\rangle \Rightarrow$ 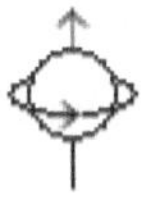 (haut) Etat $|\downarrow\rangle \Rightarrow$ 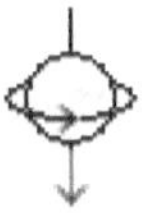 (bas)

Etat général spin $\frac{1}{2}$ (électron) :

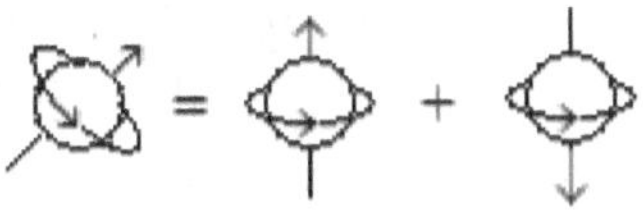

ce que l'on écrit mathématiquement :

$$|\psi\rangle = w|\uparrow\rangle + z|\downarrow\rangle \qquad (31)$$

Le spin d'un quantum est donc une superposition de « hauts » et de « bas ». En fait, et quelle que soit la combinaison $\{|w\rangle;\langle z|\}$, le spin résultant est identique à ½ $\hbar$ autour de la direction précise par le rapport des deux nombres complexes w et z, le choix des états $|\uparrow\rangle$ et $|\downarrow\rangle$ étant arbitraire. On constate bien que, malgré un formalisme répondant aux critères mathématiques connus, le comportement de la notion de spin « défraie » l'entendement classique. Éprouvons les singularités du spin de manière encore plus « invraisemblable ». La « fonction » (31) peut se définir par les rapports complexes z/w définis par :

$$\psi = w + i\,z \qquad (32)$$

avec $\mathrm{i} = \sqrt{-1}$ et par les nombres complexes associés. Si $w = 0$, ce qui est physiquement possible par :

$$|\psi\rangle = 0|\uparrow\rangle + z|\downarrow\rangle \qquad (33),$$

le rapport $z/w \to \infty$. Si, simultanément, $z = 0$, le rapport précédent est indéterminé et la notion de spin a perdu son sens.

Lorsque le Cardinalat gémellaire s'intronise

La notion de spin peut-elle perdre son sens ? Essayons de « persécuter » le mystère. Deux états quantiques $|\mathrm{X}\rangle$ et $|\mathrm{Y}\rangle$ d'un photon se superposent par :

$$|\psi\rangle = w|\mathrm{X}\rangle + z|\mathrm{Y}\rangle \qquad (34)$$

Formulée ainsi, toute situation de la forme $|\mathrm{X}\rangle$ et $|\mathrm{Y}\rangle$ est possible. Par exemple, dans le cas d'un fermion (spin $\frac{1}{2}$) nous avons vu que :

$$|\mathrm{X}\rangle = |\uparrow\rangle \text{ et } |\mathrm{Y}\rangle = |\downarrow\rangle.$$

L'état de spin, ayant pour valeur $\frac{1}{2}\hbar$ correspond à un point représentant le rapport z/w. Décrit sur la sphère de Riemann, on s'aperçoit que chaque direction spatiale est une orientation de spin représentative d'un submicro-univers fermionique de spin ½. Chacun de ces états, réductible à la valeur ½ constitue une combinaison à coefficients complexes dont la réductibilité à l'état de base n'est pas nécessairement déterminable spatialement… c'est évident puisque nous sommes en Fusion E←T mais… je poursuis le raisonnement quantique au sens traditionnel. La combinaison à coefficients complexes devient… très complexe pour des spin supérieurs à ½. Nous devrons, dans ce cas, plonger dans l'antre noir de ce qui est devenu inaccessible à notre « entendement causal ». Essayons, car les résultats seront instructifs. Soit un nombre n entier supérieur ou égal à 1 et considérons un quantum ou atome de spin ½. Soit l'état $|\uparrow\rangle$ pour commencer. Quel taux de spin du quantum est-il orienté dans $|\uparrow\rangle$? Les essais effectués avec le procédé Stern Gerlach utilisant un champ magnétique non homogène pour mesurer les spins, ont montré que le spin ne peut prendre que $n+1$ orientations possibles. La mesure, basée sur l'émergence d'un faisceau à la sortie de l'appareil S-G, montre une déviation de ce faisceau proportionnelle à $n+1$ valeurs de n se répartissant selon : $n\,;n-2\,;...;2-n\,;-n$ ..

$\frac{1}{2}\hbar$ n n – 2 n – 4 2 – n -n n +1 valeurs.

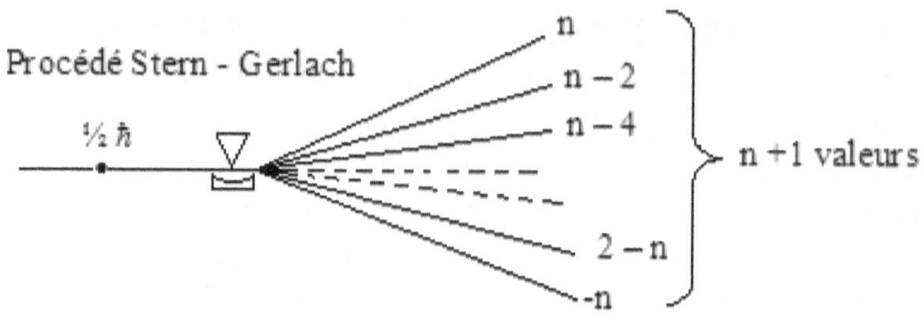

Figure 12

Constat : les états de spin accessibles à un quantum ou atome de spin ½ n sont des superpositions complexes de toutes les $n+1$ possibilités. Ainsi, pour un photon $n=1$, on a successivement n ; n – 2 ; 2 – n ; - n, soit :

1 ; - 1 ; 1 ; - 1,

soit $1+1=2$ valeurs d'hélicités possibles $\{1\ ;\ -\ 1\}$. Généralisons pour n quelconque. Avec le formalisme conventionnel, on écrit pour tous les états quantiques Q possibles :

$$|Q\rangle \Rightarrow |\uparrow\uparrow\uparrow \ldots \uparrow\rangle ; |\downarrow\uparrow\uparrow \ldots \uparrow\rangle ; |\downarrow\downarrow\uparrow \ldots \uparrow\rangle ; \ldots ; |\downarrow\downarrow\downarrow \ldots \downarrow\rangle$$

correspondant, respectivement, à la généralité n ; n – 2 ; n – 4 ; … ; 2 – n ; – n (chaque ket contient n positions. La superposition correspondante s'écrit :

$$|\psi\rangle = z_0|\uparrow\uparrow\uparrow \ldots \uparrow\rangle. + z_1|\downarrow\uparrow\uparrow \ldots \uparrow\rangle + z_2|\downarrow\downarrow\uparrow \ldots \uparrow\rangle + \ldots + z_n|\downarrow\downarrow\downarrow \ldots \downarrow\rangle \tag{35}$$

Les nombres complexes z_i étant nuls ou non (pas tous nuls pour le moins !). C'est maintenant que la description « se corse ». En effet, l'appareil de mesure S.-G. n'indique

que les résultats que donne la mesure, c'est-à-dire les classiques états $|\uparrow\rangle$ et/ou $|\downarrow\rangle$, ceux de (35), tous ordonnés. Or, il a été montré, qu'en fait, **des états non ordonnés** déterminent n points de spin ½ n : ils peuvent alors se répartir sur la sphère de Riemann correspondant à n pôles d'un polynôme complexe de degré n tel que :

$$P(x) = \alpha_n x^n + \alpha_{n-1} x^{n-1} + \alpha_{n-2} x^{n-2} + \ldots + \alpha_0 \qquad (36)$$

avec :

$\alpha_n = z_n$; $\alpha_{n-1} = n^{1/2} z_{n-1}$; $\alpha_{n-2} = [n(n-1)/2!]^{1/2} z_{n-2}$; ... ; $\alpha_0 = z_0$

Les pôles $x = x_1, x_2, \ldots x_n$ de $P(x) = 0$ représentent les n points de la sphère de Riemann. La correspondance avec l'écriture standard est :

$$|\uparrow\uparrow\uparrow\ldots\uparrow\uparrow\rangle \Rightarrow x^n \; ; \; |\downarrow\uparrow\uparrow\ldots\uparrow\uparrow\rangle \Rightarrow n^{1/2} x^{n-1} \; ;$$
$$|\downarrow\uparrow\uparrow\ldots\uparrow\uparrow\rangle \Rightarrow [n(n-1)/2!]^{1/2} x^{n-2} \; ; \ldots ;$$
$$|\downarrow\downarrow\downarrow\ldots\downarrow\uparrow\rangle \Rightarrow n^{1/2} x \; ;$$
$$|\downarrow\downarrow\downarrow\ldots\downarrow\downarrow\rangle = 1$$

Un point correspondant au pôle x_i de la sphère de Riemann et ayant pour antipode $-\frac{1}{x_i}$ (ou $-x_i^{-1}$), donne tous les points disponibles, pôles du polynôme :

$$p(x) = \alpha_0 + \alpha_1 x + \alpha_2 x^2 + \ldots + \alpha_{n-1} x^{n-1} + \alpha_n x^n \qquad (37)$$

Un traitement mathématique détaillé de ces données qui n'a pas sa place ici, permet de déduire les associations suivantes pour les états donnés par A, B, C, ...T tel que $|ABC...T\rangle$.

1. Pour n impair : $|ABC...T\rangle$ est orthogonal aux antipodes $|abc...t\rangle$
2. Dans le cas d'un produit scalaire de $p(x)$ par un état décrit par le polynôme :
   $q(x) = \beta_0 + \beta_1 x + \beta_2 x^2 ... + \beta_{n-1} x^{n-1} + \beta_n x^n$ (38),

   on montre que l'état : $|AAA...A\rangle$ est orthogonal à chacun des états décrits par $|aPQ...S\rangle$.

   Une analyse poussée définit des directions pour lesquelles une mesure de spin S-G donne une probabilité nulle pour trouver ce spin dans la direction opposée à celle mesurée. Ceci nous permettra de poursuivre le raisonnement précédent au sujet des états non ordonnés. C'est ainsi que l'écriture de (35) ne permet pas de « décider » de tous les cas possibles. C'et tout le problème de la mesure quantique.
3. En revenant à propos de l'analyse ci-dessus dans le cas du produit scalaire des états des racines de (37) par (38), on trouve :

$$|S\rangle = \overline{\beta_0}\alpha_0 + \frac{1}{n}\overline{\beta_1}\alpha_1 + \frac{2!}{n(n-1)}\overline{\beta_2}\alpha_2 + ... + \overline{\beta_n}\alpha_n \quad (39)$$

Dans le « cas scalaire » et particulier où $\beta(x) = \overline{\alpha}(x)$ (antipodicité) et en revenant à (37), l'« antipodicité » entre x_i (sphère de Riemann) et $-x_i^{-1}$ sur la même sphère nous apporte une indication remarquable : En admettant que les points sur la sphère de Riemann soient dotés, chacun d'un nombre x_i, en admettant que le rayon de la sphère soit égal à 1, d'un point i a son antipode, on a

$$x_i + \left(-x_i^{-1}\right) = 1 \qquad (40)$$

d'où

$$x_i - x_i^{-1} = 1$$

En multipliant tout par x_i, on a immédiatement la série algébrique du second ordre : $x_i^2 - x_i - 1 = 0$, de pôles dorés connus ; avec : $\Phi_i = x_i$, on retrouve Nombre et Section d'Or :

$$x_1 = \frac{1}{2}\left(1 + \sqrt{5}\right) \text{ et } x_2 = \frac{1}{2}\left(1 - \sqrt{5}\right)$$

Ce résultat s'« adresse » donc au dodécaèdre : l'espace-temps quantique-noétique est ainsi bien une Fusion E←T au sens où je l'ai formalisée. Le principe théorique du « non ordonnement » consiste à considérer les « flèches spins » sans alignements et pointant par l'angle solide sphérique dans d'infinies variétés de directions : le spin $\frac{1}{2}$n est alors traduit par n flèches (apparemment) indépendantes et associées à **n** points sur la sphère. Simultanément, par (37) et les formulations suivantes, le dodécaèdre inscriptible dans la sphère détermine, de manière ordonnée, l'Information noétique et celle de son antipode selon la figure schématique de droite ci-dessous.

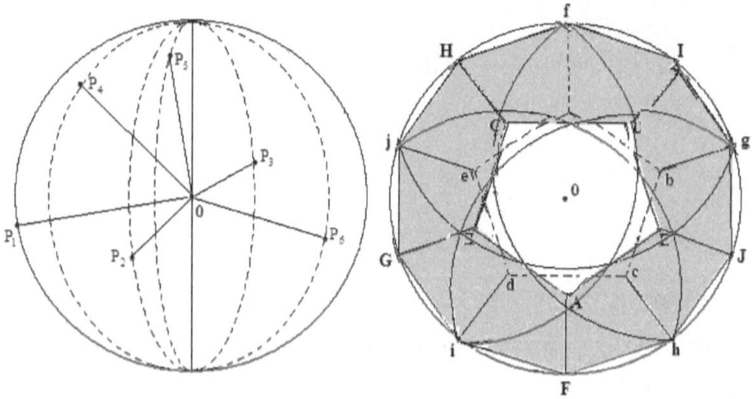

Figure 13

Ainsi, les Informations noétiques aux points A, B, …, J sont définies par $\frac{1}{2}\left(1+\sqrt{5}\right)$ et les antipodes respectifs a, b, …, j par $\frac{1}{2}\left(1-\sqrt{5}\right)$ ou, commutativement en inversions respectées : $\frac{1}{2}\left(1-\sqrt{5}\right)$ et $\frac{1}{2}\left(1+\sqrt{5}\right)$. Ainsi, les rayons respectivement identiques Aa, Bb, …, Jj correspondent-ils au Cardinalat

$$\Phi - \Phi^{-1} = 1 *$$

Pour une position fixe conventionnelle de la sphère en référentiels convolinvolution-symplectique et nouménal, 9 positions (mais seulement 7 possibles) informativement bosoniques ondulatoires sont disponibles pour :

$$\begin{cases} N = 1 ; N = 2 ; N = 3 ; \dots N = 7 \\ n = 1 ; \; n = 2 ; \; n = 4 ; \dots n = 64 \end{cases}$$

par la relation $n = 2^{N-1}$ (voir théorie de la Fusion électromagnétique maxwellienne et non maxwellienne cf. « N'-Théorie »), sont exploitables théoriquement lorsque les points B, …, G, H ou I ou J correspondent au Nombre d'Or (pratiquement, seuls cinq points fonctionnent : $N = 5, \mathcal{N} = 1{,}84467...10^{19}$) et les points antipodiques d, …, g, h ou i ou j à la Section d'Or $\frac{1}{2}\left(1 - \sqrt{5}\right)$ (mais seuls cinq antipodes sont concernés). Pour $N = 0$, $n = \frac{1}{2}$, je considère alors, conventionnellement, le point A en Information fermionique de base ($\Phi = \frac{1}{2}\left(1 + \sqrt{5}\right)$ et a en antipode correspondant pour $-\Phi^{-1}$ (non ondulatoire). La relation holomorphique symplectique-nouménale fusionnelle :

$$\mathcal{N} = 16^{2nm}$$

(où $0{,}5 < m < 0{,}99...99...$ pour $N = 1 ; 2 ; ... ; 5$ et $0 < m < 0{,}5$ pour $N = 0$) donne le nombre d'orientations informatives pour les valeurs de spin de $n = \frac{1}{2}$ à 2, et celui des orientations informatives pour $n = 4 ; 8 ; 16$ correspondant donc à $N = 3 ; 4 ; 5$.

En fait, le terme régulateur m pouvant prendre toute valeur selon les intervalles désignés précédemment, la sphère de Riemann est à aleph-zéro dimensions (valeur transfinie) (comme mentionné précédemment) et nécessitant donc des rotations de la sphère autour de son centre.

L'impossible solution classique associée à la notion de spin

Rappelons que, d'un point de vue classique, le spin d'un quantum est défini par le **moment cinétique**. Dans un sens classique, un spin d'action macrophysique équivalent à $\frac{1}{2}n$, devrait posséder n actions « spinnées » tournant autour de O dans des plans différents dont plusieurs pourraient être opposés les uns aux autres dans un désordre total. Or, dans ce cas classique macrophysique, chaque point P_i étant représenté par une boule, aussi petite et peu pesante fût-elle, attachée matériellement au centre de la sphère, verrait leurs attaches souples rapidement **emmêlées** au cours de la rotation, au point de la bloquer peu de temps après. La seule représentation classique possible est donc… impossible, car seul un axe de rotation bien défini dans son plan de rotation ne peut convenir qu'à **une seule boule**. L'on pourrait se contenter de l'analyse théorique d'un seul spin. Or, la mécanique quantique en a dénombré, par les multiples expériences qui ont été réalisées, des états quantiques bien supérieurs à 1. Dès les années 1930, le physicien italien Ettore Majorana en a introduit la conjecture par une description de l'état général de spin $\frac{1}{2}n$, tel que je l'ai représenté par la figure ci-dessus, à gauche : n points non ordonnés sur la sphère de Riemann correspondant, chacun à **un** élément de l'état général, d'où la tentative d'une explication classique. Or, l'explication classique, rapidement amorcée ci-dessus, ne lui laisse aucune « chance » : si on la maintient, le paradoxe qui en résulte devrait, pour le moins, infirmer la notion classique du moment cinétique : l'emmêlement constaté, hors signification quantique, ne laisse à la solution classique, aucune possibilité de « survie ». La théorie quantique prévoit, selon nos critères classiques, que les n flèches représentatives des spins associés au nombre n doivent être **indépendantes**. La théorie noétique, bien au contraire, du fait de la Fusion E←T, nous procure que la non-localité nouménale et pseudo-non-localité symplectique sont définies par des **Informations** « non graves » (N.G.), de nature noétique et rendent les états quantiques jumelés entre eux : le résultat assez immédiat, issu de la description de Majorana, aboutit au Cardinalat $\mathfrak{C}=1^{**}$ représenté sur la figure ci-dessus, a droite (dodécaèdre inscrit dans la sphère riemannienne). Or, celui-ci définit mathématiquement tous les points possibles du dodécaèdre et leurs antipodes associés par le Nombre d'Or et sa Section dorée, à l'aide d'une **seule** relation jumelée (Cardinalat). La « transfinitude » informative (symbolisée par $\aleph_0$) constitue, ainsi, une Fusion E←T, même si chacune des pointes A, a, B, b, etc. représente une Information très élevée pouvant, mathématiquement, tendre vers l'infini (par exemple, par $\mathcal{N} = 16^{2\dot{n}m}$ pour $\dot{n} = 16$; $m = 0{,}75\ldots$ voir Deuxième partie : environ $8{,}5.10^{28}$). A l'indépendance des spins (théorie classique aboutissant au non sens) s'oppose leur gémellité informative (physique noétique). D'ailleurs, l'expérience mémorable d'Alain Aspect (photons jumeaux E.P.R.) ne nous l'avait-elle pas démontrée formellement, dès 1982 ?

La gémellité du Nombre d'Or avec lui-même

Soient deux nombres λ_i irrationnels et k un entier positif (donc rationnel) reliés par :

$$\lambda_1 + \lambda_2 = k \qquad (41)$$

et

$$\lambda_1 \lambda_2 = -1 \qquad (42)$$

Puisque (42) fournit : $\lambda_2 = -\lambda_1^{-1}$, (41) s'écrit : $\lambda_1 - \lambda_1^{-1} = k$ et, λ_1 et λ_2 sont solutions de :

$$\boxed{\lambda - \lambda^{-1} = k} \qquad (43),$$

relation fondamentale et générale de toute gémellarité.

En multipliant (43) par λ, il vient :

$$\boxed{\lambda^2 - k\lambda - 1 = 0} \qquad (44),$$

trinôme de la gémellarité générale, de pôles :

$$\lambda_{(1)} = \frac{1}{2}\left(k + \sqrt{k^2 + 4}\right) \text{ et } \lambda_2 = \frac{1}{2}\left(k - \sqrt{k^2 + 4}\right).$$

Posons :

$$\nabla = \sqrt{k^2 + 4}.$$

En appliquant (44) :

$$\frac{1}{2}(k + \nabla) - \frac{1}{\frac{1}{2}(k + \nabla)} = \frac{1}{2}(k + \nabla) - 2 \times \frac{1}{k + \nabla} \cdot \frac{k - \nabla}{k - \nabla}$$

de résultat :

$$\frac{k}{2} + \frac{1}{2}\nabla - \frac{2(k - \nabla)}{-4} = k$$

ce qui vérifie bien (41) puis (42).

Spécification géométrique et ontologique

Définissons les grandeurs numériques suivantes :

2k est demi fractionnaire positif ou entier compris entre 1 et l'infini ;
a : est une grandeur opérationnelle de la totalité d'un bornage du domaine d'application D ;

m : grandeur opérationnelle définissant la fraction a/x, x étant le pôle de la fonction régissant algébriquement D ;
b : on définit le repère suivant : pour k quelconque entier positif et (ou demi fractionnaire) : 1/2 ; 1 ; 3/2 ; 2 ; … ; ∞.
On pose :

$$a = 2\mathrm{km} + \mathrm{b} \qquad (45)$$

On pose encore :

$$\mathrm{m} = \frac{a}{x}$$, ce qui donne avec (46) :

$$\mathrm{b} = a - 2\mathrm{km},$$

valeurs entièrement **irrationnelles**.

Il me faut considérer, dans la « poursuite–ésotère » le système D comme une « entité » symplectique–nouménale en sphéricité **centrée** et en convolution « involutive–holomorphe », une opposition conceptuelle formelle, ingérable en référentiel phénoménal. Dans ce cas, les coordonnées sphériques entraînent au « lieu » de la moyenne géométrique **centrée** par :

$$\frac{a}{2\mathrm{km}} = \frac{2\mathrm{km}}{\mathrm{b}} \qquad (46),$$

à la traduction exacte et globale de la convolution involutive. On tire alors :

$$\frac{a}{2\mathrm{km}} = \frac{2\mathrm{km}}{a - 2\mathrm{km}} \qquad (47)$$

En résolvant (47), on obtient successivement :

$$4\,k^2m^2 = a^2 - 2\,a\,km \text{ et, avec : } m = \frac{a}{x} :$$

$$4\,k^2\frac{a^2}{x^2} = a^2 - 2k\frac{a^2}{x} \; .$$

Divisant tout par a^2 et multipliant par x^2, il vient :

$$4\,k^2 = x^2 - 2kx$$

ou, en ordonnant l'écriture :

$$\boxed{x^2 - 2kx - 4\,k^2 = 0} \qquad (48),$$

expression dont les pôles sont :

$$\boxed{\begin{aligned} x_1 &= k\left(1+\sqrt{5}\right) \\ x_2 &= k\left(1-\sqrt{5}\right) \end{aligned}} \qquad (49)$$

De la gémellarité indéfinie à la gémellarité d'Or

Les deux pôles (49) satisfont–ils à la gémellarité ? Ceux–ci sont **irrationnels** par définition.

La première exigence « en situation » se réalise par :

$$x_1 + x_2 = 2k \qquad (50)$$

La deuxième est la « condition de gémellité » par :

$$k\left(1-\sqrt{5}\right) \text{ égal à } -\frac{1}{k\left(1+\sqrt{5}\right)} \; ?$$

Multiplions ce deuxième terme par $\left(1-\sqrt{5}\right)$ au numérateur et au dénominateur, il vient :

$$k\left(1-\sqrt{5}\right)=-\frac{1}{k}\frac{1-\sqrt{5}}{-4}$$

d'où :

$$k\left(1-\sqrt{5}\right)=\frac{1}{4k}\left(1-\sqrt{5}\right)$$

soit la condition $\mathbf{k}=\pm\frac{\mathbf{1}}{\mathbf{2}}$

On vérifie bien, en prenant soit la valeur positive ou la valeur négative que :

$$\frac{1}{2}\left(1-\sqrt{5}\right)=-\frac{2}{1+\sqrt{5}}$$

(car $-\frac{2\left(1-\sqrt{5}\right)}{\left(1+\sqrt{5}\right)\left(1-\sqrt{5}\right)}=-\frac{2\left(1-\sqrt{5}\right)}{-4}=\frac{1}{2}\left(1-\sqrt{5}\right)$

Les conditions (50) et (51) sont totalement vérifiées puisque pour $k=\frac{1}{2}$:

$$x_1+x_2=1$$

et, en posant

$$x_2=-x_1^{-1}$$

avec $x_1=\Phi$:

$$\boxed{\Phi - \Phi^{-1} = 1**} \qquad (51).$$

du Cardinalat gémellaire :

$\Phi = \frac{1}{2}\left(1+\sqrt{5}\right)$ et $-\Phi^{-1} = \frac{1}{2}\left(1-\sqrt{5}\right)$ sont respectivement, rappelons–le : Nombre et Section d'Or.

L'écriture (51), en posant : $\mathfrak{C} = \Phi - \Phi^{-1}$, décrit le Cardinalat par :

$$\boxed{\mathfrak{C} = 1**} \qquad (52),$$

désignant

ESPRIT-INCRÉÉ-PRÉSENT CONTINU-ABSOLU.

Des relations précédentes découlent le Nombre d'Ordre par :

$$\Omega_\Phi = \left(\frac{x_1 - x_2}{x_1 + x_2}\right)^2 \quad \text{soit} \quad \Omega_\Phi = \left(\frac{\Phi + \Phi^{-1}}{\Phi - \Phi^{-1}}\right)^2 \qquad (52)$$

de valeur : $\Omega_\Phi = 5$.

Probabilité quantique et Intention noétique. Collapsus de la fonction d'onde

Information noétique totale

Analysons rapidement le paragraphe précédent. En nous tournant vers la structure la plus simple et la plus accomplie (composition interne) des groupes, la fonction algébrique (41) aboutit à trois constats fondamentaux liés :

- pour que les deux pôles x_1 et x_2 satisfassent à la Fusion Espace←temps, on doit avoir $\mathrm{k} = \pm\frac{1}{2}$: cette pondération révèle que, en mécanique quantique, le spin du fermion à la base de toute structure atomique, donc matière, l'électron, doit être égal à $\pm\frac{1}{2}$; le « décret » de la Fusion E $\leftarrow$ T réside ainsi en cette valeur fondamentale, donc de la Gémellarité $\mathfrak{C}=1^{**}$. En fait, par défusions bosoniques successives, apparaît l'électron, comme par fusions successives (1/2 ; 1 ; 2 ; … ; 16), à partir de l'électron, apparaît la « fonction bosonique ».

- le terme $\mathfrak{C}=1^{**}$ est le résultat du « partenariat doré »

$$\Phi_1, \Phi_2 = \frac{1}{2}\left(1 \pm \sqrt{5}\right).$$

L'explication précédente de l'Information cosmique totale que représente symboliquement le dodécaèdre inscrit en sphère de Riemann par la relation :

$$\mathcal{N}_A = 16^{2\dot{n}m} = 1{,}836.10^{122}$$

(cf. « La grande unité de l'Univers Matière-Esprit révélée par la physique » Publibook 2009 : Nombre Gogol-Asankheya).
avec $N = 7$, d'où $\dot{n} = 64$ et $m = 0{,}793265...$ est évidemment « couverte » par $\mathfrak{C}=1^{**}$

- ce dernier résultat appelle les constats et réflexions suivants. La Fusion E $\leftarrow$T, par convolinvolution absolue ($\mathcal{N}_A$) (les univers riemanniens U_{R_i} sont tels que $\Sigma\left(U_{R_i}\right)=0$ (voir théorie générale de la Fusion Espace$\leftarrow$temps exposée au Lexique II de « Gnosis noétique métaphysique » sur mon site :

http://johann_soulas.publibook.com, théorie que je réexposerai lors d'un prochain paragraphe), fusionne toutes les Informations N.G. et par voie de conséquence évidente, relie ainsi toutes Informations entre elles. Je conjecture, encore en conséquence, que le référentiel convolinvolutivement symplectique (n'appartenant pas à nos modes de fonctionnement discursifs cérébraux) **accomplit** l'**interdépendance**, rendant le « fonctionnement subtil » **intelligent**, selon des critères algorithmiques à la « finesse quantique » infinie, à côté de laquelle la microtechnique électronique humaine malgré ses prouesses inimaginables à notre entendement grossier, en est encore « à l'âge de la pierre taillée ». Ces « critères algorithmiques », inaccessibles à notre entendement sont pourtant nos frustes pensées seulement accessibles **dans** l'espace-temps, le lot de notre fonctionnement neural-cérébral « en aval » de toutes les « détections quantiques » et « détections neuronales » (voir deuxième partie) : l'essentiel du « prodige subtil » se joue « en avant », en Fusion E←T symplectique et Co-Fusion E←T nouménal. Ces critères, d'une souplesse infinie, réalisent **instantanément** toute potentialité permettant matérialisations et incarnations vivantes ultérieures constituant des **situations téléonomiques** « en vue » de tel ou tel résultat à obtenir.

Probabilité quantique. Réduction du vecteur d'état quantique

Considérons un espace de Hilbert où se produisent des « événements quantiques ». En guise de rappel et pour approfondissement, reconsidérons un quantum (ou atome) de spin $\frac{1}{2}$n et récrivons un état quantique initial comme suit :

$$|\psi_0\rangle = z_0|\uparrow\uparrow\uparrow\ldots\uparrow\rangle. + z_1|\downarrow\uparrow\uparrow\ldots\uparrow\rangle + z_2|\downarrow\downarrow\uparrow\ldots\uparrow\rangle + \ldots + z_n|\downarrow\downarrow\downarrow\ldots\downarrow\rangle \tag{53}$$

Lors de certaines « transactions » quantiques, l'état va se modifier. Supposons que nous cherchions l'état de spin intégralement « haut » ↑. Si **oui**, nous écrivons que l'état obtenu correspond à ce qui est prévu et le désignons, par exemple par |. Si c'est **non**, je désigne la situation par □. Ainsi, **si oui**, j'écris :

$$|\uparrow\uparrow\uparrow\ldots\uparrow\rangle \Rightarrow |.$$

L'état de spin a alors acquis :

$$|\uparrow\uparrow\uparrow\ldots\downarrow\rangle$$

ou bien a **effectué la transition** $|\uparrow\uparrow\uparrow\ldots\uparrow\rangle$ au **moment exact** de la mesure (détection). Supposons maintenant que l'observation est une réponse qui ne correspond pas à |. Celle-ci étant binaire, ne peut être représentée que par □. Quelle est la situation ? Tout se passe alors comme si l'état quantique $z_0|\uparrow\uparrow\uparrow\ldots\uparrow\rangle$ n'a pas été « considéré » et que la transition se soit portée sur l'état orthogonal soit :

$$|\psi\,\square_1\rangle = z_1|\downarrow\uparrow\uparrow\ldots\uparrow\rangle + z_2|\downarrow\downarrow\uparrow\ldots\uparrow\rangle + \ldots + z_n|\downarrow\downarrow\downarrow\ldots\downarrow\rangle \tag{54}$$

Dans ce cas, je dois écrire $|\downarrow\uparrow\uparrow\ldots\uparrow\rangle \sim$ □ qui est la réponse négative à ce que nous cherchons. Admettons, par contre que je cherche à obtenir la transition précédente : alors, il convient d'écrire : $|\downarrow\uparrow\uparrow\ldots\uparrow\rangle \sim$ ❙ et on obtient, **si oui** :

$$|\psi_{1}^{\mid}\rangle = z_1|\downarrow\uparrow\uparrow\ldots\uparrow\rangle + z_2|\downarrow\downarrow\uparrow\ldots\uparrow\rangle + \ldots + z_n|\downarrow\downarrow\downarrow\ldots\downarrow\rangle \qquad (55)$$

Mais si la mesure affiche le contraire, alors l'écriture devient :

$$|\psi_{2}^{\square}\rangle = z_2|\downarrow\downarrow\uparrow\ldots\uparrow\rangle + \ldots + z_n|\downarrow\downarrow\downarrow\ldots\downarrow\rangle \qquad (56)$$

et ainsi de suite ; le vecteur correspondant à $z_1|\downarrow\uparrow\uparrow\ldots\uparrow\rangle$ a disparu. La situation « imprévisible » par la fonction binaire ❙ □ se résume en booléen OU et constitue une **indétermination** a priori même si la décorrélation au moment de la mesure se termine par l'affichage ❙ **ou** □ : l'indétermination est devenue « déterminée » par la mesure. Ces résultats entraînent à la conjecture **projection de transitions** qui définit le passage de

$$|\Psi_0 \mid\rangle \Rightarrow |\psi_{1}^{\square}\rangle \text{ et/ou de } |\psi_{1}^{\mid}\rangle \Rightarrow |\psi_{2}^{\square}\rangle .$$

Dans le cas d'une situation d'affirmation ❙, la réponse est précise et ne nécessite guère de commentaires. Tout au contraire, dans la situation d'une négation, la réponse ouvre la voie à des éventualités nouvelles et cette situation requiert alors l'aspect aléatoire classique avec sa tentation non moins classique d'évoquer le **hasard**. On conçoit que si le résultat transitionnel donne une réponse □ (ou nul ce qui équivaut aussi à □), tout l'intérêt de la physique quantique réside dans le fait que pour les mesures suivantes on peut **vérifier** les **prédictions de la théorie** (ce qui n'est pas le cas du oui ❙ définitif). Considérons, pour mieux en saisir le sens, la description hilbertienne suivante. Considérons l'état quantique primitif $|\tau\rangle$ transitionnel | appartenant à $z|\tau\rangle$ (vecteur orthogonal au plan).

La mesure primitive | établit une réponse affirmée, précise et **acquise**. La projection de l'état $z|\tau\rangle$ sur le plan coïncide alors avec l'origine. Or, l'état quantique primitif peut également être □. La projection sur le plan orthogonal fournit alors simultanément □ et l'état $|\psi\rangle$ de la fonction d'onde mesurée.

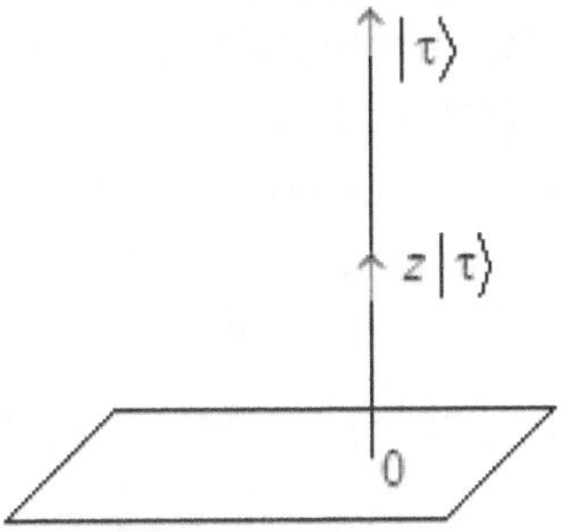

Figure 14

Que s'est-il passé dans ce cas ? Si le cas affirmatif apparaît (|), cela signifie que la mesure a été décryptée parce que l'appareil de mesure a interagi avec le système quantique. Dans ce cas, la situation s'est compliquée car il y a eu ce que la physique quantique nomme **emmêlement**, donc (ce que j'appelle) jumelage (corrélation) ce qui, en fait, n'est plus représentable de manière simple dans un « espace » (inexistant mais qui « EST »).

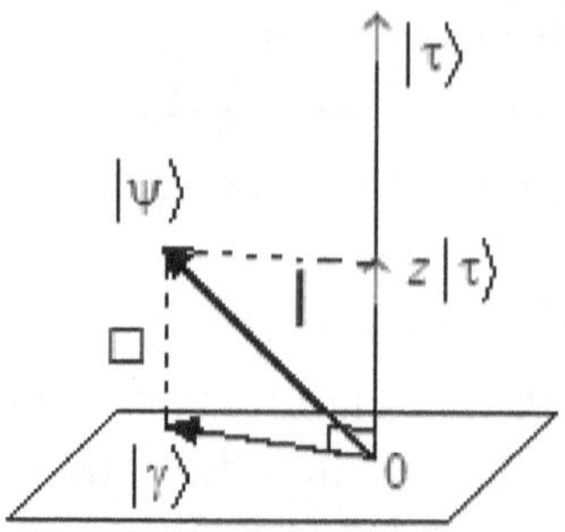

Figure 15

Je préfère utiliser les termes co-Fusionnel E←T ou convolinvolutivement symplectique (proposons le sigle COVINS noétique). Cet « espace dodécaédrique » est à $\aleph_0$ dimensions. Malgré la complexité de la situation co-Fusionelle, la théorie noétique montre que des transitions (qui peuvent être infiniment multiples) se résolvent dans un espace à 2 dimensions (spin $\frac{1}{2}n$ avec $n=1$) pour lequel, si $|\tau\rangle$ est donné, on puisse écrire :

$$|\psi\rangle = z|\tau\rangle + |\gamma\rangle \qquad (57)$$

avec orthogonalité de $|\gamma\rangle$ à $|\tau\rangle$. Donc, si le résultat de la mesure est |, le vecteur correspondant transitoire devient $z|\tau\rangle$ ce qui sera le point de départ de nouvelles combinatoires d'états. Si la réponse est □, la mesure a donné son verdict et est parvenu à son terme $|\gamma\rangle$. Si la mesure « se satisfait » de cette réponse, elle ne peut qu'ignorer dans les états intermédiaires (voir la totalité maximum $\mathcal{N}_A$ possible) qu'elle ne peut « aborder » que si la transition prochaine était |. La résolution est toujours à deux dimensions mais… que s'est-il passé instantanément au cours des $\aleph_0$ dimensions ou, ne serait-ce qu'une infime partie de celles-ci ? Nul ne le saura mais c'est au cours du « COVINS » que la Réalité secrète et « mystérieuse » des processus a lieu. [Il conviendra d'y revenir à propos (deuxième partie) de la « réalisation noéticanthropique » du cerveau humain (sorte d'« artis factum » quantique) infiniment complexe du photon ou de l'électron)].

C'est ainsi que la notion de **probabilité quantique** apparaît par la possibilité de voir se réaliser chacun de ces deux aléas (| ; ▯). Il faut admettre que par probabilité on ne peut qu'envisager l'une des deux éventualités (binarité). Physiquement, impossible de procéder différemment. Si $|\tau\rangle$ est un vecteur unité, on définit un vecteur $|\Phi\rangle$ selon $|\gamma\rangle$ afin que :

$$|\psi\rangle = z|\tau\rangle + w|\Phi\rangle \qquad (58)$$

En tirant z et w, on définit : $z = \langle\tau|\psi\rangle$ et $w = \langle\Phi|\psi\rangle$. Le rapport des modules fournit la probabilité quantique P du processus :

$$P = \frac{|z|^2}{|w|^2} \qquad (59),$$

à voir apparaître les résultats | et ▯.

En fait, que nous révèle-t-elle, cette probabilité ? Revenons aux « sauts » transitionnels

$$|\psi_0 \,|\rangle \Rightarrow |\psi \;\underset{1}{\square}\rangle \Leftrightarrow |\psi \;\underset{1}{|}\rangle \Rightarrow |\psi \;\underset{2}{\square}\rangle$$

Il s'agit d'une **réduction** de vecteurs d'états quantiques montrée clairement par les passages (53) ⇒ (54) ⇒ (56). Cette réduction est aussi celle de la fonction d'onde que j'appelle **collapsus** de la fonction d'onde.

Intention noétique

Aucun raisonnement de physique classique ne peut justifier la réduction d'un « vecteur d'état ». Cela signifie que la probabilité quantique a une connotation très différente de celle de la stochastique boltzmannienne. Pourquoi un **non** ou/et un **oui** (**|** ; ▯) déclenchent-ils la régression des arguments-*z* ? la physique quantique n'y répond pas. Ce qu'elle « répond », par contre, c'est que la prédiction « se cache » derrière la régression. Les régressions successives par les détections « au fur et à mesure » de la mesure qui s'emmêlent avec le processus intrinsèque lié au phénomène quantique, signifie que l'appareil de mesure participe en tant que « partie prenante » avec le processus. Non pas seulement en tant que « séparateur » entre le « caché-avant » et le « dévoilé-après » (comme en physique classique) mais, en outre, en tant que **participation** au sens ontologique, dévoilée par la mesure. La notion de métrologie intrinsèque traduit alors de (59) une probabilité différente de celle du probabilisme classique.

Il est bien certain que, vu sous un tel angle, la physique quantique acquiert un statut très particulier dans la Connaissance humaine qu'à mon avis, l'ensemble de la communauté des physiciens, n'honore guère. Il est certain que les spécialistes (pas seulement « utilisateurs ») de la mécanique quantique sont parfois « chauffés à blanc » concernant la « réalité » de l'univers quantique en-soi : « *si on croit réellement à la mécanique quantique, on ne peut la prendre au sérieux* » a affirmé un spécialiste notoire. Ainsi, la croyance « religieuse » (je suppose) aurait-elle sa place dans le domaine des sciences « dures » ? Pour finir par croire en un « dieu » non sérieux ? Quelle dérision se cache-t-elle derrière une telle affirmation ? A moins de la prendre comme une boutade ? Si l'on regarde la mécanique avec le cerveau discursif il est certain que la citation ci-dessus décrit exactement une sorte de désarroi, le dérangement d'un rationnel **causal**, infatué d'espace-temps, que la mécanique quantique malmène. Et si le cerveau « incursif » prenait le relais de temps à autre ? Il « croirait » simultanément en la validité du quantique, à son sérieux en n'empêchant nullement sa poursuite indéfinie à la recherche aux arcanes que sont, précisément, la réduction des états, par exemples et bien d'autres « excentricités ». Parce que, dans le mystère du Monde, le cerveau « intuitif » SAIT même s'il ne saurait démontrer (pour l'instant). Nous sommes bien, ainsi, aux prises avec la perception gödelienne des choses de ce monde.

La théorie noétique de la résolution Co-Fusionnelle en Fusion symplectique par le **Cardinalat gémellaire** tend à l'ontologie « législative » universelle qui veut que l'Information bosonique maximum doit se résoudre en Information fermionique ($\frac{1}{2}n$ avec n entier de zéro à …) soit, classiquement, en électron pour $n = 1$, auquel cas : $\text{spin} = \frac{1}{2}\hbar$ afin que matière naisse (atomistique et toute la traduction boltzmanienne avec Nombre d'Avogadro, etc.). La théorie noétique ne répond pas davantage que la mécanique quantique, concrètement aux grandes questions de l'Univers, sauf que… La régression se justifie-t-elle sans introduire la notion d'un probabilisme toujours suspect d'y introduire le hasard, masque commode de notre ignorance face à l'intelligence édificatrice de l'Univers ? Dans celle-ci, il y a **Intention téléonomique**, et l'« intelligence » qui l'habite veut que, finalement, l'expression de sa loi suive celle du logarithme népérien.

Considérons une fonction H_{NP} (noétique-phénoménal), compacte (au sens de Cantor), en Co-Fusion $E \leftarrow T$ nouménal. Les paramètres μ_i et ξ_i sont, respectivement, des « mesureurs nouménaux » et « explorateurs » au sens noétique.

$$H_{NP}(\mu,\xi)=\sum_n c_n f_1(\mu) f_2(\mu)...f_n(\mu)\bullet g_1(\xi) g_2(\xi)...g_n(\xi) \quad (60)$$

Toute détection noétique sépare le couple :

$$\begin{array}{l} F=f(\mu_1),...,f(\mu_i) \\ G=g(\xi_1),...,g(\xi_i) \end{array} \quad (61),$$

« sortie-nouménale » (commutativité), entrée symplectique (non commutativité).

L'on admet que la décohérence phénoménale « fige » le processus par les deux différentielles totales :

$$\left.\begin{array}{l} df=\frac{\partial f}{\partial \mu_1}d\mu_1+\frac{\partial f}{\partial \mu_2}d\mu_2+...+\frac{\partial f}{\partial \mu_i}d\mu_i \\ dg=\frac{\partial g}{\partial \xi_1}d\xi_1+\frac{\partial g}{\partial \xi_2}d\xi_2+...+\frac{\partial g}{\partial \xi_i}d\xi_i \end{array}\right\} \quad (62)$$

ou, en écriture normalisée :

$$\left.\begin{array}{l} df=\partial_{\mu_1} fd\mu_1+\partial_{\mu_2} fd\mu_2+...+\partial_{\mu_i} fd\mu_i \\ dg=\partial_{\xi_1} gd\xi_1+\partial_{\xi_2} gd\xi_2+...+\partial_{\xi_i} gd\xi_i \end{array}\right\} \quad (63)$$

lesquelles fonctions f et g sont liées par l'exploration symplectique–nouménale $H_{NP}(\mu,\xi)$. L'actualisation physique découplant le processus lié en rendant les fonctions mesureur μ et acteur ξ indépendantes, « casse » la réalité vitale subtile. C'est par la défusion que l'on explique ainsi le principe directeur de toute la mécanique quantique, établi par Werner Heisenberg et connu par l'appellation **principe d'indétermination** car, selon la condition initiale appréhendée par les appareils de mesure, soit df peut être appréhendée, soit dg mais pas les deux à la fois. Mais, puisque les deux fonctions df et dg sont liées, alors il n'y aura pas de **différentielle totale exacte**, rendant le processus inachevé.

Considérons, maintenant :

- deux variables (conjecturales) en Fusion Temps → Espace par :

  $$X_1 + X_2 = 1^* \tag{64}$$

  assujetties physiquement au nombre de Fibonacci $\mathbb{F}$ et F_0 au sens matriciel, de sorte que :

  $$X_1 = x_1^{(1)}; x_2^{(1)}; ...; x_n^{(1)} \text{ et } X_2 = x_1^{(2)}; x_2^{(2)}; ...; x_n^{(2)}$$

  dénombrables. Il conviendra de prendre en compte ;
- la considération d'une **continuité** « paramétrable » par une variable continue α, tel que $x_k^{(1)}(\alpha)$ et $x_k^{(2)}(\alpha)$ permettraient de paramétrer $X(\alpha)$ comme une fonction conjecturale de « moment–α ». On devine alors que α est l'« image » symplectique du temps t fusionné au sein du référentiel symplectique. La défusion synchrone par t relève alors d'un processus stochastique classique mais... ;
- j'admets alors que pour chaque α se réalise un processus $X(\alpha)$ par $x(\alpha)$. Je suis tenu alors, par « image stochastique » à définir une « Intention noétique » en terme de densité par $\mathcal{J}(x, \alpha)$, processus **conjectural**. Le processus étant fusionnel, la densité doit être normalisée par l'intégrale :

$$\int \mathcal{J}(x,\alpha)\,\mathrm{d}x = 1 \qquad (65)\,;$$

- la définition $\mathrm{X}(\alpha)$ comme une **moyenne** par :

  $$\overline{\mathrm{X}(\alpha)} = \int x\mathcal{J}(x,\alpha)\,\mathrm{d}x \qquad (66)$$

  afin que l'ensemble de toutes les réalisations $\left\{x^{(r)}(\alpha)\right\}$ de $\mathrm{X}(\alpha)$ permette de définir la moyenne de X pour le « moment–α » des N réalisations (r) par la moyenne :

  $$\overline{\mathrm{X}(\alpha)} = \lim \frac{1}{\mathrm{N}_{\to\infty}} \sum_{r=1}^{\mathrm{N}_{\to\infty}} x^{(r)}(\alpha) \qquad (67)$$

- la commutativité « interne–nouménale » ;
- la stationnarité hors équilibre par l'intervention de tropismes au sens « image » de l'**entropie** de toute matérialisation terrestre.

Cherchons les autocorrélations $\{\alpha_i ; \alpha_{i+1}\}$.

Appelons, pour cela, densité conjecturale pour que $\mathrm{X}(\alpha)$ acquière la valeur de x au moment–α, soit $\mathcal{J}_1(x,\alpha)$, **densité première**. Appelons, également, $\mathcal{J}_2(x_1,\alpha_1;x_2,\alpha_2)$, **densité secondaire** comme une **Intention noétique conjointe** afin que $\mathrm{X}(\alpha)$ soit « informé » aux différents moments–α moyennés par : $\mathrm{X}^{\mathrm{m}}(\alpha)$. Ces deux densités d'Intention fournissent alors la **condition de cohérence** de manière que :

$$\overline{\mathrm{X}(\alpha_1)\mathrm{X}(\alpha_2)} = \int \mathcal{J}_1(x,\alpha)\mathcal{J}_2(x_1,\alpha_1;x_2,\alpha_2)\,\mathrm{d}x_1\mathrm{d}x_2 \qquad (68)$$

Il existe alors une **fonction d'autocorrélation** définie par :

$$\mathrm{F_k}(\alpha_1,\alpha_2) = \overline{\left[\mathrm{X}(\alpha_1) - \overline{\mathrm{X}(\alpha_1)}\right]\left[\mathrm{X}(\alpha_2) - \overline{\mathrm{X}(\alpha_2)}\right]},$$

d'expression (après simplification)

$$\boxed{F_k = \overline{X(\alpha_1)X(\alpha_2)} - \overline{X(\alpha_1)}\ \overline{X(\alpha_2)}} \qquad (69)$$

On va déduire la stationnarité : démonstration formelle de la commutativité noétique et nouménale. Lorsque toutes les densités–conjectures (densités de probabilité pour $t_k = \alpha_k$) sont invariantes pour toute translation par rapport à une origine (fictive en cas de Fusion, descriptible en cas de Défusion), il y a stationnarité lorsque les différentes moyennes restent également invariantes. Ainsi, si :

$$\overline{X(\alpha_1 + A)X(\alpha_2 + A)...X(\alpha_n + A)} = \overline{X(\alpha_1)X(\alpha_2)...X(\alpha_n)} \ (70),$$

le processus conjectural–stochastique est **stationnaire** – (indépendant de α) et dépend de $\gamma = \alpha_1 - \alpha_2$ (resp. $\tau = t_1 - t_2$). En généralisant pour plusieurs variables $\{i, j\}$, le processus stationnaire s'écrit :

$$F_{ij}(\gamma) = \overline{X_i(\alpha+\gamma)X_j(\alpha)} = \overline{X_i(\gamma)X_j(0)} \qquad (71)$$

Dans ce cas, l'autocorrélation $F_k(\alpha_1, \alpha_2)$ doit réunir les trois termes de la série : $u_n = u_{n-1} + u_{n-2}$ (de Fibonacci). Posons, par exemple (Φ : Nombre d'Or) :

$$u_3 = \Phi + 1 \ ; \ u_4 = 2\Phi + 1 \ ; \ u_5 = 3\Phi + 1 .$$

On déduit :

$$\Phi^2 = \Phi + 1 \ ; \ \Phi^3 = 2\Phi + 1 \ ; \ \Phi^4 = 3\Phi + 2 \ ; \ \Phi^5 = 5\Phi + 3$$

et l'autocorrélation matricielle est satisfaite lorsque, avec : $\Phi^2 = \Phi + 1$, soit $\Phi = 1 + \Phi^{-1}$, on puisse écrire :

$F_{ij}(\gamma) = u_n$ avec $F_{ji}(-\gamma) = u_{n-1} + u_{n-2}$, rejustifiant, simultanément, les deux écritures de u_n et de (64) par :

$$X_1 + X_2 = \Phi - \Phi^{-1} = 1*$$

La fonction $F_{ij}(\gamma)$ décrit alors une matrice de corrélation commutative par :

$$\boxed{F_{ij}(\gamma) = F_{ji}(-\gamma)} \qquad (72)$$

En revenant à (64), le système fusionnel conjectural fondamental est représenté, **symplectiquement**, par :

$$\boxed{\Phi - \Phi^{-1} = 1*} \qquad (73),$$

et d'une manière « élargie » lorsque $\Phi = \frac{1}{2}\left(1 + \sqrt{5}\right)$ et $-\Phi^{-1} = \frac{1}{2}\left(1 - \sqrt{5}\right)$ dans la même norme d'écriture par :

$$\lambda_{(q)} - \lambda_{(q)}^{-1} = 1* \text{ ou } \lambda_q^{(1)} + \lambda_q^{(2)} = 1* \qquad (74).$$

L'ensemble $\left\{\Phi; \Phi^{-1}\right\}$ représente Nombre et Section d'Or, $\left\{\lambda_{(k)}; \lambda_{(k)}^{-1}\right\}$ représente les pôles du trinôme $\lambda_k^2 - 2k\lambda_k - 1 = 0$: nombre et section pseudo–harmoniques des « marqueurs » du Nombre d'Or.

Cherchons les états stationnaires hors équilibre. Les propriétés des variables rencontrées en physique noétique, (symplectiques et nouménales) étant hors équilibre ou en équilibre métastable, toutes ces variables sont, a priori et par définition, indépendantes du temps mais dépendantes de α. Soit $\mathcal{T}$ la représentation d'un tropisme de la variable considérée. Posons :

$$\mathcal{T}_1 = \text{tropisme de } X_1 \,;$$
$$\mathcal{T}_2 = \text{tropisme de } X_2$$

On a alors :

$$\frac{d}{d\alpha}(\mathcal{T}) = \frac{d}{d\alpha}(\mathcal{T}_2) + \frac{d}{d\alpha}(\mathcal{T}_1) = 0 \qquad (75)$$

La dérivée de $\mathcal{T}_2$ décrit l'échange informatif tropique entre le système X_1 et l'extérieur, celle de $\mathcal{T}_1$ décrit la « production » informative du tropisme lié à X_2, par changements internes au système $\{X_1; X_2\}$. Toute « production–tropique » est nécessairement positive ou nulle :

$$\frac{d}{d\alpha}(\mathcal{T}_1) \geq 0 \qquad (76)$$

si bien qu'avec (75) :

$$\boxed{\frac{d}{d\alpha}(\mathcal{T}_2) \leq 0} \qquad (77)$$

On déduit le théorème suivant :

> ***Un système est maintenu en état stationnaire hors d'équilibre lorsqu'il transfère continuellement de la « production–tropique » du système vers l'extérieur.***

Or, par définition, tout milieu co–Fusionnel nouménal est TOUT (pas de localisation extérieur $\leftrightarrows$ intérieur). Il s'ensuit que le système corrèle indéfiniment par **commutation** les deux « états–tropiques » de l'un **dans** l'autre, la Fusion étant « indistincte » pour un observateur « hors–compacité » (au sens où tout milieu fusionnel est un **compact** mathématique). Si bien que, avec :

$$\Phi_{2(\mathcal{T})} = \frac{d\mathcal{T}_2}{d\alpha} \text{ et } \Phi_{1(\mathcal{T})} = \frac{d\mathcal{T}_1}{d\alpha},$$

on ait :

$$\Phi_{(\mathcal{T})} = \Phi_{2(\mathcal{T})} + \Phi_{1(\mathcal{T})} = 0 \qquad (78),$$

correspondant à la métastabilité montrée par (73).

Il est très souhaitable de définir une variation de l'évolution selon α.

L'étude des tropismes est, évidemment, fondamentale, puisque toute matière est assujettie dans son intégralité, à l'entropie, bien que celle–ci agisse, constamment, en néguentropie–associée (reconstructions - cas de la vie - cellulaires lesquelles, dès leur élaboration, sont en situation de dégradabilité entropique… et ainsi de suite). La modélisation globale est susceptible de souhaiter, ainsi, une vision sémiotique aussi centrée sur l'essentiel que possible. On pourrait imaginer, – et à bon escient, comme l'ancienne tradition en suggéra le support par « corps subtil » – un « corpus symplectique ». C'est vers cette « vision » que j'essaie d'orienter le modèle au–delà de la dégradation. Si j'oriente celui–ci vers la fonction suivante, fonction d'onde symplectique ondulatoire générale, soit :

$$\psi(r,\sigma) = V\left(1 + j\frac{\sigma}{r}\right) + V'\left(1 - j\frac{\sigma}{r}\right) \quad \left(j = \sqrt{-1}\right),$$

en champ sphérique causal avec

$$r=\sqrt{x^2+y^2+z^2}$$

et σ une fonction spatiale générale (*x*, *y*, *z* coordonnées orthonormées), je suis tenu d'**explorer** l'intégralité informative de $\psi(r,\sigma)$ par le couple « doré » $\{\Phi;\Phi^{-1}\}$ puisque les tropismes totaux $\mathcal{T}$ y sont intimement liés. Les fonctions f et g assorties aux tropismes peuvent s'écrire par des différentielles totales (non accomplies…) sous la forme conventionnelle par (63) soit, appelées ici :

$$\begin{aligned} df &= \partial_{\mu_1} f d\mu_1 + \partial_{\mu_2} f d\mu_2 + \ldots + \partial_{\mu_i} f d\mu_i \\ dg &= \partial_{\xi_1} g d\xi_1 + \partial_{\xi_2} g d\xi_2 + \ldots + \partial_{\xi_i} g d\xi_i \end{aligned} \qquad (79)$$

Dans la théorie quantique–noétique que j'ai élaborée au sujet de ces deux différentielles apparaissent les symboliques « mesureurs nouménaux μ_i » et « explorateurs ξ_i » comme notés précédemment. Considérons qu'il s'agisse d'un « milieu » **nouménal** en Co-Fusion E←T, c'est–à–dire compact, non matérialisé au sens que nous en avons. Il s'agit d'un « milieu **suspensif** » au sens où, « intelligent » (puisque noétique), donc hautement informatif, il « autosélectionne » ses différents états sous la contrainte suspensive d'une déformation de sa courbure de son « milieu » par une actualisation en conséquence d'observations. Ce que l'on admet, cependant et dans ces conditions, c'est la « séparation couplée » par un couple {F, G} de sorte que les deux différentielles totales (79) « figent » la noodynamique dans état donné que seule la mathématique est à même de pouvoir exprimer (dans l'écriture précédente, par exemple) par :

$$df = \sum_{\mu_1}^{\mu_i} \partial_k \{ fd\mu_k \} \text{ et } dg = \sum_{\xi_1}^{\xi_i} \partial_k \{ gd\xi_k \} \qquad (80)$$

Les deux fonctions f et g sont liées par l'exploration symplectique–nouménale $H_{NP}(\mu,\xi)$. Les expressions (80) peuvent alors être représentées par des tableaux affinés par groupes selon des combinatoires infiniment complexes, involués selon une représentation de type suivant :

$$\left.\begin{array}{l} f_1f_2\,;\ldots;\,f_{n-1}f_n \\ f_1f_2\,;\ldots;\,f_nf_{n-1} \\ \text{---------} \\ f_1f_n\,;\ldots;\,f_{n-2}f_{n-1} \end{array} \text{ puis } \begin{array}{c} f_2f_3\ldots f_nf_{n-1} \\ \text{--------} \\ f_2\ldots f_{n-2}f_{n-1} \end{array} \text{ puis } \begin{array}{c} f_n\ldots f_{n-3}f_{n-2}f_{n-1} \\ \text{---------} \\ f_n\ldots \quad f_3f_2f_1 \end{array}\right\} (81)$$

Cela peut être une sémiotique représentative du « corps causal–$\psi(r,\sigma)$ ».

Chaque f_k, f_{k+1} … f_n est une représentation de l'état informatif quantique du champ causal cohéré, l'état informatif étant le résultat de toutes les **fusions informatives** obtenues. Lors de la décohérence, les actualisations {A} sont des spineurs vecteurs d'ordre k devant former un spineur d'ordre n par multiplication tensorielle de n fois les spineurs d'ordre 1.

Les groupes suggérés ci-dessus doivent être considérés comme des **entités** nouménales (ultérieurement symplectiques). Pour chaque groupe, nous avons n fonctions. Le nombre de **permutations** ν des n fonctions s'écrit :

$$\nu = n!$$

(ne pas confondre avec n : nombre entier de fusion noétique).

La **répartition** des fonctions doit avoir lieu à l'intérieur de sous-groupes ({f}, {g}, {Σ(F)·(G)}, {[f, g] = τ^{-1} [F, G]}) … et d'autres possibles. Soit le produit $n_1! \, n_2! \ldots n_g!$ le nombre ρ de ces fonctions dans les sous-groupes.

Nous définissons alors une **noodynamique informative interactive** par le rapport (ne pas confondre σ avec σ_Ψ) :

$$\sigma_\Psi = \frac{\nu}{\rho} = \frac{n!}{n_1!n_2!\ldots n_g!} \rangle 1 \qquad (82)$$

On définit, a priori, un rapport de générescence informative $\mathfrak{I}$ par la dérivée :

$$\frac{d\mathfrak{I}}{d\nu} = \rho \qquad (83)$$

avec une condition liée à l'invariance liée à un seul paramètre d'évolution défini par le Nombre d'Or Φ par des matrices de type

$$(a \cdot \mathrm{b})_{(z_1, z_2)} = \sum_{z_1} a_{(z_1,z_2)} \mathrm{b}_{(z_2,z_1)} \qquad (84)$$

soit :

$$\rho\,\nu = K \qquad (85)$$

où nous admettons K = 1* valeur cardinale unitaire de la Fusion temps → Espace universelle.

$$\nu = \sum_1^g (\{N_i\})! \text{ et } \rho = \prod_1^g \{N_i!\}, \qquad (86)$$

puis :

$$\Im = f(\nu) \text{ d'où : } \rho = \frac{d\Im}{d\nu} \text{ avec } \rho\nu = 1 \text{ :}$$

$$\Im = \rho \int_{\nu_1}^{\nu_2} d\nu = \int_{\nu_2}^{\nu_1} \frac{d\nu}{\nu} = \ell n \frac{\nu}{\rho} \text{ si } \begin{cases} \rho = \nu_2 \\ \nu = \nu_1 \end{cases} \tag{87}$$

La générescence symplectique non commutative s'écrit alors :

$$\Im = \ell n \frac{\sum_1^g (\{N_i\})!}{\prod_1^g \{N_i!\}} \tag{88}$$

A partir des définitions de la noodynamique, il convient donc de considérer que les tropismes $\mathcal{T}$ doivent être fonctions de α si bien que (77) s'écrive :

$$\frac{d}{d\alpha}\left(\mathcal{T}_2(\alpha)\right) \leq 0 \tag{89}$$

Or, en fonction de ce qui précède, cette **générescence** informative symplectique est l'attribut du tropisme, si bien que par (88), on déduit :

$$\alpha_\psi = \frac{\sum_1^g (\{N_i\})!}{\prod_1^g \{N_i!\}} \tag{90}$$

d'où :

$$\boxed{\mathcal{T} = \ell n \, \alpha_\psi} \tag{91}$$

la variable α ayant acquis la précision sémantique d'une Information noodynamique interactive du système « corpus–symplectique autocorrélé » par la désignation

α_ψ ce qui se conçoit aisément puisque, le « corpus–symplectique » a pour champ mathématique « l'information ondulatoire » ψ/ψ_0 (même si, fonctionnellement, la fonction ondulatoire a disparu : longueur d'onde pouvant tendre vers l'infini). Toute variation de l'évolution selon α_ψ sera alors représentée par :

$$\frac{d}{d\alpha_\psi}\left[\frac{d}{d\alpha_\psi}\left(\mathcal{T}_2\right)\right]=\frac{\partial}{\partial\alpha_\psi}\left[\ell n\alpha_\psi\right]=\alpha_\psi^{-1} \qquad (92)$$

S'il y a annulation du tropisme, par (91), on déduit :

$$\boxed{\alpha_\psi^{(0)}=1*\big]_{\tau\to\infty}} \qquad (93),$$

d'où $\alpha_\psi^{(0)-1}=\alpha_\psi^{(0)}$ et toute fluctuation faible de celle–ci laisse la Fusion intacte.

Ce résultat (93) est essentiel. En effet, rappelons–nous : le paramètre α_ψ étant lié tropismes symplectiques signifie qu'en phénoménal, le temps est lié à la dégradation entropique alors qu'il est physiquement impossible de le formuler ainsi avec le paramètre temps. De plus : pour tout tropisme nul, $\alpha_\psi^{(0)}=1*$, valeur fusionnelle : comme si, phénoménalement, pour toute annulation de variation entropique, le temps « disparaissait ». Il est donc clair, car (93) indique que le référentiel symplectique est « sans usure » et – de plus – non commutatif, qu'il est le SUPPORT absolu de la noétique : **l'Information** de toute structure matérielle possède ainsi une forme d'autotranscendance.

Si le rapport α_ψ évolue, cette évolution ne peut se faire que par exploration noétique de α_ψ dont les conditions aux limites ne dépendent pas de ce dernier : dans ce cas, le « signe » d'évolution est négatif car α_ψ est inconditionnellement ≥ 1, d'où :

$$\text{à } \frac{d}{d\alpha}\left(\Phi_{1(\mathcal{T})}\right) \leq 0 \text{ correspond } \Phi_{1(\mathcal{T})} \geq 0 \qquad (94)$$

et le taux de production du tropisme s'annule systématiquement : le système occupe alors l'état stationnaire avec, dans notre cas : $\Phi_{1(\mathcal{T})} = 0$. En fait, puisque le régime est fusionnel, $\mathcal{T} \to 0$ et le taux est à évolution quasi instantané. En langage imagé, le Nombre d'Or $\Phi > 0$ « soustrait » du tropisme à lui–même, créant $\Phi^{-1} < 0$ ce qui stoppe automatiquement son cycle de manière instantanée.

Affirmons–le clairement : tous nos calculs dans ce quatrième chapitre m'amènent à l'« ébauche » affiné par la conjecture suivante : le « corps symplectique causal » ψ/ψ_0 de chaque organisation structurelle informative est « immortelle ». Corps symplectique au sens de (cf. « L'Ordre mathématique de l'Univers ») :

$$\frac{\psi}{\psi_0} = 13\mathcal{L}\left[\ell n\, \mathcal{F}^{-j\omega\tau}(1 + j) - j\,\ell n\, \mathcal{F}^{j\omega\tau}(1 - j)\right] \qquad (95)$$

avec $\mathcal{L} = 0{,}434294481...$ rapport entre les logarithmes décimaux et népériens.

L'intervalle $\{n = 8 ; n = 9\}$ de Fibonacci $\mathcal{F} = 1{,}618447447...$, le plus « évolué » de toutes les structures existentielles du vivant (incarnées) est bien celui de l'Éveil d'un « nombre suffisant » de paramètres symplectiques à l'ABSOLU puisque, comme établi précédemment au chapitre trois, $\mathcal{F}$ n'appartenant plus aux flux ondulatoires, la filiation $\left|\frac{\psi}{\psi_0}\right|_{F_0} \Rightarrow \left|\frac{\psi}{\psi_0}\right|_{\mathscr{F}}$ est parvenu à son terme (F_0 .étant l'intervalle $\{n = 5 ; n = 6\}$ de Fibonacci).

Considérons maintenant un milieu symplectique, pour l'instant faiblement couplé à « lui–même » lorsque, submicrolocalement de faibles fluctuations s'y produisent. Reconsidérons le tropisme intrinsèque (91) ci–dessus, soit :

$$\mathcal{T} = \ell n\, \alpha_{\psi}$$

Au « moment » de l'involution instantanée pour $2k = 1$ (faible fluctuation par faible couplage intrinsèque), la situation tropique intrinsèque est la suivante :

$$\delta \mathcal{T}_i = s_0 \ell n\, \alpha_{\psi} \quad (96),$$

le terme s_0 est alors la **constante** de matérialisation de l'électron non commutative (tropisme nul $s_0 = 1{,}254536.10^{-23}\, J.K^{-1}$).

Le terme de production tropique s'écrit dans ces conditions :

$$\delta \mathcal{T}_i = \Sigma_i\, p_i^* \delta X \quad (97),$$

avec p_i^* : coefficient « affinité » désignant l'équilibre des paramètres conjugués des variables X_i conjecturales. On tire de (91) et de (96), la conjecture I. N. (Intention Noétique) :

$$\alpha_{\psi} = e^{s_0^{-1} \delta \mathcal{T}_i} \quad (98)$$

La conjecture noétique (I. N.) d'une fluctuation décrite par les variations $\delta\mathcal{T}_i$ et δX_i du tropisme du système s'écrit par (97) dont l'extensivité rappelle le mode thermodynamique classique :

$$\alpha_\psi = \exp\left(\frac{\delta\mathcal{T}_i}{s_0} - \frac{1}{s_0}\Sigma_i\, p_i^*\delta X_i\right) \qquad (99)$$

En dérivant (99) par rapport à p_i^*, on obtient :

$$\frac{\partial\alpha_\psi}{\partial p_i^*} = -\frac{1}{s_0}\alpha_\psi\delta X_i \qquad (100)$$

Il est nécessaire de considérer alors, en fait, le terme α_ψ comme une **distribution conjecturale** avec la variable δp_j^* définie par la moyenne $\overline{\delta X_i\delta p_i^*}$ par l'écriture :

$$\overline{\delta X_i\delta p_j^*} = \int\alpha_\psi\delta X_i\delta p_j^*\left[d_i(\delta X_i)\cdot d_j(\delta X_j)\cdot d_\ell(\delta X_\ell)\right] \qquad (101)$$

ce qui donne avec (101) :

$$\overline{\delta X_i\delta p_j^*} = -s_0\int\frac{\partial\alpha_\psi}{\partial p_i^*}\delta p_j^* d_\ell(\delta X_\ell) \qquad (102)$$

En décomposant le 2ème membre de (102) selon :

$$\frac{\partial}{\partial p_i^*}\int\alpha_\psi\delta p_j^* d_\ell(\delta X_\ell) = \int\alpha_\psi\frac{\partial\delta p_j^*}{\partial p_i^*}d_\ell(\delta X_\ell) + \int\frac{\partial\alpha_\psi}{\partial p_i^*}\delta p_j^* d_\ell(\delta X_\ell)$$

(103),

on constate que, puisque le premier membre de (103) représente la dérivée de la valeur moyenne d'une fluctuation $\overline{\delta X_i \delta p_j^*}$, elle est nulle et, il vient avec :

$$\frac{\partial \delta p_j^*}{\partial p_i^*} = -\delta_{ij} \ :$$

$$\int \frac{\partial \alpha_\psi}{\partial p_i^*} \delta p_j^* d_\ell (\delta X_\ell) = \delta_{ij} = -\frac{1}{s_0} \overline{\delta X_i \delta p_j^*} \qquad (104)$$

D'où :

$$\boxed{\overline{\delta X_i \delta p_j^*} = -s_0 \delta_{ij}} \qquad (105),$$

Il découle de ces calculs que les fluctuations du « corps causal symplectique » noétique « couplé intérieurement » (ou mieux : **intrinsèquement**) à lui–même par la conjecture noétique (99), peuvent prendre la situation d'équilibre instantanée par :

$$\delta \mathcal{T}_i = \Sigma_i \ p_i^* \delta X_i \qquad (106).$$

Dans ces conditions :

$$\boxed{\alpha_\psi^{(0)} = 1,} \qquad (107)$$

d'où :

$$\mathcal{T} = 0 \qquad (108)$$

Le tropisme général est nul. Il y a bien, ainsi, « intelligence téléonomique » au sens où il y a générescence métatropique par structuration noétique.

Théorie noétique introductive à la Fusion Espace←temps

Emmêlement quantique : retour et réflexions

Les explications précédentes (résumées), permettent d'entrevoir la nécessité conceptuelle de la notion d'emmêlement quantique. Avec le formalisme précédent et en nous focalisant sur la « mesure », donc dans une situation référentielle frontalière, nous sommes, simultanément, confrontés aux deux signifiants de ce qui, dans les apparences, semble s'opposer : phénoménal physique et convolinvolution symplectique. Un appareil de mesure **physique**, en activité dirigée, déclenche un processus informatif « avertissant » **subtilement** (donc non directement physique) la mise en « situation emmêlée » des informations destinées à nous éclairer à propos de telle ou telle poursuite dans les renseignements recherchés. Illustrons la grande complexité de la situation par l'exemple (le plus simple possible) suivant et déjà décrite (E.P.R.) : un photon est « en route » vers un détecteur. Juste **avant** que la composante d'état $|\varphi\rangle$ de la fonction d'onde associée n'**atteigne** l'état $|d\rangle$ du détecteur D, nous avons affaire à un système complexe dont la situation, mathématiquement descriptible, se réduit à la formulation :

$$|\Psi\rangle = |\psi\rangle\big(|\varphi\rangle + |d\rangle\big) \qquad (109)$$

soit :

$$|\Psi\rangle = |\psi\rangle|\varphi\rangle + |\psi\rangle|d\rangle \qquad (110),$$

ce qui est une superposition d'états. Réfléchissons, maintenant, de manière critique : cette superposition et la situation décrite, correspondent-elles à la réalité (au sens rigoureux que nous saurions avoir du RÉEL) ? Nous juxtaposons deux fonctions d'onde dont nous ignorons l'existence pour ce qui concerne $|\psi\rangle|d\rangle$, en tout cas. Il a été écrit, d'autre part, selon une compréhension classique d'espace-temps : « juste **avant** que la composante [...] n'**atteigne** l'état $|d\rangle$ du détecteur D ». Dans ce cas, qui est celui d'une haute involution spatio-temporelle **symplectique**, concernant donc un référentiel quasi-spatial, le discours du référentiel classique (phénoménal) est-il encore « audible » ou, pour le moins, approprié ? Le schéma explicatif est-il encore adapté ? D'un côté, des photons qui « volent » dans l'espace-temps, à une vitesse finie limite que justifie la proposition « juste **avant** » (le terme **avant** désignant le temps classique). Or, les deux photons E.P.R. sont **emmêlés** et nous sommes confrontés à une double « ascèse » : l'emmêlement signifie que les photons sont non localisés ni séparés au sens du référentiel que je nomme Fusion E←T : le RÉEL, j'affirme que c'est CELA (Cela EST). D'autre part, dans les « apparences » (que l'on appelle « le réel »), les photons « volent » séparément l'un de l'autre. Le problème, à la fin, n'est suscité que par l'entêtement à ne pas « accepter » ce que nos sens physiques ne nous disent pas mais que le cerveau incursivement perceptif commande par la question : « et si vos yeux étaient capables de « voir » les photons, êtes-vous sûr que vous les verriez se déplacer ? J'affirme ma réponse négative. Non, nous ne pourrions pas, car les photons n'étant « matériels » qu'à peine plus de 1% (voir chapitre 5), 99% de leur « état » est immatériel (Information purement noétique). Je ne sais d'ailleurs pas si mon expression sémantique est correcte. Disons que

« tout se passe comme si » 1% etc… puis 99% etc… Au plus simple, l'on pourrait suggérer que « nous ne voyons qu'un pourcent de l'état du photon » se déplacer **dans** l'espace-temps. Toujours est-il que ce « procès sémantique » écarté, les deux photons sont emmêlés, symboliquement, à 99%, ce qui fait que l'expérience E.P.R. est résolue dès la **séparation apparente** des deux photons, au sens où l'Information globale des photons emmêlée reste en l'état et que, de ce fait, il est bien évident que le commutateur enregistrant le passage ou non, n'enregistrant donc qu'un état ou son orthogonalité, exécute un processus global, donc qui concerne l'autre commutateur, les deux se trouvant « emmêlés » avec les photons dans la **cohérence informative unitaire** du processus. Il est donc impossible de dire : « juste avant » ni « juste après ». Dès l'instant que l'onde de phase des photons est avérée, **dès l'instant** du démarrage du processus, toute temporalité différentielle disparaît et notre cerveau ne peut plus raisonner **dans** l'espace-temps. Comment sortir de ce dilemme ? En substituant à la dimension physique « disparue », le NOMBRE, mathématiquement approprié.

La Fusion espace←temps : proposition théorique introductive

Considérons deux ensembles : E des réels (R) muni de la structure additive et F > 0 des réels ($R_+^{(0)}$) muni de la structure multiplicative, tel que :

$$x \in R \text{ et } x \in R_+^{(0)}.$$

Définissons E et F comme une structure numérique liée par le nombre Cardinal unitaire $\mathfrak{C} = 1^{**}$ en puissance de continu égale à deux, conformément à la théorie du transfini. Ces deux ensembles sont liés par l'isomorphisme de « milieux » intrinsèques en interaction. Leurs correspondances sont avérées par :

(1) $\{x_1, x_2 ... x_n\} = \mathrm{f}\{(y_1, y_2 ... y_n)\} = \mathrm{g}\{(x_1, x_2 ... x_n)\}$ sous la forme « logarithme népérien–exponentielle » ; ayant considéré les transformateurs $T_{(E)}$ et $T_{(F)}$ de (2) à (5) respectivement tels que :

$$(2) \Rightarrow \mathrm{f}(y_1 T_{(F)} y_2) = \mathrm{f}(y_1) T_{(E)} \mathrm{f}(y_2);$$
$$(3) \Rightarrow \mathrm{g}(x_1 T_{(E)} x_2) = \mathrm{g}(x_1) T_{(F)} \mathrm{g}(x_2);$$

conduisant à :

$$(4) \Rightarrow \mathrm{f}(y_1 T_{(F)} y_2) = x_1 T_{(E)} x_2;$$
$$(5) \Rightarrow \mathrm{g}(x_1 T_{(E)} x_2) = y_1 T_{(F)} y_2;$$

puis posons l'opérateur–**fusion** universel par :

$$\mathfrak{F}_U = T_E \prod_{x_1}^{x_n}$$

et l'opérateur–**défusion** universel par :

$$\mathfrak{F}_U^{-1} = T_F \prod_{y_1}^{y_n}$$

on écrit ainsi :

$$\boxed{\mathfrak{F}_U^{-1}\{ y_1; y_2; ...; y_n \} = \mathfrak{F}_U \{ \mathrm{g}(x_1; x_2; ...; x_n)\}} \qquad (111)$$

$$\boxed{\mathfrak{F}_U \{ x_1; x_2; ...; x_n \} = \mathfrak{F}_U^{-1} \{ \mathrm{f}(y_1; y_2; ...; y_n)\}} \qquad (112)$$

Précisons davantage, maintenant, l'isomorphisme concernant les milieux en interaction.Les deux structures additive et multiplicative qui couvrent l'ensemble des variétés interactionnelles peuvent être reliées, par exemple, par la totalité des opérations envisageables sous la forme :

$$\{ y_1 ; y_2 ;...; y_n \} = \exp\{ x_1 ; x_2 ;...; x_n \} \qquad (113) ;$$

avec

$$\mathfrak{F}_U \{ x_1 ; x_2 ;...; x_n \} = \{ x_1 ; x_2 ;...; x_n \} \text{, on a :}$$

$$\mathfrak{F}_U \{ x_1 ; x_2 ;...; x_n \} = \mathfrak{F}_U^{-1} \left[\ell n\{ y_1 ; y_2 ;...; y_n \} \right] \qquad (114),$$

où l'on constate bien que la sommation logarithmique est une opération défusionnelle : il y a isomorphisme entre $\mathfrak{F}_U$ et $\mathfrak{F}_U^{-1}$ bien qu'à structures différentes : isomorphisme intrinsèque (ésotère) et isomorphisme extrinsèque (exotère) ne sont pas de **même nature** selon nos sens physiques.

Considérons des fonctions oscillantes métatropiques sous la forme :

$$\widetilde{\Psi}_1 = a_1(q)e^{\pm j\varphi_1} \; ; \; \widetilde{\Psi}_2 = a_2(q)e^{\pm j\varphi_2} \; ; \; \ldots \; ; \; \widetilde{\Psi}_n = a_n(q)e^{\pm j\varphi_n} \qquad (115)$$

Par (5), on a : $x_1 ; x_2 ;...; x_n = 1*$ (situation fusionnelle). En généralisant avec l'opérateur $\mathfrak{F}^{FD}$ (Fusion–Défusion) on écrit :

$$a_{jk} = \int_D \widetilde{\Psi}_j^* \left(\mathfrak{F}^{FD}\right) \Psi_k d\tau(\varphi_n) \qquad (116),$$

la différentielle $d\tau$ désignant un volume infinitésimal, si bien que l'ensemble $\{a_{jk}\}$ doit s'écrire :

$$\left\{a_{1,2,\ldots,n}\right\}=\int_D\left\{\widetilde{\Psi}_1^*\left(\mathfrak{F}^{FD}\right)\widetilde{\Psi}_2\right\}\left\{\widetilde{\Psi}_3^*\left(\mathfrak{F}^{FD}\right)\widetilde{\Psi}_4\right\}\ldots\left\{\widetilde{\Psi}_{n-1}^*\left(\mathfrak{F}^{FD}\right)\widetilde{\Psi}_n\right\}d\tau(\varphi_1,\varphi_2,\ldots,\varphi_n) \quad (117)$$

On déduit pour l'isomorphisme strict :

$$\left\{a_{12}:a_{34};\ldots;a_{n-1}a_n\right\}=1^* \quad (118)$$

Si on considère les paramètres a_{jk} comme des riemanniens U_R en Fusion espace–temps par l'opérateur $\mathfrak{F}$, c'est que, dans l'espace des phases symplectique $\left\{\varphi_1,\varphi_2,\ldots,\varphi_n\right\}$, on a :

$$\mathfrak{F}_U\left\{U_R^{(*)}\right\}=\mathfrak{F}_U\left\{U_R^{(*)}\right\}\mathfrak{F}_U^{-1}\left[q^n \exp j(\varphi_1\pm\varphi_2\pm\ldots\pm\varphi_n)\right] \quad (119)$$

avec simultanément :

$$\mathfrak{F}_U\left\{x_1;x_2;\ldots;x_n\right\}=\left\{a_{12}:a_{34};\ldots;a_{n-1}a_n\right\}=U_R^{(*)}=1^* \quad (120)$$

$$\mathfrak{F}_U\left\{g(x_1;x_2;\ldots;x_n)\right\}=g\left\{a_{12}:a_{34};\ldots;a_{n-1}a_n\right\}=U_R^{(*)}=1^* \quad (121),$$

ce qui, avec (114) permet aussi d'écrire :

$$\mathfrak{F}_U^{-1}\left\{f(y_1;y_2;\ldots;y_n)\right\}=U_R^{(*)}\left[q^n\left(e^{\pm j\varphi_1\pm j\varphi_2\pm\ldots\pm j\varphi_n}\right)\right] \quad (122)$$

Il y a bien juxtaposition Fusion–Défusion et l'isomorphisme fusionnel est réalisé lorsque par (119) à (121), déduisant :

$$1^*=\mathfrak{F}_U^{-1}\left[q^{(n)}\exp j(U_{R1}\pm U_{R2}\ldots\pm U_{Rn})\right] \quad (123),$$

on réalise :

$$U_{R1}\pm U_{R2}\ldots\pm U_{Rn}=0 \text{ avec } q^{(n)}=1$$

D'où :

$$\boxed{\mathfrak{F}_U = \mathfrak{F}_U^{-1} = 1**} \qquad (124)$$

ramène à l'identité cardinale unitaire.

La Fusion Espace←temps : la démonstration noétique par Fusion électromagnétique bosonique d'ordre ½n = 2 dans la « géodésique » riemannienne du submicro-univers associé

L'établissement de cette géodésique est complexe et long. Il a été exposé dans plusieurs de mes ouvrages (cf. Lexique II et III de « Physique noétique et métaphysique »). L'analyse tensorielle d'ordre 2 ($\frac{1}{2}n = 2$) de la Fusion de l'électron (spin $\frac{1}{2}$) aboutit à l'équation de ce que je nomme Tenseur symplectique-nouménal d'expression :

$$\mathcal{R}_{\mu\nu} - \frac{1}{2}\mathcal{R}G_{\mu\nu} + \mathfrak{K}G_{\mu\nu} = 0 \qquad (125)$$

où $\mathcal{R}$ est la courbure du submicro-univers riemannien d'ordre 2 rattaché au boson-graviton symplectique.
L'expression (125) étant celle d'une courbure, la solution (125) doit exprimer une métrique géodésique, riemannienne aussi, exprimant

$$dS^2 = c_0^2 d\tau^2 (1 - \Gamma) - \frac{dq^2}{1 - \Gamma} \qquad (126)$$

dS^2 est une différentielle submicroscopique, ainsi que dq^2 (position-aire différentielle et $d\tau$ un « instant ». Le terme Γ exprime un rapport numérique à constantes physiques. La relation (126) doit être considérée en référentiel
symplectique, donc en Fusion Espace←temps, de sorte que : $dS^2 = dq^2$ et $c_0^2 d\tau^2 / dS^2 = 1**$ par définition.

Dans ces conditions, l'équation :

$$1** = \frac{1 + \frac{1}{1-\Gamma}}{1-\Gamma} \qquad (127)$$

qui en résulte, s'écrit après arrangement des termes :

$$\boxed{\Gamma^2 - \Gamma - 1 = 0} \qquad (128)$$

Avec $\Phi = \Gamma$, on reconnaît le trinôme « doré » de pôles connus :

$\Phi = \frac{1}{2}\left(1+\sqrt{5}\right)$ et $-\Phi^{-1} = \frac{1}{2}\left(1-\sqrt{5}\right)$ d'où le Cardinalat gémellaire :

$$\boxed{\Phi - \Phi^{-1} = 1**} \qquad (129),$$

traduisant bien la **structure** symbolique **dodécaédrique** de la Fusion E←T du référentiel symplectique-nouménal.
Il est important de reconnaître, après un fécond argumentaire, théorique et fourni, que la démarche physique noétique est venue confirmer toute ma démarche précédente. A remarquer que la Fusion électromagnétique est équivalente à celle de l'espace←temps ; elle a l'avantage, dans le cas précis, d'une démarche prenant le

fermion $\frac{1}{2}$n comme caractéristique de départ, de parvenir à la démonstration rigoureuse de la Mutation référentielle, effectuée précédemment par un procédé analytique. Deux démarches physiciennes noétiques, une démarche purement mathématique aboutissent ainsi au même résultat.

5

La réduction des états quantiques en physique Noétique

La réduction par désincrémentations quantiques successives en structure pyramidale inversée « bosons $\Rightarrow$ fermion »

Le Lexique II de mon ouvrage « Gnosis noétique métaphysique. La Rédemption par la Connaissance » et exposé sur mon site (op. cit.), a examiné la Fusion électromagnétique d'ordre 1 ($\frac{1}{2}\text{n}=1$, d'où $\text{n}=2$ ce que l'on retrouve dans la formulation de l'amplificateur holomorphe symplectique :

$$\mathcal{N}_0 = 16^{2\dot{\text{n}}\text{m}}$$

où, selon l'écriture ci-dessus, on aurait : $\dot{\text{n}} = \frac{1}{2}\text{n}$) puis d'ordre 2 en Lexique III. La synthèse entre la théorie fusionnelle électromagnétique tensorielle et celle de l'E$\leftarrow$T est d'une fécondité remarquable : par (125), (126), nous avons retrouvé (128) exprimant le Cardinalat gémellaire (129). Je considère que ladite synthèse constitue une grande beauté, une rare élégance dans la manière de franchir le cap de la « catastrophe conceptuelle ». Je la considère comme le « Graal » de la théorie noétique.

Théorie générale de la co–Fusion Espace–temps par les bosons S.O.U.L. De l'impossibilité d'un Début et d'une fin en l'espace de Riemann

Les solutions pseudo–géodésiques s'écrivent, comme nous l'avons vu, par :

$$\lambda^2 - 2k\lambda - 1 = 0 \qquad (130)$$

Le nombre k doit être impérativement lié à la sommation des entiers de sorte que l'on ait (les bosons, pour $k \geq ½$, sont à spin nul ou entier) :

$$\boxed{\lambda^2 - 2\lambda\sum_{N=0}^{\infty} 2^{N-1} = 1*} \qquad (131)$$

si bien que :

$$k = 2^{N-1} \; (N = 0; ...; \infty) \qquad (132)$$

L'étude des pseudo–géodésiques aboutit à la formulation générale :

$$\boxed{c_0^2 \frac{d\tau^2}{d\sigma^2} = \frac{2 - 2\lambda\sum_{N=0}^{\infty} 2^{N-1}}{1 - 3\lambda\sum_{N=0}^{\infty} 2^{N-1} + \lambda^2}} \qquad (133)$$

En posant, comme précédemment, $c_0^2 \frac{d\tau^2}{d\sigma^2} = F_0$, les solutions s'écrivent :

$$\lambda_{(k)} = \frac{1}{2F_0}\left[\sum_{N=0}^{\infty} 2^{N-1}(3F_0 - 1) \pm \sqrt{\left[\sum_{N=0}^{\infty} 2^{N-1}\right]^2 (3F_0 - 1)^2 - 4F_0(F_0 - 2)}\right]$$

(134)

avec les résultats :

$$k = ½ ; F_0 = 1 : \lambda_{(½)} = \left\{\Phi ; -\Phi^{-1}\right\} \text{Nombre d'Or}$$
$$k = 1 ; F_0 = 1 : \lambda_{(1)} = \left\{2{,}4142... ; -0{,}4142...\right\}$$
$$k = 2 ; F_0 = 1 : \lambda_{(2)} = \left\{4{,}236... ; -0{,}236...\right\}, \text{etc.}$$

Sauf pour $k = ½$ (fermion, spin fractionnaire, Nombre d'Or), l'aperçu des relations (133) et (134) suggère la même symétrie centrale en coordonnées sphérique à partir de $k = 1$.

Cette étude est d'un intérêt majeur. En effet, la Défusion euclidienne pour le Nombre d'Or, contient la question associée : **comment** les éléments constituant sa géodésique se séparent–ils ? La réponse semble apportée à la perfection par le modèle (133) : la quantité F_0 ne permet aucune séparation des éléments de la géodésique en ses éléments. Mais une pseudo et apparente dissymétrie locale, s'accusant avec la croissance de N, pour N (donc k) infini, la défusion est accomplie et il apparaît le référentiel symplectique par la tangence d'une aire géométrique pour laquelle son rayon de courbure devient infiniment grand (défusion symplectique), donc quasi planéité tangentielle aux variétés riemanniennes.

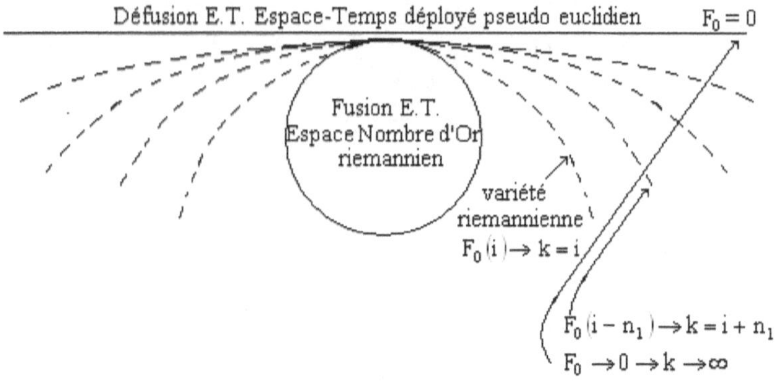

Figure 16

L'espace de Riemann est fermé, comme l'espace torique qui lui est associé. Ce sont les deux seules figures géométriques « parfaites » (répondant à des critères morphologiques mathématiquement simples) possibles. Il n'y en a point d'autres. Conséquence intuitive mais prouvables : la surface d'une sphère étant **fermée**, elle est **finie**. La finitude dans la fermeture constitue un homéomorphisme absolu : aucune singularité mathématique ne la déforme : donc ni commencement, ni fin. La Fusion Espace–temps, d'ailleurs, signifie exactement « cela » puisque les variétés riemanniennes ne sont que des « emplacements » (infiniment petits) au sein de la Fusion riemannienne représentant, comme on le sait, un **continuum** : le submicro–univers–électron, par exemple, n'est pas une hypersphère délimitable autrement que d'une manière sémiotique ! Or, le Nombre d'Or et sa Section « aurea » associée $\{\Phi ; -\Phi^{-1}\}$, ne SONT que par la « co–êtreté » de leurs marqueurs successifs $(N = 1 ; ... ; \infty)$ puisque par (135), soit :

$$\overline{X(\alpha)} = \lim \frac{1}{N_{\to\infty}} \sum_{r=1}^{N_{\to\infty}} x^{(r)}(\alpha) \qquad (135),$$

l'autocorrélation permet la « transcription » pérenne de $\left\{\Phi ; -\Phi^{-1}\right\}$. Il est donc aisé d'en conclure (et par la démonstration apportée par (135)) qu'à tout espace de Riemann–Nombre d'Or (Fusion) correspond l'espace d'Euclide (Défusion). Concrètement (!) cela signifie que tout champ symplectique quantique qui apparaît « dans l'espace–temps », donc toute **création** quantique–symplectique, n'a pas d'origine (ni fin) dans l'espace fusionnel riemannien !!
Il paraît probant que la recherche de traces de la pseudo–matérialisation (symplectique) des bosons (appelés de Higgs) devrait poser des problèmes quasi impossibles à résoudre car ces actualisations ne devraient être possibles que par l'appareil vivant synaptique–neural en HyperNoétique.

Écrivons, maintenant, le « trinôme doré » d'ordre i en posant $q_i = 2k_i$:

$$\lambda^2 - q_i \lambda - 1 = 0 \tag{136}$$

et ses pôles « dorés » :

$$\lambda_1^{(q_i)} = \frac{1}{2}\left(q_i + \sqrt{q_i^2 + 4}\right) \text{ avec}$$
$$\lambda_2^{(q_i)} = \frac{1}{2}\left(q_i - \sqrt{q_i^2 + 4}\right) = -\left(\lambda_1^{(q_i)}\right)^{-1},$$

puis le trinôme doré incrémenté $(i+1)$:

$$\lambda_1^{(q_{i+1})} = \frac{1}{2}\left(q_{i+1} - \sqrt{q_{(i+1)}^2 + 4}\right)$$
$$\text{avec } \lambda_2^{(q_{i+1})} = \frac{1}{2}\left(q_{i+1} - \sqrt{q_{i+1}^2 + 4}\right) = -\left(\lambda_1^{(q_{i+1})}\right)^{-1} \tag{137}$$

L'on constate, d'une part :

$$\lambda_1^{(q_i)} + \lambda_2^{(q_i)} = q_{(i)} \text{ et, d'autre part : } \lambda_1^{(q_{i+1})} + \lambda_2^{(q_{i+1})} = q_{(i+1)},$$

si bien que :

$$\boxed{q_{(i+1)} - q_{(i)} = 1} \quad (138)$$

En posant : $Q_1 = q_{(i+1)}$ et $Q_2 = -q_{(i)}$,

on écrit l'identité suivante :

$$\boxed{X_2 + X_1 = Q_1 + Q_2 = 1\,*} \quad (139)$$

La vérification est immédiate à l'aide de l'exemple numérique suivant avec, successivement :

$$q_i = 2 \text{ et } q_{i+1} = 3.$$

On obtient :

$$\lambda_1^{(q_i)} = \frac{1}{2}\left(2 + \sqrt{8}\right) \text{ et } \lambda_2^{(q_i)} = \frac{1}{2}\left(2 - \sqrt{8}\right),$$

d'où $\lambda_1^{(q_i)} + \lambda_2^{(q_i)} = 2$

Puis, avec

$$q_{i+1} = 2 + 1 = 3 \ : \ \lambda_1^{(q_{i+1})} = \frac{1}{2}\left(3 + \sqrt{13}\right)$$

$$\text{et } \lambda_2^{(q_{i+1})} = \frac{1}{2}\left(3 - \sqrt{13}\right)$$

d'où $\lambda_1^{(q_{i+1})} + \lambda_2^{(q_{i+1})} = 3$,

d'où $X_1 + X_2 = q_{(i+1)} - q_{(i)} = 1$*

Toute somme algébrique incrémentielle : $Q_1 + Q_2$ est donc identique au Nombre d'Or Φ !

Il est donc possible de récrire la relation ((III–(6) cf. « N'–Théorie ») par :

$$\mathcal{Q} = \overline{q_{(i+1)} \cdot q_{(i)}} - \overline{q_{(i+1)}} \cdot \overline{q_{(i)}} = F_k$$

Nous en déduisons que, comme pour le Nombre d'Or, toute stationnarité, en équilibre et hors équilibre est assurée sauf que… si pour le Nombre d'Or, la stationnarité est effective pour les seuls pôles Φ et Φ^{-1} (référentiel symplectique), pour les « marqueurs » pseudo–harmoniques $q_i > 1$, la stationnarité (symétrie centrée) ne peut être assurée que par l'**incrémentation quantique** indéfinie du référentiel nouménal. Ceci amène des commentaires importants suivants au sujet de l'algèbre matricielle du référentiel nouménal.

Le fait d'écrire $F_k = \mathcal{Q}$, nous permet la définition d'un compact par l'ensemble de suites :

$z = (z_n)_{n \in N}$ de zéro (0) à 1 ($q_{(i+1)} - q_{(i)} = 1$) et vérifie ainsi :

$$z_n = 1 \text{ d'où } z_{n+1} = 0 \text{ pour } (q_{(i+1)} - q_{(i)}) = 1.$$

Ce compact se comporte alors exactement comme celui d'un ensemble de Cantor homéomorphe K avec la relation d'équivalence :

$$R_{eq} = K[X(\alpha_1, \alpha_2)]^{-1}$$

donnée par le spectre d'une matrice M contenant les états α_x, α_y associés à x et y par :

$$\alpha_x(a) = a_{xx} ; \alpha_y(a) = a_{yy} \text{ tel que :}$$

$$M = \begin{bmatrix} a_{xx} & a_{xy} \\ a_{yx} & a_{yy} \end{bmatrix}$$

avec le spectre rendu irréductible lorsque les matrices $\{x, x';...; y, y'\}$ tendant de zéro à l'infini, on obtient invariablement : $a = a_{(z_1, z_2)}$ définissant le produit **non commutatif** par :

$$(a \cdot \mathrm{b})_{(z_1, z_2)} = \sum_{z_1} a_{(z_1, z_2)} \mathrm{b}_{(z_2, z_1)} \qquad (140)$$

soit en algèbre indiciaire :

$$\left(z_1^{(\mathrm{i})}, z_2^{(\mathrm{j})}\right) \cdot \left(z_2^{(\mathrm{j})}, z_1^{(\mathrm{i})}\right) = z_1^{(\mathrm{i})}, z_1^{(\mathrm{k})}. \qquad (141)$$

Le Cantor K est alors avéré lors de l'incrémentation quantique : $\mathrm{q_i} \rightarrow \mathrm{q_{i+1}}$. En dehors de celle–ci, le compact (stationnarité) est du type A algèbre = C(Y), donc **commutative**. Donc, lors de toute quantification noétique–bosonique, le Cantor K est la limite projective des ensembles finis $\mathrm{K_i}$ des suites de $\mathrm{i}+1$ éléments $(z_\mathrm{i})_{\mathrm{i}=0,1,\ldots}$ i de 0 à 1 vérifiant :

$$z_\mathrm{i} = 1 \rightarrow z_{\mathrm{i}+1} = 0$$

D'où la projection cantorienne $\mathrm{K_{i+1}} \rightarrow \mathrm{K_i}$, avec l'équivalence sur l'ensemble fini $\mathrm{K_i}$:

$$(\mathrm{R_{eq}})^{\mathrm{i}} = \{z, z_1\} \in \left\{ (\mathrm{K_i} \times \mathrm{K_i}); z_\mathrm{i}, z_{(1)\mathrm{i}} \right\} \qquad (142)$$

La suite du raisonnement opéré sur les projecteurs est exactement celle d'un Invariant faisant office du Nombre d'Or par la matrice bijective :

$$\mathcal{M}(\Gamma)=\begin{bmatrix}1 & 1\\ 1 & 0\end{bmatrix}$$

selon :

$$(a,b)\rightarrow(a+b,a)$$

de $\mathbb{Z}^2$ sur $\mathbb{Z}^2$, le projecteur « sélectionnant » en « se focalisant », sur $(\mathrm{R}_{\mathrm{eq}})^{\mathrm{i}}$ (142) afin que $z_{\mathrm{i}}=1\rightarrow z_{\mathrm{i}+1}=0$ en positionnant :

$$\mathcal{M}(\Gamma)\in\left\{\left(\lambda_1^{(q_{(i+1)})}+\lambda_2^{(q_{(i+1)})}\right)-\left(\lambda_1^{(q_{(i)})}+\lambda_2^{(q_{(i)})}\right)\right\}$$

Le groupe limite $\mathrm{K}_0(\mathrm{A})=\mathbb{Z}^2$ se définit alors par l'appartenance

$$\left\{(a,b)\in\mathbb{Z}^2;\mathrm{P}(\Gamma)=0\ (a+b)\geq 0\right\} \qquad (143)$$

En calculant la diagonalisation matricielle par la projection totale « diagonale–ligne–colonne » par :

$$\mathrm{P}(\Gamma)=0=(1-\Gamma)(0-\Gamma)+1(0-\Gamma)-1(1-\Gamma),$$

on obtient :

$$\Gamma^2-\Gamma-1=0,$$

trinôme doré pour $\mathrm{q}_{\mathrm{i}}=1$, produisant bien par ses pôles–Invariant–doré :

$$\Gamma_1 = \frac{1}{2}\left(1+\sqrt{5}\right) \text{ et } \Gamma_2 = -\Gamma_1^{-1} = \frac{1}{2}\left(1-\sqrt{5}\right)$$

en vérifiant :

- la **non commutativité** à chaque fois que $P(\Gamma)=0$ se vérifie par les infinies variétés de pseudo actualisations bosoniques ;
- la commutativité nouménale lors de toute « stationnarité interne » en équilibre et hors équilibre, donc hors actualisation (la stationnarité hors équilibre devant être considérée comme les « zones » d'intenses « activités » d'échanges informatifs).

L'exposé qui vient d'être modélisé est représenté ci-après.

Réduction de la fonction d'onde noétique

La sémiotique fusionnelle permet de représenter le synopsis général de la Fusion Espace–temps, de l'univers–quantique et de l'une de ses deux variantes macroscopique Homme–« univers » selon le modèle suivant.

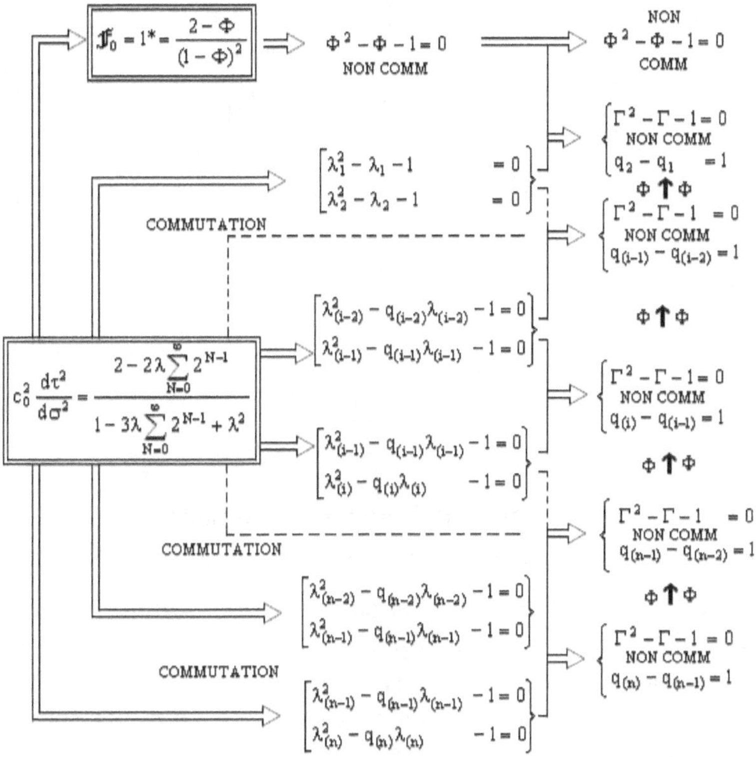

Figure 17

La disposition des quantificateurs que sont les marqueurs pseudo harmoniques du Nombre d'Or dans tous les commutateurs de la Co–Fusion Espace–temps provoquent, lors de chaque incrémentation (ou désincrémentation) quantique bosonique, la Fusion–Nombre d'Or quel que soit le stade quantificateur, par :

$$\left.\begin{array}{l} \lambda_{(i-1)}^2 - q_{(i-1)}\lambda_{(i-1)} - 1 = 0 \Rightarrow \\ \lambda_{(i)}^2 - q_{(i)}\lambda_{(i)} \qquad - 1 = 0 \Rightarrow \end{array}\right\} \text{pôles quantifiés} : q_{(i)} - q_{(i-1)} = 1 \tag{144}$$

Par :

$$\begin{cases} \lambda_{(i-1)} = \frac{1}{2}\left(q_{(i-1)} + \sqrt{q_{(i-1)}^2 + 4} \right); \lambda_{(i-1)}^{-1} = \frac{1}{2}\left(q_{(i-1)} - \sqrt{q_{(i-1)}^2 + 4} \right) \\ \lambda_{(i)} = \frac{1}{2}\left(q_{(i)} + \sqrt{q_{(i)}^2 + 4} \right); \lambda_{(i)}^{-1} = \frac{1}{2}\left(q_{(i)} - \sqrt{q_{(i)}^2 + 4} \right), \end{cases}$$

avec

$$\left.\begin{cases} \lambda_{(i-1)} + \lambda_{(i-1)}^{-1} = q_{(i-1)} \\ \lambda_{(i)} + \lambda_{(i)}^{-1} = q_{(i)} \end{cases}\right]$$

les Nombre et Section d'Or apparaissent par :

$q_{(i)} - q_{(i-1)} = 1*$, l'unité représentant la **cohérence** (Ordre universel fondamental) de l'onde plane symplectique correspondante.
Cette onde, dans chaque cas, suscite le « Guide d'Or » (guide d'onde symplectique) que représente la trilogie d'Or **unique** pour chaque cas, soit la trilogie dorée :

$\Gamma^2 - \Gamma - 1 = 0$ où $\Gamma = \Phi$, Nombre d'Or.

Posons, maintenant, $q_{(i)} = 2k_{(i)}$ et $q_{(i-1)} = 2k_{(i-1)}$; avec cette convention, déjà précédemment utilisée, on écrit alors :

$$\boxed{k_{(i)} - k_{(i-1)} = 1*} \qquad (145)$$

Les conséquences quasi philosophiques sur la vision que nous sommes à même d'élaborer au sujet du sens de l'Univers et, partant, de nos existences, sont telles, que le présent exposé prend un relief tout–à–fait particulier du fait que l'ontologie même de la vison évoquée y est contenue.

Il m'est apparu, ainsi, que la « clause » du Sens est entièrement élaborée dans les neuf derniers intervalles correspondant à la $\sqrt{9} = 3$ ième « position–1 » (haut du schéma). Il nous faut ainsi incrémenter, non seulement les 16 « positions » maxwelliennes et génératrices d'élaborations structurelles ultérieures mais toutes les positions intermédiaires (par exemple, en commençant par l'intervalle 256 – 255 = 1 « intervalles $\{k_{(i)} - k_{(i-1)}\}$ » puis 225 – 196 = 29, puis 196 – 169 = 27 intervalles, etc. C'est précisément, parce qu'il ne s'agit pas de valeurs indépendantes que leurs interpénétrations informatives nécessaires donnent l'ossature actionnelle aux valeurs agissantes indépendantes (maxwelliennes).

Sélectionnons les intervalles suivants : $k_4 - k_3 = 1$; $k_3 - k_2 = 1$; $k_2 - k_1 = 1$; $k_1 - k_0 = 1$. Commençons l'amorce d'un nouveau tableau par la pseudo triangulation suivante :

$$\begin{array}{l}
|k_1 - k_0| \\
|k_2 - k_1; k_1 - k_0| \\
|k_3 - k_2; k_2 - k_1; k_1 - k_0| \\
|k_4 - k_3; k_3 - k_2; k_2 - k_1; k_1 - k_0| \\
\underbrace{\left|\begin{array}{l} k_5 - k_4; k_4 - k_3; k_3 - k_2; k_2 - k_1; k_1 - k_0 \\ k_6 - k_5; k_5 - k_4; k_4 - k_3; k_3 - k_2; k_2 - k_1; k_1 - k_0 \end{array}\right|}_{k_{(i)} - k_{(i-1)} = \Phi^2 - \Phi = 1}
\end{array}$$

Admettons que toute position numérique $|k_{(i)} - k_{(i-1)}|$ puisse être considérée comme un nombre exprimé en base 10 **(décimal)**. Chaque unité numérique représente alors pour chaque ligne quantifiée l'Information noétique de la pseudo–localisation symplectique du boson. Pour éviter l'apparition indécisionnelle spatiale, il est nécessaire que l'information « limite » soit décidée par $2k = 9$ pour que $k_9 = 9$ (information « base de numération décimale »). Au–delà de k_9, la traduction décimale se désincrémente, inhibant la pseudo–localisation symplectique.

Égalisons, maintenant, la pseudo triangulation schématique ci–dessus par la construction arithmétique complète suivante :

$$(k_0) \times k_9 + k_1 = |k_1 - k_0|$$
$$(k_1) \times k_9 + k_2 = |k_2 - k_1 ; k_1 - k_0|$$
$$|(k_1 ; k_2)| \times k_9 + k_3 = |k_3 - k_2 ; k_2 - k_1 ; k_1 - k_0|$$
$$|(k_1 ; k_2 ; k_3)| \times k_9 + k_4 = |k_4 - k_3 ; k_3 - k_2 ; k_2 - k_1 ; k_1 - k_0|$$
$$|(k_1 ; k_2 ; k_3 ; k_4)| \times k_9 + k_5 = |k_5 - k_4 ; k_4 - k_3 ; k_3 - k_2 ; k_2 - k_1 ; k_1 - k_0|$$
$$|(k_1 ; k_2 ; k_3 ; k_4 ; k_5)| \times k_9 + k_6 = |k_6 - k_5 ; k_5 - k_4 ; k_4 - k_3 ; k_3 - k_2 ; k_2 - k_1 ; k_1 - k_0|$$

Éliminons les lettres k pour qu'apparaisse la stricte numération ; il vient la traduction purement numérique :

Incrémentations désincrémentations informatives noétiques				Fusion Espace-temps universelle (pseudo localisations par le Nombre d'Or)
	(0×9) + 1	=	1	
	(1 × 9) + 2	=	1 1	
	(12 × 9) + 3	=	1 1 1	
	(123 × 9) + 4	=	1 1 1 1	
	(1234 × 9) + 5	=	1 1 1 1 1	
	(12345 × 9) + 6	=	1 1 1 1 1 1	

A gauche des signes « égal », la numération procède par incrémentations désincrémentations horizontales–verticales assorties à la base 10 (0 à 9) : à droite apparaissent les unités à la base du Nombre d'Or. Cependant, ce qui apparaît dans ce tableau, c'est l'information suivante :

1ère ligne :

$$(0 \times 9) + 1 = 1 : \Phi^2 - \Phi - 1 = 0 \quad \begin{matrix} \rightarrow \Phi = 1{,}618033988... \\ \rightarrow \Phi^{-1} = 0{,}618033988... \end{matrix}$$

$$k_1 - k_0 = \Phi - \Phi^{-1} = ①$$

2e ligne :

$$(1 \times 9) + 2 = 11 : \lambda^2 - 2\lambda - 1 = 0 \quad \begin{array}{l} \rightarrow \lambda_2 = 2{,}41421356... \\ \rightarrow \lambda_2^{-1} = 0{,}414213562... \end{array}$$

$$k_2 - k_1 = \lambda_2 - \lambda_2^{-1} = ① \; ; \; k_1 - k_0 = ①$$

3^e^ ligne :

$$(12 \times 9) + 3 = 111 : \lambda^2 - 3\lambda - 1 = 0 \quad \begin{array}{l} \rightarrow \lambda_3 = 3{,}302775637... \\ \rightarrow \lambda_3^{-1} = 0{,}302775637... \end{array}$$

$$k_3 - k_2 = \lambda_3 - \lambda_3^{-1} = ① \; ; \; k_2 - k_1 = ① \; ; \; k_1 - k_0 = ①$$

4^e^ ligne :

$$(123 \times 9) + 4 = 1111 : \lambda^2 - 4\lambda - 1 = 0 \quad \begin{array}{l} \rightarrow \lambda_4 = 4{,}236067977... \\ \rightarrow \lambda_4^{-1} = 0{,}236067977... \end{array}$$

$$k_4 - k_3 = \lambda_4 - \lambda_4^{-1} = ① \; ; \quad k_3 - k_2 = ① \; ; \quad k_2 - k_1 = ① \; ; \quad k_1 - k_0 = ①$$

5^e^ ligne :

$$(1234 \times 9) + 5 = 11111 : \lambda^2 - 5\lambda - 1 = 0 \quad \begin{array}{l} \rightarrow \lambda_5 = 5{,}192582404... \\ \rightarrow \lambda_5^{-1} = 0{,}192582404... \end{array}$$

$$k_5 - k_4 = \lambda_5 - \lambda_5^{-1} = ① \; ; \quad k_4 - k_3 = ① \; ; \quad k_3 - k_2 = ① \; ; \quad k_2 - k_1 = ① \; ; k_1 - k_0 = ①$$

Ce tableau résume alors magnifiquement la totalité ontologique de l'émergence et de la structuration universelle. En effet, les valeurs des pôles du Nombre d'Or, par incrémentation linéaire $(1.\Phi ; 2.\lambda ; 3.\lambda ; ... 2k\lambda)$

fournissent les pôles « pseudo dorés » suivants (après 1,618…) : 2,414 … ; 3,30277 … ; 4,236 … ; 5,19258 … ; etc. (jusqu'à l'infini).

Les suites incrémentales et désincrémentales qui constituent les explorations informatives « en amont » (à gauche des signes « égal ») sont commutatives : l'exploration débute par une information nulle (nombre 1) et par quantifications fusionnelles successives (12 ; 123 ; 1234 ; etc.) l'information du chaos augmente (flèche vers le bas). Parvenu à la limite 256, les désincrémentations deviennent **non commutatives** du fait de l'intervention du Nombre d'Or. Or, ce dernièr transmute tout chaos (« conflit » non résolu) en Ordre (conflit résolu), si bien qu'au « retour » (flèche vers le haut), le retour à ① n'a plus du tout le même sens qu'à l'« aller » ; la « multitude bosonique » ce n'est qu'une sémantique imagée (car le boson **n'est pas** matière, ni énergie, ni espace–temps, impossible donc de chercher une ressemblance quelconque), devenue **électron symplectique** (masse sans poids, énergie sans force, impulsion sans mouvement) ; ce dernier est alors informatif et destiné à « piloter » l'avènement, avec d'autres électrons, protons, etc. de la structure atomique « envisagée » avec toutes les règles connues de la mécanique quantique (principe d'exclusion de Pauli, etc.) afin que matière advienne (masse **avec** poids, énergie « **avec** » force, impulsion **avec** mouvement), ce passage de l'involution confinée bosonique au déploiement de la mutation référentielle symplectique → atomistique constituant ce que nos sens **perçoivent comme espace–temps**.

Paramètre « réducteur fonction d'onde noétique »

Les tableaux précédents nous montrent comment la « réduction noétique » opère : par désincrémentation d'un ensemble hautement informatif bosonique d'ordre n, on parvient par ce que je nomme « guidance d'onde plane » symplectique, mesurable en phénoménal par esthésiemétrie, ou fermion, par l'expression (145). Le résultat « guide d'onde mathématique » donne toujours le Cardinal 1*. En utilisant l'expression :

$$n = 2^{N-1} \qquad (146)$$

démontré au chapitre 7, on établit ce que je nomme fonction de phase réductrice d'onde f avec :

$$\mathcal{N} = \left(\frac{v_\varphi}{c_0}\right)^2 - 1 = 16^{2\dot{n}m}$$

$m = 0{,}5$ et $\frac{v_\varphi}{c_0} = \beta > 1$, de sorte que :

$$\boxed{f = e^{r\,\dot{n}m}} \qquad (147)$$

avec $r = 5{,}5451177444$.

La théorie, vérifiée par les mesures, établit huit valeurs de la fonction f avec, successivement :

$$\dot{n}m = 16 \times 0{,}5 = 8 \ ;$$

puis $8 \times 0{,}864$ (électron noétique) $= 6{,}912$ puis $8 \times 0{,}5 = 4$, puis $4 \times 0{,}5 = 2$; $2 \times 0{,}5 = 1$ et enfin $\dot{n}m = 1/2$. On calcule successivement la fonction réductrice en partant de :

$f_T \approx 1{,}85.10^{19}$ puis $f_\psi \approx 4{,}4236.10^{16}$ puis ; $f_{R_1} \approx 4{,}295.10^9$; $f_{R_2} = 65536$; $f_{R_3} = 256$; $f_{R_4} = 16$; $f_{R_5} = 4$; $f_{R_6} = 2$ (pour $v_\varphi = c_0\sqrt{3}$). La dernière valeur ne peut plus vérifier une onde exclusivement symplectique mais vaut théoriquement : $f_{R_7} = 1$ avec $r\dot{n}m = 0$ (car $m = 0$) et est opérationnelle dans le tableau réducteur ci-dessus ; elle est, d'ailleurs, la dernière et la plus décisive valeur puisque l'électron classique (quantique) apparaît ainsi. Sur le plan informatif, la valeur « bosonique » $1{,}85.10^{19}$ est intégralement transmise au fermion par **désincrémentations** successives, expliquant, en partie, l'aptitude de l'électron à avoir pu diversifier la matière quasiment à l'infini. Signalons, de plus, qu'à $f_{R_7} = 1$ correspond l'onde physique de Broglie, de valeur en terme de longueur d'onde égale à environ 2,4263106 picomètres ($1{,}23558978.10^{20}$ Hz en termes de fréquence).

Le « cohéreur convolinvolutif » réducteur de la fonction d'onde noétique

Il s'ensuit du « paramétrage f » ci-dessus qu'une « instigation » ontologique est à l'origine du processus réducteur exposé. Le terme que j'introduis pour représenter celle-ci est une **convention** mais est la traduction issue d'une étude à propos de la « déformation » noétique du terme de Fusion E←T et exprimé numériquement. Il s'agit de l'expression [(53) §1, 1ère Partie « De l'Univers quantique à l'Homme-Univers », site].

$$\sum_k \sigma^k C_k(\mathsf{L}, \rceil) = \sum_j \mathsf{L}_{(i,j)} \rceil_{(j,k)}$$

où σ est le terme déformateur.

En partant de la « fonction dorée » :

$$\lambda^2 - k\lambda - 1 = 0 \qquad (148),$$

pour $k=1$, ce qui donne :

$$\Phi^2 - \Phi - 1 = 0$$

avec ses pôles

$$\begin{cases} \Phi = \frac{1}{2}\left(1+\sqrt{5}\right) \\ -\Phi^{-1} = \frac{1}{2}\left(1-\sqrt{5}\right) \end{cases}$$

on définit un « paramètre déformateur » δ de la Fusion E←T lié au paramètre σ^k.

J'estime que le terme **déformation** doit être perçu de la manière suivante. Si l'on part du concept du référentiel phénoménal où espace et temps sont déployés, chaque particule matérielle constitue une « condensation » **totale** de l'espace-temps, localisé à l'endroit où se trouve la masse de la particule. A la « frontière » exacte entre les deux référentiels « phénoménal/convolinvolution symplectique-nouménal », soit pour $\mathcal{N}=0$, d'où $\beta = v_0/c_0 = 1$ avec $v_0 = c_0$, il y a apparition de l'électron matériel ; je considère alors que la déformation :

- en espace-temps phénoménal est maximum (égale à 1) ;
- en Fusion E←T totale, elle est donc nulle ;
- ce qui signifie que, au fur et à mesure des Fusions successives par incrémentations noétiques, donc par « quantifications noétiques », la « déformation incarnative » diminue au bénéfice d'une **conformation** fusionnelle essentiellement nouménale de la Fusion E←T par **convolinvolution**.

Prenons quelques exemples.

Électron matériel.

En posant $\delta_E = 1$, cette valeur, sachant que l'apparition de l'électron se réalise sous l'égide du Nombre d'Or Φ, seul le produit $\Phi \times \Phi^{-1}$ répond à la question. Précisément, la Section d'Or vaut $-\Phi^{-1}$, ce qui inciterait à pondérer ce rapport du signe négatif ce qui n'est pas souhaitable. En prenant le carré de ce produit soit :

$$\delta_\Phi = \Phi^2 \Phi^{-2} = 1 \qquad (149),$$

on évite un tel inconvénient : ce terme désigne la non-commutativité absolue. Pour continuer, reprenons (148) en posant $k = 2$, d'où :

$$\lambda_{(2)}^2 - 2\lambda_{(2)} - 1 = 0$$

avec ses pôles : $\begin{cases} \frac{1}{2}\left(2 + \sqrt{8}\right) = \lambda_2 \\ \frac{1}{2}\left(2 - \sqrt{8}\right) = -\lambda_2^{-1} \end{cases}$

On définit le paramètre déformateur (« marqueur d'ordre 2 ») par :

$$\delta_{\lambda_2} = \lambda_2^{-2}\Phi^2 = \frac{1}{4}\left(2 - \sqrt{8}\right)^2\left(1 + \sqrt{5}\right)^2$$

soit :

$$\delta_{\lambda_2} \approx 0{,}44917... < \delta_\Phi$$

En effectuant les mêmes calculs, successivement avec $k = 3; 4; 16; 256$, on trouve :

$$\delta_{\lambda_3} = \lambda_3^{-2}\Phi^2 \approx 0{,}240003256...\ ;$$

$$\delta_{\lambda_4} = \lambda_4^{-2}\Phi^2 \approx 0{,}145898...\ ;$$

$$\delta_{\lambda_{16}} = \lambda_{16}^{-2}\Phi^2 \approx 0{,}010147...\ \text{(photon)}$$

$$\delta_{\lambda_{256}} = \lambda_{256}^{-2}\Phi^2 \approx 0{,}0000399...\ \text{(graviton).}$$

A partir de $k = 3$ la Fusion E←T devient convolinvolutivement **commutative** ce qui explique que la convolinvolution devient de « moins en moins » quantificatrice. En ne tenant compte que des deux premières « solutions maxwelliennes (ondulatoires) » ($k = 16, k = 256$), ma conjecture est la suivante :

- taux de matérialisation du photon ($k = 16$) : 0,010147 soit 1,0147% (98,9853% de propriétés nouménales (subtilité affirmée par rapport au radiatif physique) ;
- taux de matérialisation du boson-graviton ($k = 256$: 0,0000399... soit 0,004% environ, ce qui pourrait expliquer l'extrême difficulté sinon l'impossibilité de « capter » ce boson, contrairement au photon ainsi que de mettre en évidence le rayonnement gravifique universel.

Pour des taux de fusion supérieurs (à partir de $\mathcal{N}_4 = 16^{2\dot{n}m}$ avec $\dot{n} = 4$) l'expression approchée (très bonne approximation) est représentée par :

$$\delta_i = \mathcal{N}_i^{-2}\Phi_2 \qquad (150)$$

Par exemple, pour $\mathcal{N}_4 = 65536$, $\delta_4 \approx 6{,}1.10^{-10}$; le taux de matérialisation est devenu insignifiant… (tout… TOUT

« se décide » dans le « subtil », la matérialisation dans l'espace-temps ne serait-elle alors qu'une infime partie émergée de l'« iceberg » ? Que dire alors du paramètre δ_{16} pour $\mathcal{N}_{16} \approx 1{,}8446744...10^{19}$, soit $\delta_{16} \approx 2{,}938736.10^{-39}\,\Phi^2$? Ce dernier paramètre trouvera toute son importance dans la deuxième Partie.

Réductions quantiques et collapsus ondulatoires noétiques

Le holon

Par les mesures esthésiemétriques, on sélectionne : $S_0^* = 1*$, moment symplectique où, pour $\widetilde{u}_0 = 1\mathrm{m.s}^{-1}$ (symplectique, vitesse de phase subcéique), on fait $S_0 = \widetilde{u}_0 \widetilde{u}_0^{-1} = 1*$. D'où :

$$q_{(i+1)} - q_{(i)} = S_0^* \qquad (151)$$

Le « moment-S_0^* » représente ainsi une « Action symplectique » $A(\mathcal{N})$ par la vitesse $\widetilde{u}_0$, tel qu'un opérateur symplectique d'énergie correspondante s'écrive :

$$E(\mathcal{N}) = i(\mathcal{N})\frac{\partial}{\partial\tau} \ (i = \sqrt{-1}).$$

Il y correspond un terme d'action quantique symplectique décrite par l'équation holonique (ou holon) :

$$\boxed{iA_{\mathcal{N}} \frac{\partial}{\partial\widetilde{\tau}} \Omega_\Psi (q_1, q_2, ... q_{\mathcal{N}i}\, \widetilde{\tau}) = \mathcal{H}_{\mathcal{N}} (q_1, q_2, ... q_{\mathcal{N}i}\, \widetilde{\tau})\Omega_\Psi} \qquad (152)$$

En fait, (152) n'existe que l'espace d'un « instant » infiniment petit où la Fusion $\mathrm{E}-\mathrm{T}\left(\mathrm{S}_0^*\right)$ « se délie » par $c_0^2\left(\frac{d\tau}{dq}\right)^2 = 1*$, « juste » avant que $c_0^2 d\tau^2 \neq dq^2 \neq 1*$. Dans ce cas, la traduction symplectique → phénoménale conduit à la propagation **dans l'espace–temps** d'un rayonnement décrit par la fonction d'onde de Schrödinger stabilisant le processus.

$$j\hbar \frac{\partial \Psi(q,t)}{dt} = H(q,t)\Psi \qquad (153)$$

H étant l'hamiltonien phénoménal.

Physique quantique, observables et agrégat d'ondes

Comme je l'ai rappelé précédemment, ni la mécanique quantique, ni la physique « nouvelle » qui lui est associée, ne se laissent décrire avec les outils classiques. Par exemple, la mécanique classique décrit parfaitement, la vitesse et les coordonnées d'un objet quelconque. Son énergie peut être **prévue** (elle est donc prédictible) si l'on connaît, avant sa mesure, l'**état** du système physique. Rien de tel en mécanique (et physique) quantique. L'« objet » quantique n'est pas un objet au sens que nous en avons. Position, quantité de mouvement et énergie d'une particule quantique ne sont ni position, ni quantité de mouvement, ni énergie au sens classique du terme, même si l'application du calcul classique peut donner des résultats en concordance avec les observations déduites de l'atomistique (mais l'atome… n'est plus un « objet » rigoureusement quantique). L'on associe alors, aux grandeurs physiques quantiques, **impropres** au sens ontologique du terme, des **opérateurs** que l'on appelle **observables**. Ces opérateurs sont de nature mathématique, ce sont donc des « **objets** » mathématiques qui opèrent sur d'autres objets. Ces objets sont des états quantiques du système appartenant à l'« espace » de Hilbert. Et ces états sont nommés **observables quantiques**. Que l'on ne se méprenne pas. Le terme observable n'a rien de « gratuit » ; il désigne, en physique noétique, la « capacité nouménale » reliée au champ noétique–symplectique, donc à l'opérateur, d'**observer** d'une certaine manière « ce qui se passe ». Or, toute observation est intelligente : l'**observabilité quantique** est donc douée d'**intelligence noétique**, de caractère ontologique, ce qui n'est pas relié directement à nos observations mentalisées.

Conséquence : même notre connaissance de l'état quantique du système **avant** la mesure, ne permet pratiquement jamais de **prédire** le résultat de la mesure associée. Cette non-prédictibilité, reliée à la **non-reproductibilité** de toute mesure, « désarçonne » ainsi tous les préceptes de la physique reposant, précisément, sur le contraire : prédictibilité et reproductibilité. C'est le fameux **principe d'indétermination** due à Werner Heisenberg positionnant la physique quantique comme un vaste système d'apparence **probabiliste** (la plupart des ouvrages universitaires, du deuxième et troisième cycles évoquent l'aspect statistique, ce qui est faux car la confusion entre probabilité et statistique traduit l'ignorance de la signification profonde du quantique universel). Mieux : l'étude du dodécaèdre nous a montré qu'il ne s'agit pas davantage de probabilité au sens « hasard » que nous en avons.

Allons, maintenant, un peu plus loin avec la notion d'observable quantique. Et soit un **opérateur hermitien** A. Il existe pour cet opérateur des valeurs propres α_1, α_2, …, α_n. A son tour, chaque valeur propre α_k est soumise à une **dégénérescence** d'ordre d_k. A chaque α_k sont associés des **vecteurs indépendants propres** Ψ qui forment une base d'un espace vectoriel $\mathcal{E}_k$ à d_k dimensions. Si des vecteurs **orthonormés** φ_{ki} forment une base de $\mathcal{E}_k$, et moyennant i = 1, 2, …, d_k, on vérifie la relation :

$$\langle \varphi_{hi}, \varphi_{ki'} \rangle = \delta_{ii} \tag{154}$$

La base $\{\varphi_{ki}\}$ est base **propre** de A (les δ_{ii} étant symboles de Kronecker). Soit, maintenant, $\{|\varphi_i\rangle\}$ l'état quantique d'un système orthonormé de vecteurs propres de A, tel que (154) soit vérifié et formant une base propre de A. Ce dernier est une **observable** A si $\{|\varphi_i\rangle\}$ forme une base de l'espace $\mathcal{E}$ des vecteurs d'état. Or $\mathcal{E}$ est un **espace de Hilbert**, donc le système orthonormé $\{|\varphi_i\rangle\}$ est **total** et tout vecteur de $\mathcal{E}$ peut être développé en série sur cette base.

Voici pour la définition rigoureuse de l'observable quantique.

Mais, l'essentiel de cette abstraction (symbolique) est de construire la relation (correspondance) avec la physique. Pour nous en tenir aux généralités, considérons une fonction d'onde Ψ (q, *t*) où q (*x*, *y*, *z*) et (*t*) sont respectivement position et temps. Si c'est une fonction intégrale, on peut l'écrire dans le domaine D de $|\varphi_i\rangle$:

$$\Psi(q, t) = \int_D F(a) G(q, t) \, da \, .$$

La résolution de cette équation, si elle est possible, permet d'établir des règles de correspondances entre les grandeurs physiques (par exemple, les impulsions coordonnées p_x, p_y, p_z, et les opérateurs respectifs $K\left\{\frac{\partial}{\partial x}, \frac{\partial}{\partial y}, \frac{\partial}{\partial z}\right\}$). Ayant établi les correspondances on fait **agir** l'opérateur correspondant sur Ψ(q, *t*).

Justification des observables : agrégats d'ondes

La notion d'« agrégat » d'ondes est au centre de la physique ondulatoire (de son créateur L. de Broglie) et constitue une synthèse essentielle de la physique quantique. Tout champ quantique est associé à une onde. Toute onde occupant un domaine fini de l'espace phénoménal, peut être représentée par un **train d'ondes** ou agrégat d'ondes. Considérons la fonction d'onde classique $\Psi(\mathrm{q},t)$ phénoménale. Par définition, elle doit être considérée comme une **superposition** d'agrégats d'ondes présentant une infinie variété de positions angulaires $\omega = 2\pi f$ avec k vecteurs d'onde dans les coordonnées $\mathrm{q} = x, y, z$. L'angle pulsatoire s'écrit :

$$\alpha_p = \omega t - \overrightarrow{\mathrm{kq}} \tag{155}$$

Soit v_g la vitesse de groupe au « centre » d'un tel agrégat à k vecteurs d'onde. Par définition, alors :

$$v_g = \frac{\mathrm{d}\alpha_p}{\mathrm{d}t} = \frac{\mathrm{d}\left(\omega t - \overrightarrow{\mathrm{kq}}\right)}{\mathrm{d}t} = \omega - \mathrm{q}\frac{\mathrm{dk}}{\mathrm{d}t}$$

ce que l'on peut écrire : $v_g = \nabla_k \omega$, ω étant la pulsation angulaire du spectre $F(\omega)$. On admet que la vitesse v du champ quantique observé est égale à la vitesse de groupe. Si E et p sont, respectivement, énergie et impulsion de co–champ, on a de suite :

$$\mathrm{v} = \nabla_p \mathrm{E} = \frac{\mathrm{dE}}{\mathrm{dp}}.$$

Avec $E = hf = \hbar\omega$, d'où :

$$2\pi h\frac{df}{dp}=\nabla_k\omega=2\pi\frac{df}{dk},$$

on déduit : $h=\frac{dp}{dk}$ soit : $k=\frac{p}{h}$.

Or : $p=m_0c_0$ (m_0 : masse au repos de l'électron), ce qui, avec : λ (longueur d'onde associée) = $\frac{h}{m_0c}$, fournit : $k=\frac{1}{\lambda}$. En imposant l'invariance entre p et k lors d'une rotation de 2π, on trouve finalement :

$$k=\frac{2\pi}{\lambda}.$$

Dans ce dernier cas, k = p/ℏ représente le nombre de **positions informatives** autorisant la capacité de fusion informative, donc la **capacité ontogénique** de la genèse matérielle (morphogenèse). Et, nous allons constater que si la physique quantique introduit **exactement** ce sujet qui est essentiel, elle stoppe cette haute perception au seuil même où le référentiel symplectique va apporter la réponse par la physique noétique. Nous avons donc :

$$k=\frac{p}{\hbar}.$$

Posons maintenant : $k=k^{-1}$ et $\widetilde{k}=\widetilde{k}^{-1}$.

Longueur d'onde De Broglie, $\lambda_B=\frac{h}{p}$ avec $p=m_0c_0$ (non relativiste) appliquée au rayonnement électromagnétique, donne :

$$\lambda_B=2\pi k \qquad (156)$$

Le calcul numérique de k_1 pour l'électron donne :

$k_1 = 3{,}8656.10^{-13}$ mètre (à l'arrondi quatrième décimale près). Le calcul de la longueur d'onde primordiale associée donne la longueur d'onde De Broglie :

$$\lambda_B = 2\pi k_1 = \frac{h}{m_0 c_0} = 2{,}42631.10^{-12}\,\text{m}\,.$$

En désignant par $k_1 = 1$, la relation arbitraire de « départ », nous associons l'agrégat d'ondes pour $k_1 = 1$. Or : $\widetilde{\lambda}_{N0} = 2\lambda_B$ (réf. symplectique), d'où l'existence de $k_2 = 2$ pour deux agrégats d'onde. La généralisation dans les référentiels symplectique-nouménal est immédiate. Pour $k_n = n$, nous avons n agrégats d'onde.

Mesures et collapsus ondulatoires : la correspondance physique quantique physique noétique

En généralisant nos calculs précédents, on écrit :

$$\lambda_B = \frac{h}{m_0 c_0} = \frac{h c_0}{m_0 c_0^2} = \frac{h c_0}{E_M}\,,$$

E_M étant l'énergie quantique maximum possible pour toute Information ainsi créée. De ce fait, la longueur d'onde symplectique associée à toute translation électron-boson–marqueur type 2 s'écrit, comme nous le savons :

$$\widetilde{\lambda}_{N0} = \frac{h c_0}{E_M / 2} = \frac{h c_0}{E'_{20}} = 2\lambda_B = 4{,}85262.10^{-12}\,\text{m}$$

avec E'_{20} premier collapsus de l'énergie quantique égale à 0,511 MeV. On a alors $E'_{20} = E_q/2 = 0{,}2555\,\mathrm{MeV}$ ce qui n'est plus une énergie quantique mais l'inverse de l'Information noétique associée.

D'où :

$$\widetilde{\lambda}_{N0} = 2\pi\widetilde{k}_2$$

En généralisant avec $E'_{2(n)} = E'_{20} \cdot \mathcal{N}^{-1}$ avec $\mathcal{N} = 16^{2nm}$ (voir Lexique II, site http://johann_soulas.publibook.com) dans le référentiel symplectique, pour l'Information noétique nouménale I_{qM} la plus élevée possible actuellement, $I_{qM} = 2{,}18.10^{42}\,J^{-1}$, soit :

$E'_{2M} = 4{,}587.10^{-43}\,J$, ou $2{,}863.10^{-24}\,eV$ la longueur d'onde associée vaut :

$$\widetilde{\lambda}_M = \frac{A_M \cdot c_0}{E'_{2M}}.$$

Le terme A_M est une grandeur actionnelle définie par le produit $hc_0\widetilde{u}_0^{-1} = h\mathbf{C}^{1/2}$ de même dimension que la constante de Planck ou l'Action d'Hamilton-Maupertuis. Sa valeur vaut : $1{,}98644761.10^{-25}$ J.s. D'où :

$$\widetilde{\lambda}_M = \frac{1{,}98644761.10^{-25} \times 299792458}{4{,}587.10^{-43}} = 1{,}298.10^{26},$$ arrondi à $1{,}3.10^{26}$ mètres, de la dimension de l'Univers manifesté. Je reviendrai (Deuxième partie) au sujet de cette valeur ; elle introduit un « manifeste » fantastique.

Nous avons alors $\widetilde{\lambda}_M = 2\pi k_M$ avec

$$\widetilde{k}_{\mathrm{M}} = \frac{1,3.10^{26}\,\mathrm{m}}{2\pi} \approx 2.10^{25}$$

Cette valeur quasi infinie doit être considérée comme un « moteur » ontologique holographique symplectique conduisant à des holomorphismes macroscopiques. Nous avons vu que, pour k_1= 1, nous avons 1 agrégat d'ondes, pour $\widetilde{k}_2$= 2, 2 agrégats d'ondes. Pour $\widetilde{k}_{\mathrm{M}}$, nous avons, ainsi une quasi-infinité d'agrégats d'ondes. Il apparaît donc, que dès $\widetilde{k}_2$= 2, il y a **superposition** d'agrégats d'ondes. Il s'agit donc à l'évidence, d'un hologramme noétique d'**involution spatiale**, donc d'un **processus nouménal**, hors-temps-espace. Lors de ces involutions, les agrégats d'ondes s'**échangent** l'Information nouménale. Jusqu'à…

Revenons aux fondements de la mécanique quantique. On sait qu'un appareil de mesure adéquat pour mesurer **et** la position (coordonnées) d'une particule quantique **et** son impulsion ne relève qu'**une seule valeur** : ou la position ou l'impulsion mais pas les deux à la fois. Et voici mon assertion fondamentale. L'appareil, pour inerte qu'il soit, est en relation « observationnelle-suspensive » avec les opérateurs-observables des **coordonnées** q(x, y, z) et **impulsionnelle** p : nous sommes en présence, **avant** la mesure, d'une implexité de **deux agrégats d'onde** : l'une « représentative » de l'observable rattachée à q, l'autre à l'observable rattachée à p. **Durant** la mesure, l'**observabilité** « échangiste » entre les opérateurs due à l'appareil de mesure décohère la superposition : le champ quantique étudié n'apparaît plus que sous l'égide d'**un seul agrégat d'ondes** (q ou p) **après** la mesure. On appelle ce processus, **réduction** ou **collapsus** des agrégats d'onde. A mon avis, pourtant, la physique noétique correspond mieux au processus des réductions. Le principe d'incertitude, d'une part, ne peut localiser le champ au-delà d'une certaine précision (flou quantique) mais, d'autre part, ne « joue » plus en physique noétique le même rôle (l'Information noétique I_q a « remplacé » le champ quantique). La mesure « métrologique » quantique est à l'origine de cet aspect capital qu'est le collapsus ondulatoire. En fait, en physique noétique, la « mesure » est un état « intérieur », perpétuellement en activité par le « mesureur noétique », agissant de manière quasi autonome afin de provoquer le déliement nécessaire des superpositions …jusqu'au seul agrégat ondulatoire quantique où le champ est révélée pour une future morphogenèse. J'estime qu'en physique quantique, un mesureur quantique **inhérent** est également en activité perpétuelle, sous la forme d'une équation ontologique (holon) et accomplit la même fonction qu'un mesureur extérieur technique. La très importante question : « qui, quoi » provoque la désimplexification ? est résolue (très mal) par la (fausse) réponse statistique. Le hasard n'a strictement rien à voir dans tous ces processus qui ne semblent aléatoires, que parce que la physique quantique vue par les physiciens ignore l'« activité » noétique précisément, celle d'une Intelligence induite ontologiquement rattachée à tout champ par le Nombre d'Or sous l'égide $S_0^* = q_{(i+1)} - q_{(i)}$ nouménale et qui procède aux découplages indispensables pour que la confrontation « conflictuelle » (théorie des catastrophes) ayant permis la **bifurcation**, la morphogenèse puisse s'amorcer (Intention noétique).

Formalisme du collapsus ondulatoire : vers un signifiant holographique ?

Considérons une observable U. Celle-ci peut être « observée » par des observables u_i qui sont « associées » par le fait même que les u_i sont **accessibles** lors de chaque mesure sur U (mesure « métrologique » extérieure avec opérateur humain dans toute mesure quantique, mesure

« esthésiemétrique semi-extérieure » avec opérateur humain dans toute mesure informative noé-quantique (noétique), toute mesure par opérateur mesureur quantique ou noétique exclusivement intérieure donc ontogénique, non humain). Le mesureur (non humain) noétique défini par l'équation holonique (252) et sa traduction phénoménale $j\hbar\frac{\partial\Psi(q,t)}{dt}=H(q,t)\Psi$ conduit à admettre pour $\{\Omega_\Psi,\Psi\}$ une **superposition linéaire** de **fonctions propres** φ_i de l'observable U que l'on écrit (variante symplectique) :

$$\Omega_\Psi=\sum_i c_i\varphi_i \qquad (157)$$

Le terme $c_i=a_i+ib_i$ est complexe. Chaque fonction propre φ_i doit être associée à une valeur propre u_i résultant de la mesure sur U. On écrit alors :

$$U\varphi_i=u_i\varphi_i \qquad (158)$$

conduisant à l'état symplectique–quantique :

$$|\Psi\rangle=\sum_i c_i|u_i\rangle \qquad (159)$$

Le sigle $|u_i\rangle$ représente l'état des i vecteurs propres de U et correspondent, chacun, à une valeur propre u_i. La formulation (159) correspond, alors, au **catalogue** des valeurs des observables u_i **accessibles** lors de chaque mesure sur U. Chaque mesure, amenée à terme, **actualise** le processus simultanément par $S_0^*=q_{(i+1)}-q_{(i)}$ correspondant à $|c_i|^2=1$ de la valeur particulière u_i lors de la mesure. De ce fait, le vecteur d'état $|\Psi\rangle$ de U est totalement défini si le résultat de la mesure sur U est tel que ce dernier représente un **ensemble complet minimum d'observables qui commutent**. La commutation des observables est soumise à la non-dégénérescence de Ψ. Il y a dégénérescence de Ψ lorsqu'un nombre de fonctions d'onde est **supérieur** au nombre de niveaux d'énergie correspondants. Par exemple, pour n niveaux d'énergie distincts mais pour lesquels deux (ou plus) niveaux auraient le même état quantique, il existe bien n fonctions $\Psi_{i,j,\ldots n}$ distinctes mais qui sont dégénérées en niveaux d'énergie. La commutation est alors **complète** si la mesure des $u_i \in U$ permet de lever toutes les dégénérescences, c'est-à-dire de « **prévoir** » (en acceptant le « flou nouménal ») une valeur précise pour la mesure de toute autre observable ν_i qui commuterait avec celles appartenant à un catalogue V. Dans ce cas, la mesure concerne un **ensemble complet** d'observables qui commutent entre elles. Et la mesure devient **juste** et fiable lorsque la mesure de toute observable **supplémentaire** commutant avec les premières ne lève plus **aucune** dégénérescence. Ceci signifie que les « **prédictions** » quantiques des valeurs des u_i ont satisfait aux désimplexités holomorphes et aux déploiements prévus, décohérant (au sens de la cohérence ondulatoire) les observables « utiles » des observables dégénérées par « transition » de $\{\Psi;\Omega_\Psi\}$ en réduisant les agrégats d'ondes, par exemple, de k_2 en 2 k_1. Toutes les observables doivent donc être « testées » par le « mesureur cohéreur » noétique selon une codification définie par les cohérences obtenues ; les tests sont noétiques, donc quasi-instantanés.

Prenons l'exemple suivant avec :

$$k_2 \rightarrow f_n(\alpha)g_n(\nu)$$

(α_i : observables « utiles » et ν_i observables dégénérées) et :

$$k_1' \to f_n(\alpha),\ k_1'' \to g_n(\nu).$$

La fonction d'onde « mesureur » s'écrit :

$$\{\Omega_\Psi(\alpha,\nu);\Psi(\alpha,\nu)\} = \sum_n c_n f_n(\alpha).g_n(\nu) \qquad (160).$$

De fait, elle est totalement implexée, elle appartient au « domaine symplectique ». Il y a « fusion » informative (co–Fusion Espace–temps) (corrélation nouménale donc **connexion** informative hors-temps-espace) et nul observateur U ne saura de quoi il s'agit. Pour que $\widetilde{\Psi}$ devienne intelligible, le mesureur ($\widetilde{\Psi}$… le même) va opérer par « prédictibilité » en soumettant ses observables α_i et ν_i à la combinatoire commutative et en procédant par « sélection ». Dès que l'interaction entre les α_i et ν_i est terminée (échange informatif complet), on se trouve dans la situation décrite précédemment (commutation complète des observables entre elles). Alors :

$$k_2 \to k_1' + k_1'' \qquad (161),$$

correspondant à $q_2 - q_1 = S_0^*$ avec ses pôles Φ (Nombre d'Or) et Φ^{-1} (Section d'Or) par $\Phi^2 - \Phi = S_0^*$, soit la désimplexité cohérée correspondante :

$$\{\Omega_\Psi(\alpha);\Psi(\alpha)\} = \sum_n c_n f_n(\alpha) \quad \left(|c_n|^2 = 1\right) \qquad (162)$$

$$\{\Omega_\Psi(\nu);\Psi(\nu)\} = \sum_n c_n g_n(\nu) \quad \left(|c_n|^2 = 1\right) \qquad (163).$$

Comprenons bien le terme « dégénérescence ». Le niveau d'énergie ν_i est dégénéré dès lors que le holon correspondant « persiste » dans sa mesure éventuelle de celui–là. La commutation correspondante pour ce niveau avec les autres n'est pas assurée dès lors que :

$$q_{(i+1)} - q_{(i)} = S_0^*$$

vient d'avoir lieu avec sa cohérence non commutative locale.

La correspondance transitionnelle (161) traduit le collapsus ondulatoire : il y a **transition** des deux « agrégats » devenus vecteurs d'onde k_2 en un seul « vecteur » k'_1, le « vecteur » k''_1, dégénéré, disparaissant. Il convient d'estimer que le formalisme du collapsus ondulatoire contient, (implexé (!)), le « signifiant holographique » de l'Univers. En effet, il « suffit » que la fonction d'onde $\Psi(\alpha)$ soit celle du mesureur quantique et $\Omega_\Psi(\alpha)$ celle d'un mesureur noétique. La prédictibilité quantique rend caduques de fausses probabilités.

Le schéma pyramidal (inversé) de la grande structuration universelle

Ce schéma est le résultat des modèles précédents incluant l'Information de l'organisation cérébrale du corps humain atteignant la Noéticanthropie (voir deuxième Partie). Il représente la totalité-TOUT de l'Univers actuel. Ce schéma a été obtenu par mesures esthésiemétriques de l'incarnation de la CHAÎNE NOÉTIQUE (voir deuxième partie) dans le corps (plexus principaux de la « colonne » épinière). L'Information totale est exprimée avec $2\dot{n}m = 2 \times 16 \times 0{,}751 = 24{,}032$. D'où :

$$\mathcal{N}_{2N} = 16^{24{,}032} \approx 8{,}6.10^{28} \quad ,$$

(en fait valeur plus précise : $8{,}496.10^{28}$) valeur extrêmement élevée, ayant été « scannée » par valeurs désincrémentées (réductions ou collapsus informatifs) :

$i = 24 ; 23 ; ...1$ pour $2\dot{n}m = 0 ; 1 ; 2 ; ... ; 24$,

terme « bosonique » où apparaît l'électron occupant $p/2 = 24{,}5$ d'où $p = 49$ positions informatives (voir ligne supérieure :

$-24 ; -23 ; ... ; -1 ; 0 ; 1 ; ... ; 23 ; 24 = p$).
[Revoir Lexique II pour détails de construction].

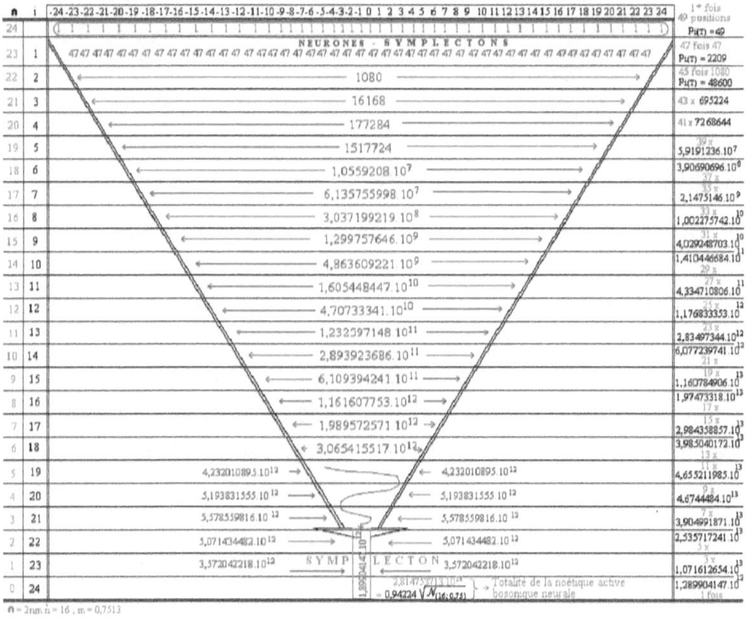

Figure 18

6

Modèle Noétique d'un submicro-univers électron. Information Noétique intrinsèque du submicro-univers

Introduction en guise de rappel

Il m'a paru important de terminer cette première Partie par le modèle du submicro-univers symbolique noétique de l'électron. Il s'agit de l'un des « fleurons » de la physique noétique, l'une des bases théoriques à partir de laquelle toutes les explications ultérieures prennent sens.

Le référentiel symplectique est un « domaine géométrique » **total** au sens où, sa géométrie riemannienne, donc hypersphérique, étant en « convolution involutive », aucune cavitation en état de condensation ne peut modifier la « facture » spatiale : la caractéristique NG (non grave) est entièrement conservée : le terme « électron », « proton », etc. n'ont, ainsi, aucun autre sens que celui de la « non gravité », donc non matériel (au sens que nous serions susceptible de lui fournir. L'électron échappe ainsi à **toute représentation phénoménale** (que nous serions tentés de lui attribuer). Cependant, son étude « se précise », en passant du domaine purement symplectique de Riemann au symplectique pré–euclidien, donc présymplectique : la caractéristique NG est conservée mais on peut raisonner en termes classiques (les principes de conservation en particulier) en ayant bien présents à l'esprit :

- absence absolue de toute gravité (donc toutes énergie, impulsion) bien que la « nomenclature grave » fonctionne d'un point de vue de la représentativité classique (phénoménale) ;
- la géométrie est, ainsi, modélisable et l'électron, comme toute « particule » quantique, apparaît bien comme une **non–particule**, mais comme un univers spatial sphérique en Fusion temps → Espace, mais où le terme temps, comme tout terme « grave » peut être utilisé pour toute modélisation : l'unité temporelle (seconde) est alors de nature symplectique et apparaît comme un succédané spatial.

Les principes de conservation (pré–euclidiens/présymplectiques)

Conservation de l'énergie–impulsion (NG)

$$\frac{W_\rho^2}{c_0^2} - \sum_{k=1}^{3} p_{\rho k}^2 = m_0^2 c_0^2 \qquad (165).$$

L'indiciation ρ se rapporte à la masse volumique propre de matière. Or, on doit poser, pour bien marquer que le raisonnement n'est pas opéré en phénoménal :

$$m_0^2 c_0^2 = V_0^2 \rho^2 c_0^2 \qquad (166),$$

V_0 étant le volume quantique de référence, d'où :

$$\frac{W_\rho^2}{c_0^2} - \sum_{k=1}^{3} p_{\rho k}^2 = V_0^2 \rho^2 c_0^2 \qquad (167).$$

Conservation de la densité d'énergie électromagnétique

Il s'agit de la densité notée ρ_{EM}, énergie rayonnante du corps noir à la température Θ (Kelvin).

La densité d'énergie électromagnétique suit la loi de Stefan-Boltzmann :

$$\rho_{EM} = \sigma\Theta^4 \qquad (168)$$

avec

$$\sigma = 5{,}67.10^{-8}\,\mathrm{W.m^{-2}.K^{-4}}$$

L'énergie électromagnétique correspondante s'écrit :

$$W_{EM} = V_0 \rho_{EM} c_0^{-1} \qquad (169),$$

laquelle, associée à l'impulsion électromagnétique p_E, donne, à l'instar de (165) mais avec un second membre nul :

$$\frac{W_{EM}^2}{c_0^2} - \sum_{k=1}^{3} p_{Ej}^2 = 0 \qquad (170)$$

Puisque les trois directions (k) sont isotropes (principe d'isotropie) :

$$\frac{V_0^2 \rho_{EM}^2}{c_0^2} - 3p_{Ej}^2 = 0 \qquad (171)$$

Je définis, ainsi, l'univers présymplectique noétique par l'énergie-impulsion selon ses deux variantes : mécanique-géométrique par (165) et électromagnétique par (171).

Précisons la forme du tenseur géométrique $T_{\mu\nu}$, d'une part, par la relation de conservation globale :

$$\nabla_\mu T^\mu_\nu = 0 \qquad (172),$$

puis par l'expression de la courbure riemannienne globale $\mathbb{T}^\mu_\mu$. Si nous admettons (la courbure est un scalaire spatio-temporel) que la composition des contributions est algébrique, nous sommes autorisés à écrire :

$$\mathbb{T}^\mu_\mu = \mathbb{T}^\mu_\mu(\rho) + \mathbb{T}^4_4(\rho_E) \qquad (173).$$

Il apparaît donc les deux grandeurs essentielles à la modélisation, ρ et ρ^2_{EM}/c^2_0. Précisons l'écriture de chacune d'elles afin que la conservation globale :

$$\nabla \bullet T^\mu_\nu = 0 \qquad (174)$$

soit respectée. Tout rayonnement électromagnétique est tributaire d'une « accélération » géométrique du milieu qui le génère (espace de Riemann $\rightarrow$ espace pré–euclidien manifesté dans le phénoménal mais gardant, par l'Homme, ses caractéristiques subtiles). La notion de celle-ci provient de la variation pulsatoire du rayon de courbure $R(\tilde{t}, \tau)$ fonction du temps. Il convient de poser ainsi :

$$\rho_{EM} = \frac{ac^2_0}{R^n} \quad \text{et} \quad \rho = \frac{b}{R^m}$$

L'exposant n est défini par Θ suivant la loi de Stefan-Boltzmann : d'où n = 4. L'exposant m est défini par l'aspect volumique de ρ, d'où m = 3. On écrit alors :

$$\rho_{EM} = \frac{ac_0^2}{R^4} \quad \text{et} \quad \rho = \frac{b}{R^3} \qquad (175),$$

les constantes a et b devant être déterminées indépendamment.

La constitution du modèle général-univers noétique

Les courbures riemanniennes $\mathbb{T}_k^k$ et $\mathbb{T}_4^4$ sont de dimension $[R^{-2}]$. On montre alors qu'elles sont respectivement définies par :

$$\mathbb{T}_k^k = -\frac{1}{3}\left(\frac{p_\rho^2}{\hbar^2} \mp m_\sigma^{-2}\frac{\rho_{EM}^2}{c_0^6}\right) \qquad (176)$$

et $$\mathbb{T}_4^4 = -m_\sigma^{-2}\left(\rho^2 + \frac{p_\rho^2}{\hbar^2 m_\sigma^{-2}} \pm \frac{\rho_{EM}^2}{c_0^6}\right) \qquad (177)$$

avec, rappelons-le : $m_\sigma^{-1} = \frac{V_0 c_0}{\hbar}$

Les équations fondamentales de la structure de l'Univers établies (L220) et (L224) au Lexique III (site http), précédemment, assimilent l'équivalence champ de gravitation et structure géométrique. Du fait du caractère pulsatoire du submicro-univers fermé (prévu par le modèle général étant donné la non-linéarité révélée), le deuxième membre n'est pas nul, puisqu'il y apparaît une « contrainte géométrique » et il est nécessaire qu'y figure la

« constante de fermeture » $\mathbb{K}$. De plus, mentionnons également qu'en passant de la symétrie sphérique à un espace homogène et isotrope (θ = 0), le tenseur de courbure métrique s'écrit (théorème de Schur) :

$$ds^2 = c_0^2 d\tilde{t}^2 - R^2(\tilde{t}) \frac{dr^{*2}}{1 + 4Kr^{*2}}$$

mais lequel tenseur doit s'écrire présentement :

$$ds^2 = c_0^2 d\tilde{t}^2 - R^2(\tilde{t})\left[1 + K' r^{*2}\right]^{-1} dr^{*2} \qquad (178)$$

avec $K' = 4K$ [d'après (265) et (266) cf. Tome I physique noétique].

En insérant dans [(233), cf. Tome I physique noétique] les expressions et équations (175), (176) et (177), on obtient après calculs :

avec (176) :

$$\mathbb{T}_{kk} = G_{kk} \mathbb{T}_k^k = -\frac{R^2}{3\left(1 + K' r^{*2}\right)^2} \left(\mp \frac{m_\sigma^{-2} a^2}{c_0^2 R^8} - \frac{p_\rho^2}{\hbar^2} \right) \qquad (179)$$

et avec (177) :

$$\mathbb{T}_{44} = G_{44} \mathbb{T}_4^4 = -\frac{R^2}{\left(1 + K' r^{*2}\right)^2} \left[m_\sigma^{-2} \rho^2 \pm \frac{m_\sigma^{-2} a^2}{c_0^2 R^8} + \frac{p_\rho^2}{\hbar^2} \right] \qquad (180)$$

Dans ce cas, on obtient :

$$\left.\begin{array}{l} \nabla \bullet \mathbb{T}_k^k = 0 \ (k = 1 \text{ à } 3) \\ \text{et } \nabla \bullet \mathbb{T}_4^4 = 0 \end{array}\right\} \qquad (181)$$

justifiant encore :

$$\nabla_{\mu} \bullet T^{\mu}_{\nu} = 0 \qquad (182)$$

Dans tous ces cas, et contrairement aux équations de la relativité générale qui engendrent des singularités « inadmissibles » (divergences non nulles), ici, en théorie de la structuration symplectique, n'apparaît aucune singularité (divergences nulles). On peut encore prouver la fondamentale nécessité conservative par les expressions (175) qui sont, en elles-mêmes, des relations de conservation. Pour un univers de volume riemannien $2\pi^2 R^3$, la masse « massique » totale vaut : $2\pi^2 R^3 \rho = 2\pi^2 b$ en appliquant la première de (175) et : $2\pi^2 R^3 \rho_{EM} c_0^{-3} = \frac{2\pi^2 a}{Rc_0}$ en appliquant la deuxième de (175). Dans ce dernier cas, la « masse » est électromagnétique justifiant le terme de NG et rejustifiant que tout électromagnétisme est en « aparté–présymplectique » et non « massique ». Mais il y a conservation de la masse (NG) dans chaque cas (pas de singularité, donc). Par ailleurs, de plus, l'absence de singularité exigera, dans (177) : $\mathbb{T}_4^4 < 0$ ce qui suppose que ce dernier s'écrive :

$$\mathbb{T}_4^4 = m_{\sigma}^{-2}\left(\rho^2 + \frac{p_{\rho}^2}{\hbar^2 m_{\sigma}^{-2}} - \frac{\rho_{EM}^2}{c_0^6}\right) \qquad (183)$$

avec : $\frac{\rho_{EM}^2}{c_0^4} \rangle \left(\rho^2 + \frac{p_{\rho}^2}{\hbar^2 m_{\sigma}^{-2}}\right)$

La métrique dS^2 de (178) doit donc prendre en compte le rayon pulsatoire (quadridimensionnel $\left(\text{espace} - r^{*3}/\text{temps } \tau\right)$

symplectique R(τ)) de cet univers et devient de ce fait, un modèle « universel » pour représenter les **hyperespaces pulsatoires**, modèles généraux de multivers noétiques.

Pour construire le modèle dans son ensemble, rappelons le paramétrage établi ci-dessus :

- masse volumique d'énergie « massique » ρ de l'hyperespace, soit (167) :
-

$$\frac{W_\rho^2}{c_0^2} - \sum_{k=1}^{3} p_{\rho k}^2 = V_0^2 \rho^2 c_0^2$$

avec la composante impulsionnelle $p_{\rho k}^2$ selon la direction k en isotropie :

$$p_{\rho k}^2 = \frac{p_\rho^2}{3} \qquad (184);$$

* densité d'énergie électromagnétique (168) :

$$\rho_{EM} = \sigma \Theta^4$$

$\sigma = 5{,}67.10^{-8}\,W.m^{-2}.K^{-4}$ emplissant l'espace d'univers en tant que rayonnements de photons « noirs ». La variation de Θ doit être isentropique, telle que ΘR(τ) = Constante;

* l'isotropie de l'hyperespace exige, par ailleurs :

$$\frac{p_{\rho k}^2}{V_0^2} = \frac{1}{3}\frac{\rho_{EM}^2}{c_0^2} = \frac{1}{3c_0^2}\left(\sigma\Theta^4\right)^2 \qquad (185);$$

* la conservation de la masse propre totale énergétique « massique » de l'hyperespace, $2\pi^2 \rho R^3$ est définie par (175) (comme vu précédemment) par :

$$\rho_{EM} = \frac{ac_0^2}{R^4} \text{ et } \rho = \frac{b}{R^3};$$

* la valeur de la pulsation radiale du submicro-univers symplectique, donc sa période T_0 primordiale est définie par l'énergie (NG) d'un neutrino(*) se déplaçant en hyper-rotation riemannienne à l'intérieur de l'hyperespace submicro-univers, chaque « hypertour » désignant une période. C'est ainsi qu'apparaît un résultat tout-à-fait **fondamental** avec lequel il faudra compter : durant son mouvement, le neutrino développe un **spin**, analogue en tous points au spin électromagnétique–cinétique, lequel « qualifie » la **pulsation**;

* les équations (L370) et (L371) des tenseurs géométriques :

$$\mathbb{T}_k^k = -\frac{1}{3}\left(\frac{p_\rho^2}{\hbar^2} \mp m_\sigma^{-2} \frac{\rho_{EM}^2}{c_0^6}\right)$$

et $$\mathbb{T}_4^4 = -m_\sigma^{-2}\left(\rho^2 + \frac{p_\rho^2}{\hbar^2 m_\sigma^{-2}} \pm \frac{\rho_{EM}^2}{c_0^6}\right),$$

introduites avec (175) dans (178), avec pour résultats (179) et (180), soit :

$$\mathbb{T}_{kk} = -\frac{R^2}{3\left(1 + K'r^{*2}\right)^2}\left(\mp \frac{m_\sigma^{-2} a^2}{R^8 c_0^2} - \frac{p_\rho^2}{\hbar^2}\right) \qquad (186)$$

et :

$$\mathbb{T}_{44} = -\frac{R^2}{\left(1 + K'r^{*2}\right)^2}\left(\frac{m_\sigma^{-2} b^2}{R^6} \pm \frac{m_\sigma^{-2} a^2}{R^8 c_0^2} + \frac{p_\rho^2}{\hbar^2}\right) \qquad (187)$$

(*) Voir Physique noétique T. II (J. S.).

pour la divergence nulle $\nabla_\mu \bullet T^\mu_\nu = 0$.

$\mathbb{T}^4_4$ doit être négatif et $\mathbb{T}^k_k \rangle 0$ pour éviter la singularité tel qu'un calcul développé le montrerait.

En introduisant les six expressions dotées d'une astérisque ci-dessus (avec $\mathbb{T}^k_k$ et $\mathbb{T}^4_4$ mais non $\mathbb{T}_{kk}$ et $\mathbb{T}_{44}$, ces deux derniers étant des résultats partiels), en (178) au moyen de ses tenseurs $G_{\mu\nu}$, les équations de la structuration présymplectique (L220) – (L224) du Lexique III (site http) s'écrivent en faisant :

$$R = \mathcal{O}^{-1} = \mathcal{R}^{-1} \text{, par}$$

le modèle géométrique complet pré–symplectique de tout univers (multivers) noétique

$$\mathbb{T}^k_k = \frac{1}{c_0^2}\left[\frac{2}{R}\frac{d^2R}{d\tau^2} + \left(\frac{1}{R}\frac{dR}{d\tau}\right)^2 - \frac{c_0^2}{R^2} - \mathbb{k}c_0^2\right] = \frac{1}{3}\frac{m_\sigma^{-2}\rho_{EM}^2}{c_0^6} - \frac{1}{3}\frac{p_\rho^2}{\hbar^2} \qquad (188)$$

$$\mathbb{T}^4_4 = \frac{1}{c_0^2}\left[\left(\frac{3}{R}\frac{dR}{d\tau}\right)^2 - \frac{3c_0^2}{R^2} - \mathbb{k}c_0^2\right] = m_\sigma^{-2}\rho^2 + \frac{p_\rho^2}{\hbar^2} - \frac{m_\sigma^{-2}}{c_0^6}\rho_{EM}^2 \qquad (189)$$

Les conditions initiales doivent être les suivantes :

$$\text{à } \tau = 0,\ p_\rho = 0,\ R = R_0,\ \frac{dR}{d\tau} = 0 \ \text{ ou} \pm c_0 \qquad (190).$$

Le modèle sous la forme d'une équation unique est obtenu en tenant compte de (190) dans (189) et en combinant les deux expressions de (189) entre elles. On obtient :

$$\boxed{\frac{1}{c_0}\frac{dR}{d\tau} = \left[D^2R^2 + 1 + \left(A^2 - C^2\right)R^{-2} - B^2R^{-4}\right]^{1/2}}$$

(191)

Les constantes $\left\{A^2 \text{ à } D^2\right\}$ sont définies de la manière suivante :

$$A^2 = \frac{V_0^2c_0^2b^2}{2\hbar^2R_0^2},\ B^2 = \frac{V_0^2c_0^2b^2}{6\hbar^2},\ C^2 = \frac{V_0^2a^2}{3\hbar^2R_0^4},\ D^2 = \frac{\Bbbk}{3} = \frac{3}{R_0^2}$$

(192)

Un modèle herméneutique des multivers noétiques

Approche théorique générale

Considérons une géodésique noétique symplectique quelconque par :

$dS^2 = G_{\mu\nu}dX^\mu dX^\nu$, décrite en euclidien par :

$$dS^2 = d\tau^2\left[\frac{\sum\left(dX^k\right)^2}{d\tau^2} - c_0^2\right] \qquad (193)$$

En posant :

$\sum\left(dX^k\right) = \partial X^\mu$, on définit a priori :

$$\left(\partial X^\mu\right)^2 = \beta^2c_0^2d\tau^2$$

D’où :

$$\frac{(\partial X^{\mu})^2}{c_0^2 d\tau^2} = \beta^2 \qquad (194)$$

On reconnaît le paramètre amplificateur noétique, base du principe holomorphique noétique et dont la définition est la même qu'en symplectique, soit :

$$\beta^2 = \frac{v_{\varphi}^2}{c_0^2}$$

mais supérieur à l'unité !

Je rappelle, non sans insister, que v_{φ} est une vitesse de phase, donc non reliée à une particule matérielle mais à un champ symplectique électromagnétique que je nomme **noétique**. Cette vitesse de phase transcéique ne contrevient, de ce fait, aucunement à la théorie de la relativité restreinte laquelle ne s'applique pas en référentiel symplectique, ce dernier étant une « région » du genre espace, en état de Fusion espace–temps. Par contre le référentiel spatial symplectique–nouménal laisse apparaître l'Information noétique évolutive par préfusions noétiques, base de l'édification structurelle du Monde.

Considérons, maintenant, la caractérisation fondamentale géométrique du référentiel dans sa traduction conservatrice par :

$$\nabla_{\mu} T_{\nu}^{\mu} = 0 \qquad (195)$$

On définit alors une « action noétique » par rapport au tenseur $G_{\mu\nu}$ par :

$$G^{-1}_{\mu\nu} = \Gamma_{\mu\nu} = \Gamma^{\mu\nu} = \begin{bmatrix} 1 & 0 & 0 & 0 \\ 0 & 1 & 0 & 0 \\ 0 & 0 & 1 & 0 \\ 0 & 0 & 0 & -1 \end{bmatrix} \qquad (196)$$

C'est un tenseur normalisé dont l'ensemble des plans spatiaux sont tangents en **tout** point d'un submicro–univers défini par $G_{\mu\nu}$ ce qui permet de définir pour le paramètre β^2 la courbure de l'espace lequel cesse d'être euclidien. Définissons alors celui–ci comme appartenant « de nature » à l'information–courbure hyperspatiale $\mathcal{C}$ et en tant qu'**action noétique pré–symplectique** stricte et locale, de sorte que son dalembertien s'écrive :

$$\boxed{\square \mathcal{C}_0 = \chi_0 \Gamma^{\mu\nu} \partial^2_\mu \mathcal{C}_0} \qquad (197)$$

avec

$$\Gamma^{\mu\nu} = G^{-1}_{\mu\nu} \quad \text{et} \quad \partial^2_\mu = \frac{\partial^2}{\partial X^{\mu(2)}},$$

l'action symplectique (N.G.) correspondante associée à (197) étant définie par :

$$\mathbf{a} = \frac{\partial A}{\partial S^2},$$

∂A étant une action élémentaire sur une aire symbolique S^2 d'espace–temps fusionné élémentaire conséquemment à la description de la conservation de l'impulsion–énergie par application du principe d'action stationnaire locale, du théorème d'Emmy Noether, soit :

$$\partial \int_{S^2} \frac{\partial A}{\partial S^2} dS^2 = 0 \qquad (198)$$

Le terme χ_0 est un coefficient de dimensionnalisation appropriée par $\chi_0 = 1{,}221485.10^{13}\left(m^{-1}kg^{-1}s\right)$. La description de (198) est applicable en l'espace de Riemann et initie alors la possibilité d'avènement d'un **univers noétique** dont les submicro– et micromultivers seront les représentants les plus significatifs dans l'espace « involutif » pourvu qu'il existe une fonction simple **non linéaire** laquelle satisfasse l'invariance de $\mathcal{C}_0$ en un point quelconque de M de $\Gamma^{\mu\nu} = \Gamma_{\mu\nu}$ par un développement en série du type :

$$\square\left(F_i \mathcal{C}\right) + F_i \sum_i \left[\frac{\partial_i}{\partial R^i} \mathcal{C}\right] = 0 \qquad (199)$$

où :

$$F_i = k^2 \mathbf{a}_0 f_i R_0^2 \left[m^2\right]$$

On constate que la convergence est très élevée, d'où l'approximation tout–à–fait justifiable avec $i = 1$:

$$F_i \frac{1}{c_0^2} \frac{\partial}{\partial t^2} \mathcal{C} + F_i \frac{\partial^2}{\partial R^2} \mathcal{C} = 0 \qquad (200)$$

Rappelons, maintenant, le tenseur nouménal établi précédemment en LIII que j'écris en développé par :

$$\mathcal{R}_{\mu\nu} - \frac{1}{2} G^{\mu\nu} \mathcal{R}_{\mu\nu} G_{\mu\nu} + \mathfrak{K} G_{\mu\nu} + T_{\mu\nu} = 0 \qquad (201),$$

$T_{\mu\nu}$ étant un tenseur de contrainte (NG) que l'« action–196 » nous impose.

En multipliant chaque terme par $G_{\mu\nu}$ et en effectuant la somme sur les indices μ et ν, on obtient, avec $\mathcal{R} = G^{\mu\nu}\mathcal{R}_{\mu\nu}$ et $G = 1$:

$$G^{\mu\nu}T_{\mu\nu} - (\mathcal{R} - 4\mathbb{k}) = 0 \qquad (202)$$

Exprimons maintenant $T_{\mu\nu}$ dans l'espace tangent normal Γ au point quelconque M de la métrique symplectique spatiale avec ses quatre composantes diagonales exprimées par le tenseur $\mathbb{T}_{\mu\mu}$. En multipliant (202) par $F_i\mathcal{C}$, il vient :

$$F_i\Gamma^{\mu\mu}\mathbb{T}_{\mu\mu}\mathcal{C} - F_i(\mathcal{R} - 4\mathbb{k})\mathcal{C} = 0$$

Par définition de la « situation $T_{\mu\nu}$ » dans l'espace tangent Γ normal au point M, on a identité entre :

$\square(F_i\mathcal{C}) = 0$ et ce que je déduis de M :

$$\left.\begin{array}{r} \mathbb{T}_{\mu\mu}\mathcal{C} = -\partial_\mu^2\mathcal{C} \\ \text{et} \quad \mathcal{R} - 4\mathbb{k} = \mathcal{C} \end{array}\right\} \qquad (203),$$

d'où le dalembertien :

$$\boxed{\frac{F_i^2}{c_0^2}\frac{\partial^2}{\partial\tilde{t}^2}\mathcal{C} + (\mathcal{R} - 4\mathbb{k})\mathcal{C}\,F_i^2 = 0} \qquad (204)$$

Nous pouvons comparer dimensionnellement (204) dans ses deux termes par :

Solution simplifiée de (191)

$$-\frac{1}{c_0^2}\left(\frac{dR}{d\tau}\right)^2$$

avec $\frac{F_i^2}{c_0^2}\frac{\partial^2}{\partial \tilde{t}^2}\mathcal{C}$, ainsi que (cf. Tome I physique noétique) :

$$K^{(q)}\cdot\frac{\partial}{\partial q}g(R) \quad \text{avec } F_i(\mathcal{R}-4\mathbb{k})\mathcal{C}.$$

Constatant l'adimensionnalité entre les quatre termes, il y a symétrie mutuelle et nous pouvons « bénéficier » de (204) pour chercher le modèle préférable :

$$R = g(\tau) \qquad (205).$$

La relation (204) et une relation volumique.

J'ai montré, dans le tome I de physique noétique que (204) est la dérivée inversée de l'expression suivante en introduisant ((L132) du Lexique II site http) sous sa forme $\mathcal{N} = 16^{2\dot{n}m}$ dans la formulation :

$$\int_{R_0}^{R}\frac{RdR}{\sqrt{C_0^2+R^2}} = jc_0\mathcal{N}\int_0^{\tau}d\tau\,, \qquad (206)$$

avec $j=\sqrt{-1}$, de solution :

$$\sqrt{C_0^2+R^2}-\sqrt{C_0^2+R_0^2} = jc_0\tau\mathcal{N}\,,$$

d'où, en transformant l'écriture afin de regrouper les termes :

$$R = \left[R_0^2 - c_0^2 \widetilde{T}_0^2 \mathcal{N}_i^2 + jc_0 \widetilde{T}_0 \mathcal{N}_i \sqrt{C_0^2 + R_0^2} \right]^{1/2} \qquad (207)$$

Étudions la fonction non–linéaire (207) avec quatre exemples précis pour, successivement :

$$\mathcal{N}_i = 1; \quad 256; \quad 1{,}845.10^{19} \text{ et } 8{,}5.10^{28}$$

correspondant respectivement dans (L132) (Lexique II)à :

$n = ½$; $m = 0$ $\qquad$ $n = 2$; $m = 0{,}5$ $\qquad$ $n = 16$; $m = 0{,}5$
$n = 16$; $m = 0{,}751$

Mais, auparavant, je dois mettre l'écriture de (207) en conformité avec les courbures hyperspatiales, en remarquant, d'une part, que :

$$\mathcal{C}_i = \beta_i^2 \mathcal{C}_0 = \mathcal{N}_i \mathcal{C}_0 \qquad (208),$$

d'autre part que :

$$c_0^2 \widetilde{T}_0^2 \mathcal{N}_i^2 = A_M^2 \mathcal{C}_i^2 k^{-4} c_0^2 \qquad (209),$$

si bien que le modèle multivers devient :

$$\boxed{R = \left[R_0^2 - A_M^2 k^{-4} c_0^2 \mathcal{N}_i^2 \mathcal{C}_0^2 + jc_0 A_M k^{-2} \mathcal{N}_i \mathcal{C}_0 \sqrt{C_0^2 + R_0^2} \right]^{1/2}}$$

(210)

Le tome I et son chapitre 5 ont été consacrés à l'établissement complet du modèle (voir à partir des tenseurs $\mathbb{T}_k^k$ et $\mathbb{T}_4^4$ par (326)), avec les données initiales dans le cas du submicro–univers–électron.

$$C_0^2 = 10^{-25}\,\text{m}^2, \quad R_0 = 7{,}7286.10^{-13}\,\text{m}, \quad \frac{dR}{d\widetilde{T}_0} = 0 \quad \text{à} \quad R = R_0$$

(ou $\pm c_0$),

$$\mathcal{C}_0 = 2{,}8452.10^{24}\,\text{m}^{-2}.$$

Énonçons ce résultat sous une forme conjecturale :

La théorie structurelle nouménale–symplectique noétique est une herméneutique dont la sémiotique exprime le pouvoir édificateur structurel autogène de la matière. Nous allons en déduire le cas du Troisième miracle et de l'Homme–Démiurge. Exemples de calcul appliqués (il s'agit d'une introduction à la deuxième Partie)

La « naissance » exprimée du Sens $(\mathbf{n = 1})$

Il suffit d'appliquer le modèle (210) lorsque $\beta_0 = \sqrt{2}$ (disjonctivité) $R_0 = 7{,}7286.10^{-13}\,\text{m}$; $C_0 = 10^{-25}\,\text{m}^2$; $\mathcal{N}_{(1)} = 1$ (cas $\beta_0 = \sqrt{2}$) ; $k^2 = 1{,}16465.10^{11}\,\text{kg.s}^{-2}$; $h = 6{,}626.10^{-34}\,\text{J.s}$ (à la place de $A_M = 1{,}98645.10^{-25}\,\text{J.s}$) ; $\mathcal{C}_0 = 2{,}8452.10^{24}\,\text{m}^{-2}$.

On calcule successivement :

$$h^2 k^{-4} c_0^2 \mathcal{N}_i^2 \mathcal{C}_0^2 = 4{,}39.10^{-67}\,\text{J}^2.\text{s}^2 \times 7{,}3724.10^{-23}\,\text{kg}^{-2}.\text{s}^4 \times 9.10^{16}\,\text{m}^2.\text{s}^2$$
$$\times 1 \times 8{,}095163.10^{48}\,\text{m}^{-4} = 2{,}358.10^{-23}\,\text{m}^2$$

$$c_0 h k^{-2} \mathcal{N}_i\, \mathcal{C}_0 \sqrt{C_0^2 + R_0^2} = 3,.10^8 \times 6{,}626.10^{-34} \times 8.5863.10^{-12}$$
$$\times 1 \times 2{,}8452.10^{24} \times \sqrt{10^{-25} + 5{,}9731.10^{-25}} = 4{,}055.10^{-24}\,m^2$$

En rassemblant les termes, il vient :

$$R^{(1)} = \sqrt{5{,}9731.10^{-25}\,m^2 - 2{,}358.10^{-23}\,m^2 + j.4{,}055.10^{-24}\,m^2}\ ,$$

dont le module fournit :

$$\boxed{R^{(1)} = 4{,}83.10^{-12}\,m}$$

C'est la croissance (expansion) du submicro–univers à Information maximum unité depuis $R_0 = 7{,}7286.10^{-13}\,m$ pour $\widetilde{T}_0 = 0$ jusqu'à $R^{(1)} = 4{,}83.10^{-12}\,m$ pour $\widetilde{T} = 1{,}619.10^{-20}$ seconde. La valeur de $\widetilde{T}_0 = \Phi.10^{-20}\,s$, avec : $\Phi = \frac{1}{2}\left(1+\sqrt{5}\right)$ (voir « L'Ordre mathématique de l'Univers ») est la première « retombée » fondamentale du Cardinalat $\mathfrak{C} = 1^{**}$ et Nombre d'Ordre $\Omega_\Phi = 5$ structurant l'Univers par le Potentiel créateur de l'INCRÉÉ de valeur constante 5. Jusqu'à $n = 2\,(m = 0{,}5)$ cette création est « autogène » au sens où les lois ontologiques de la Nature pourvoient à la structuration universelle.

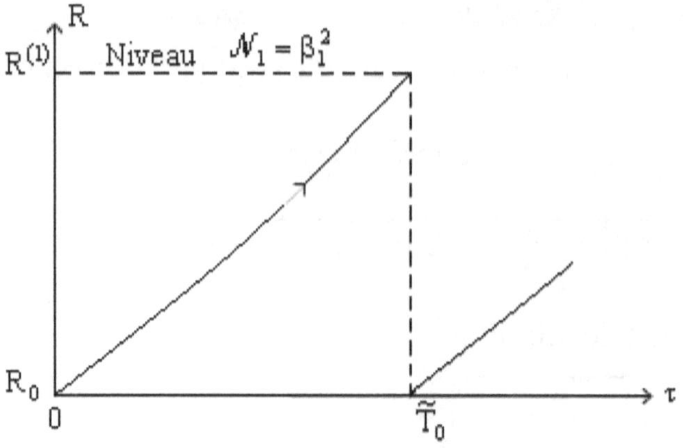

Figure 19

A l'expiration de la période $\tilde{T}_0$, l'expansion est arrêtée brutalement et, sans préfusion informative supérieure à celle affichée par $\mathcal{N}_1$, recommence indéfiniment la même variation non linéaire. L'expansion, concrétisée par la variation du rayon hypersphérique s'arrête à la valeur du rapport $R^{(1)}/R_0 \approx 6{,}25$ et est donc comprise entre $\sqrt{16} = 4$ et $\sqrt{(16)^2} = 16$, signe du processus d'amorce préfusionnel, donc informatif.

Holomorphisme du submicro–univers électron

La « naissance » de la vie $(n = 2)$

Tout ce que nous voyons autour de nous et en nous, a été – et continue à être – la conséquence édificatrice de l'Intelligence intrinsèque, donc de la Noétique du Monde. La préfusion $n = 1$ concerne la Dynamique créatrice du photon (hélicités + 1 ; 0 ; –1), 16 « orientations » informations nouménales au maximum, 4 au minimum : c'est l'évolution cosmologique par la matière inerte. Avec

$n = 2$ ($16^2 = 256$ orientations informatives nouménales au maximum), en fait $\sqrt{256} = 16$ efficaces, susceptibles d'incarnation, permettent à la vie de s'élaborer. Étudions le micro–univers symplectique noétique pour $n = 2$. Les constantes utilisées demeurent les mêmes, mais « excitées » cette fois–ci par

$$\beta_2^2 - 1 = \mathcal{N}_2 = 255 .$$

Je calcule ainsi :

$$c_0 h k^{-2} \mathcal{N}_2 \mathcal{C}_0 = c_0 h k^{-2} \mathcal{N}_1 \mathcal{C}_0 \times \sqrt{256} = 7{,}7695.10^{-11}\,\mathrm{m}$$

puis :

$$c_0^2 h^2 k^{-4} \mathcal{N}_2^2 \mathcal{C}_0^2 = \left(7{,}7695.10^{-11}\,\mathrm{m}\right)^2 = 6{,}03648.10^{-21}\,\mathrm{m}^2$$

D'où :

$$R^{(2)} = \sqrt{\begin{array}{r} 5{,}9731.10^{-25}(\mathrm{m}^2) - 6{,}03648.10^{-21}(\mathrm{m}^2) + j.7{,}7695.10^{-11}(\mathrm{m}) \times \\ \left(10^{-25} + 5{,}9731.10^{-25}\right)^{1/2}(\mathrm{m}) \end{array}}$$

soit :

$$R^{(2)} = \sqrt{-\,6{,}0358827.10^{-21}(\mathrm{m})^2 + j.6{,}487928.10^{-23}\,(\mathrm{m})^2}$$

ce qui donne :

$$\boxed{R^{(2)} = 7{,}7693.10^{-11}\,\mathrm{m}}$$

Le rapport $R^{(2)}/R^{(1)} \approx 16{,}0855$ excède à peine $\sqrt{256-1} \approx 15{,}9687$ mais se trouve dans la « conformité émergente » du vivant.

Ainsi, au terme de $15{,}9687\,\tilde{T}_0$ s'établit le submicro–univers, résultant de la préfusion de deux submicro–univers–électroniques liés au boson–graviton doué de **propriétés de potentialités gravitationnelles** lesquelles, de ce fait, sont aussi celles de l'émergence du vivant ! La découverte quasi–démonstrative est de taille !

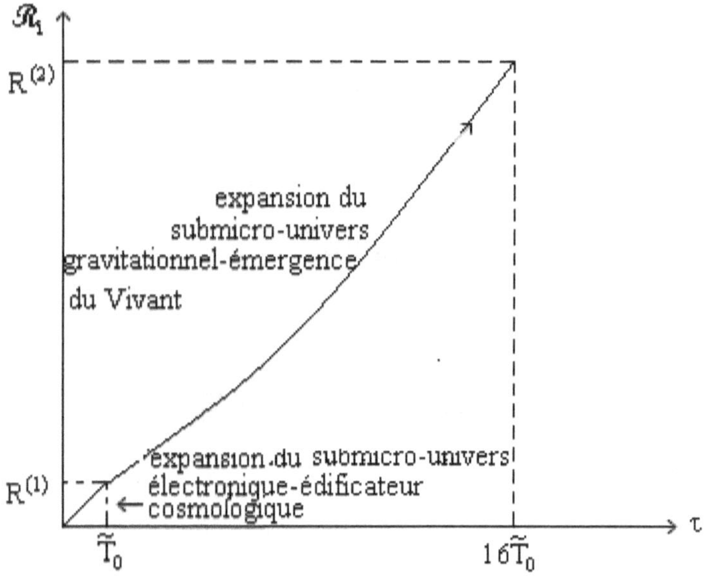

Figure 20

Le constat fondamental de l'holomorphisme noétique, c'est que cette dernière est **expansive** : c'est l'expression du Principe holomorphe. En d'autres termes, la progression vers une implexation involutive de plus en plus élaborée de la géométrie hypersphérique, voit s'élaborer la « symétrie heavisidienne » :

$$\mathrm{Exp.}(\mathcal{H}_U) = [\mathrm{Im\,px}(U)]^{-1} \qquad (211),$$

$\mathrm{Im\,px}(U)$ signifiant implexation involutive d'univers et $\mathrm{Exp.}(\mathcal{H}_U)$ expansion heavisidienne universelle (ne pas confondre avec le symbole mathématique exponentiel).

Apparition du potentiel Champ noétique humain $(n = 16)$

Pour les deux préfusions suivantes (progression géométrique expansive ou holomorphe $\{n = 4; 8\}$, « rien » ne se passe : aucune « expression » vivante supérieurement élaborée (donc au sens humain) ne peut avoir lieu : entre le Vivant ($n = 2$) incluant la vie humaine dans sa dualité, donc dans ce que je nomme « Premier miracle » et la préfusion très élaborée ($n = 16$), les préfusions $n = 4 \text{ et } 8$ sont exclues (j'en ai expliqué les raisons, scientifiquement complexes : dès $n = 4$, les champs de rayonnement intrinsèques devraient disparaître (fréquence nulle) sous réserve de déséquilibres vitaux dangereux ; cette disparition ne se produisant pas, les préfusions associées 4 et 8 ne se produisent pas : c'est $n = 16$ qui constitue alors l'étape finale.

Dès le début de la préfusion $n = 16$, soit pour

$$16^{16} = 1{,}84467441.10^{19}$$

dont $\sqrt{16^{16}} = 16^8 = 4{,}29497.10^9$ orientations sont véritablement **efficaces**, (appliquées par le symplectique) commence, chez l'homme, la proposition **unificatrice** de sa contingence, donc la **structuration** de son psychisme et de son Affect, préfigurant par la suite, l'Incarnation dans les cellules de son organisme de la Finalité : celle de l'Ordre.

Curieusement, c'est une « propriété » (curieuse ?) de l'électron qui nous en alerte : sa capacité à « provoquer » l'Information hyperspatiale d'une « structure » **phasique** hypersphérique par l'expression :

$$\mathcal{C}_{2S} = k^2\left(\mu_e \widetilde{u}_0^2\right)^{-1} = 1{,}278516.10^{41}\,m^{-2}$$

pour laquelle, nous remarquons le rapport $\mathcal{C}_{2S}/\mathcal{C}_0 = 4{,}49359.10^{16}$. Pourquoi accorder l'attention à ce rapport ? Pour plusieurs raisons. La vitesse $\widetilde{u}$ est une vitesse de phase (que je nomme « vitesse apparente » du Champ–Psyché, découverte expérimentalement par esthésiemétrie à l'automne 1998), vitesse subcéique variant de $\widetilde{u}_0 = 1 m.s^{-1}$ à la vitesse théorique $\widetilde{u}_M = c_0$. Sa définition découle du rapport :

$$\widetilde{u} = \frac{c_0}{\beta},$$

d'où :

$$\beta = \frac{v_\varphi}{c_0} = \frac{c_0}{\widetilde{u}_0},$$

soit :

$$\boxed{v_\varphi \widetilde{u}_0 = c_0^2} \qquad (212)$$

On déduit ainsi :

$$\widetilde{u}_0 = \frac{c_0^2}{v_{\varphi M}} \qquad (213),$$

avec :

$$v_{\varphi M} = \frac{c_0^2}{1 m.s^{-1}} = \left([299792458]^2 \, m.s^{-1} \right) = 8{,}987551787.10^{16} \, m.s^{-1}$$

On établit ainsi la Constante adimensionnelle :

$$\mathbf{C} = c_0^2 u_0^{-2} = 8{,}987551787.10^{16}$$

La valeur $\widetilde{u}_0$ et sa dynamique « potentiel gravitationnel » non divergente $\widetilde{u}_0^2 = 1m^2.s^{-2}$ associée ont une importance particulière en physique noétique car la BioMacroNoétique dépend largement de ce concept. J'avance ainsi sous la forme d'un postulat que l'amplificateur holomorphe

$$\mathcal{N}_\varphi = \beta_\varphi^2 = \left(\frac{v_{\varphi M}}{c_0} \right)^2 = 8{,}987551787.10^{16}$$

est de nature « créatrice de psychisme–démiurge ». Le rapport

$$\beta_{2S}^2 = \mathcal{N}_{2S} = \frac{\mathcal{C}_{2S}}{\mathcal{C}_0} \approx 4{,}49359.10^{16}$$

définit, ainsi, et très exactement, le rapport 0,5 avec $\mathcal{N}_\varphi$.

Avec $\mathcal{N}_{2S} = 16^{2 n_{2S} m_{2S}}$ où $n_{2S} = 8$, on calcule : $m_{2S} = 0{,}844$ et avec

$\mathcal{N}_\varphi = 16^{2 n_\varphi m_\varphi}$ où $n_\varphi = 8$, on calcule : $m_\varphi = 0{,}85$.

L'expérience des mesures esthésiemétriques a montré dans ces deux cas, que, dans le modèle holomorphique des univers noétiques, la constante de Planck doit être remplacée par la constante d'« action–Psyché » :

$$A_M = 1{,}98645.10^{-25}\ \text{J.s}\ ,$$

validant ainsi totalement, le modèle noéticanthropique (210).

Calculons, ainsi, les deux univers–noéticanthropiques, le premier « annoncé » par l'« électron–ψ », le second par l'espace des « phases–$\tilde{u}_0$ ». Les constantes restent inchangées, sauf pour les termes respectifs suivants :

$$(1) : \quad A_M^2 \, k^{-4} c_0^2 \mathcal{N}_{2S\mu_e}^2 \mathcal{C}_0^2 = 3{,}9459735.10^{-50} \times 7{,}3724.10^{-23} \times 9.10^{16} \times 2{,}019235.10^{33} \times 8{,}095163.10^{48}$$

(1 bis) :

$$A_M \, k^{-2} c_0 \mathcal{N}_{2S\mu_e} \mathcal{C}_0 = 1{,}9864475.10^{-25} \times \left(1{,}16465.10^{11}\right)^{-1} \times 3.10^{8} \times 4{,}49359.10^{16} \times 2{,}8452.10^{24}$$

$$(2) : \quad A_M^2 \, k^{-4} c_0^2 \mathcal{N}_{\varphi}^2 \mathcal{C}_0^2 = 3{,}9459735.10^{-50} \times 7{,}3724.10^{-23} \times 9.10^{16} \times 8{,}07761.10^{33} \times 8{,}095163.10^{48}$$

(2 bis) :

$$A_M \, k^{-2} c_0 \mathcal{N}_{\varphi} \mathcal{C}_0 = 1{,}9864475.10^{-25} \times \left(1{,}16465.10^{11}\right)^{-1} \times 3.10^{8} \times 8{,}987551787.10^{16} \times 2{,}8452.10^{24}$$

On obtient :

(1) : $4{,}297463.10^{27}\ \text{m}^2$

(1 bis) : $6{,}541977.10^{13}\ \text{m}$

(2) : $1{,}712.10^{28}\ \text{m}^2$

(2 bis) : $1{,}30845.10^{14}\ \text{m}$

Dans le modèle (210) les termes R_0 et $\left.\begin{matrix}1\,\text{bis}\\2\,\text{bis}\end{matrix}\right\} \times \sqrt{C_0^2 + R_0^2}$ sont négligeables devant les (1) et (2), si bien que :

$$\mathbf{R_{2S} = 6{,}541977.10^{13}\,mètres}\ \text{ainsi que :}$$

$$\mathbf{R_{\varphi} = 1{,}30845.10^{14}\,mètres}\ ;$$

$$\tau_{\varphi} = \frac{R_{\varphi}}{c_0} = 4{,}36.10^5\ \text{secondes (5,04 jours)}$$

Les multivers–Psyché ne sont plus des micromultivers.

Chez l'homme, les mesures esthésiemétriques ont montré que la structuration de son psychisme s'amorce pour (cf. tome III §2, 2e partie) :

$$\mathcal{C}_S = 5{,}24.10^{43}\,m^{-2},$$

soit pour :

$$\mathcal{N}_S = \beta_S^2 = \frac{\mathcal{C}_S}{\mathcal{C}_0} = 1{,}842.10^{19},$$

soit pratiquement pour $n_S = 16,\ \ m_S = 0{,}5$, d'où :

$$\mathbf{R_S = 2{,}6817.10^{16}\,mètres}\ ;$$

$$\tau_S = \frac{R_S}{c_0} = 8{,}94.10^7\ \text{secondes (2,83 ans)}$$

Dans la succession informative : $\mathcal{N}_{(1)} \rightarrow \mathcal{N}_{(2)} \rightarrow$ ⩯ $\rightarrow \mathcal{N}_{(16;0,5)}$, on peut tracer les expansions successives sur échelle logarithmique par la figure suivante.

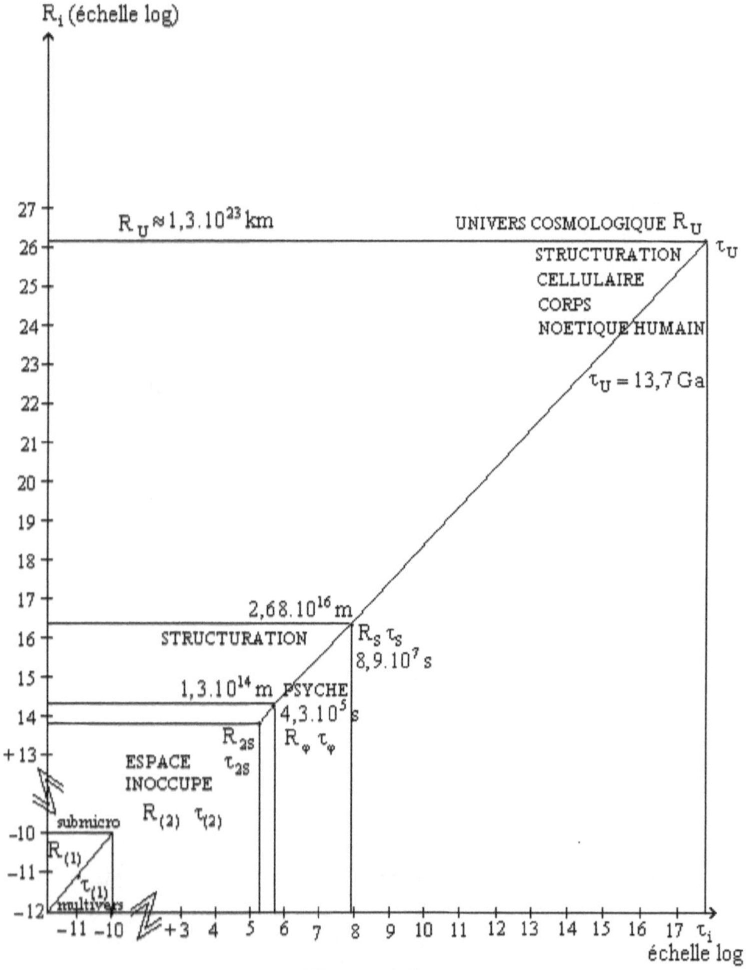

Figure 21

Nous constatons l'expansion colossale des multivers lesquels, « mis bout à bout » constitue, en fin de compte, le seul univers manifesté que nous connaissons, notre « berceau » gigantesque cosmologique mais lequel… constitue aussi l'univers symbolique noéticanthropique, l'univers de l'Homme–Démiurge.

En appliquant (211), nous avons pour

$$\beta_U^2 = \mathcal{N}_u = 8{,}5.10^{28} \ :$$

$$\boxed{R_U = A_M k^{-2} c_0 \mathcal{N}_U \mathcal{C}_0} \qquad (214),$$

soit :

$$R_U = 1{,}9864475.10^{-25} \times 8{,}58627.10^{-12} \times 3.10^8 \times 8{,}5.10^{28} \times 2{,}845.10^{24}$$

($\mathcal{C}_0$ pour $n = 16$) d'où : avec le modèle plus précis (210), on trouve $R_U \approx 1{,}3.10^{26}$ mètres.

$$\mathbf{R_U \approx 1{,}24.10^{26}\ mètres} \quad \text{et} \quad \tau_U = \frac{R_U}{c_0} = \mathbf{4{,}33.10^{17}\ secondes} \quad \text{ou}$$

13,7 G. années,

Dimension et Âge–durée de l'Univers.

A remarquer qu'à chaque expansion holomorphe universelle correspond une implexation symplectique correspondante. Rappelons que la théorie noétique fait correspondre ainsi, à τ_U, le temps involué :

$$\tilde{t}_U = A_M \mathcal{C}_0 k^{-2} c_0 \mathcal{N}_U^{-1} = \mathbf{5{,}44.10^{-41}\ s}$$

d'une importance fondament ale à propos de laquelle je reviendrai. L'intervalle $\{4{,}33.10^{17} - 5{,}44.10^{-41}\}$s définit, ainsi, l'expansion holomorphique jusqu'à nos époques.

Pour $\tau_S = 8{,}94.10^7\,\text{s}$:

$$\tilde{t} = A_M \mathcal{C}_0 k^{-2} c_0 \mathcal{N}_S^{-1} = 7{,}9.10^{-23}\,s$$

Nous constatons que l'**expansion de l'Univers** basée sur le Principe holomorphe universel trouve une explication, (malgré nos précautions oratoires, (bien naturelles), à base de postulats) extrêmement cohérente et d'une parfaite élégance au sein de la théorie noétique et noéticanthropique.

Information noétique intrinsèque du submicro-univers

Commentaires

Le modèle simplifié complet (210) nous a fourni un modèle global « multiversel », au sens symbolique où, par holomorphisme dû à la croissance expansive par $n = 2^{N-1}$ une infinité théorique d'univers serait possible. Or, l'expérience Hypernoétique (noétisation du corps humain vers la Noéticanthropie), nous prouve qu'en fait, pour $\dot{n} = 16$ et $m = 0{,}75$, l'expansion symbolique holomorphe (mesures esthésiemétriques concernant le corps soumis à un tel **miracle**) a une fin lorsque l'Information noétique atteint le chiffre fabuleux ($\dot{n} = 16$; $m = 0{,}751$) :

$$\mathcal{C}_{2N} = k^2 E_{2N}^{-1} = 2{,}539.10^{53}$$

(en terme de courbure, phénoménalement exprimé en mètres puissance moins deux). En transformant cette courbure en dimension linéaire, on trouve environ $1{,}3.10^{23}$ kilomètres (voir (214)), dimension de notre Univers cosmologique !! On retrouve bien ainsi, le résultat astronomique de l'expansion universelle. Mais, le modèle « microcourbure » peut aussi être traité comme un module en-soi, non soumis à l'expansion holomorphique (symplectique-nouménal) par $\mathcal{N} = 16^{2\dot{n}m}$. C'est ce que je propose d'établir dans ce qui suit.

Le submicro-univers pulsionnel

Le modèle (210) est non linéaire ce qui montre que la valeur symbolique du rayon varie entre deux limites dûment calculées qui sont, rappelons-le : $R_0 = 7,7286.10^{-13}\,m$ $(\widetilde{T}_0 = 0)$ et le maximum $R^{(1)} = R_M = 4,83.10^{-12}\,m$ pour $\widetilde{T} = 1,618...10^{-20}$ seconde, d'où :

$$\boxed{\widetilde{T}_0 = \Phi.10^{-20}} \qquad (215)$$

La valeur $\widetilde{T}_0$ est ontologique primordiale. Les Nombre et Section d'Or qui « expriment » la « naissance » du fermion-électron, confère à l'électron la **stabilité** pérenne (« longévité » quasi infinie). Ainsi, le submicro-univers-électron est pulsionnel ce qui est à l'origine (ou en découle) du « rayonnement De Broglie » de longueur d'onde : $\lambda_B = 2,4263...$ picomètres. Tout « multivers » répondant à (210) est donc pulsionnel (expansionniste), et relève d'une longueur d'onde associée suite à la périodicité suite à l'expansion.

Considérons, maintenant, une surface de phase (dans le plan des phases), en pulsation autour d'un centre fictif O ; un point P_0 appartenant à cette surface effectue un mouvement de rotation autour de O,

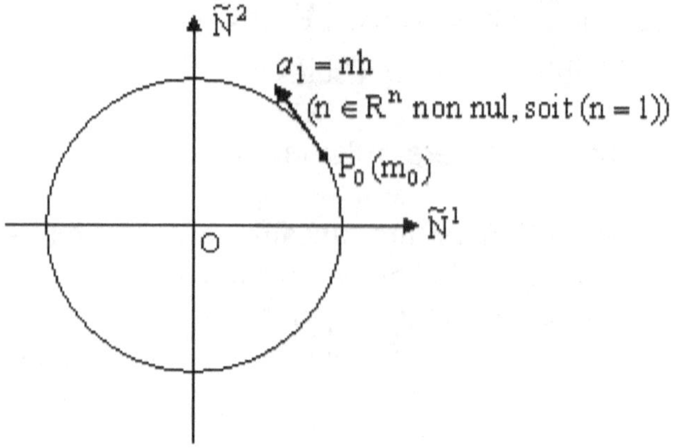

Figure 22

appartenant au référentiel présymplectique–pré–euclidien dans l'espace des phases pré–euclidien (masse propre quantique (NG) m_0) lorsqu'il est soumis à un vecteur–spin de moment angulaire de rotation S_φ ; P est alors l'image pseudo physique de O. C'est à partir de cette considération (voir Tomes I et II) que j'utilise les éléments de théorie spinorielle. C'est sur cette base que j'ai obtenu la formulation ((L130) Lexique II) :

$$\sum p_i = 4^{\dot{n}}$$

(mais complété par (L132) sous sa forme $\mathcal{N} = 16^{2\dot{n}m}$ qui donne, pour $\dot{n}$ en progression géométrique à partir de $\dot{n} = \frac{1}{2}$ avec $m = 0{,}5$ successivement :

$\sum p_i = 2\,;4\,;16\,;256\,;65536$ etc. L'action a est alors due à la masse m_0 (NG).

Considérons, maintenant la figure ci–dessous, uniquement pulsionnel « latéralement »

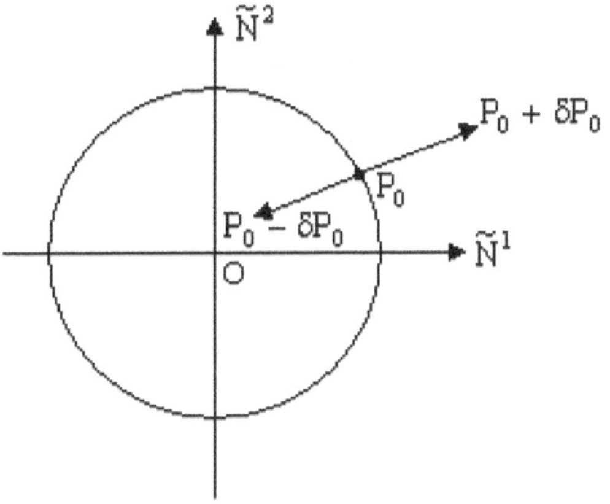

Figure 23

L'espace des phases pré–euclidien, devenu pulsionnel latéralement, annule la masse m_0 par :

$$P_0 + \delta P_0 - P_0 - \delta P_0 = 0$$

La résultante des deux contributions peut être représentée ci–contre par l'espace présymplectique total prenant en compte la contribution pulsatoire latérale, strictement symplectique.

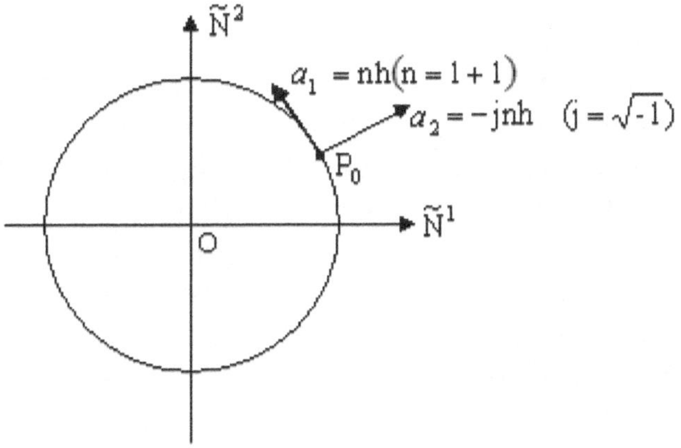

Figure 24

L'action a_1 est purement cinétique présymplectique NG et l'action a_2 « composée » symplectique–nouménal de nature électromagnétique, résumée par la relation (358) du Tome I :

$$S + P = 2^{N-1}\hbar = 2\pi^2 a \frac{1}{\sqrt{L^2+1}} \ln\frac{R}{R_0}$$

Le terme S + P désigne alors les contributions « spin + pulse » résumées par :

$$R = R_0 e^{2^{N-1}K} \qquad (216)$$

avec $n = 2^{N-1}$.
L'**action totale** (L127) :

$$f_z = q\,e$$

que l'on peut écrire sous la forme actionnelle (NG) $f_z = q\,h$, insiste sur l'interdépendance entre q et n puisque :

q = −n, −n+1, −n+2, …, n−1, n mais sans expliquer en quoi cette interdépendance consiste. Sans nous attarder dans des abstractions, j'admets simplement que l'« aspect–pulse », de nature électromagnétique contient l'Information nouménale n et symplectique par $-n\hbar$ et que l'aspect cinétique, de nature mécanique classique, « reçoit » l'Information $-n\hbar$ et la met en œuvre phénoménalement par $+n\hbar$. L'action a_1 représente, ainsi, l'électron classique (phénoménal – présymplectique NG) et a_2 l'action composée par la « flèche–pulse » $P_0 \pm \delta P_0$ (celle–ci étant de nature symplectique–nouménale).

C'est ainsi que l'application immédiate de ces modèles, a pour assise fondamentale l'établissement du modèle, de la **structure intrinsèque** des champs symplectiques de l'électromagnétisme subtil du Vivant et, en particulier, de l'homme. Cette structure, riche en enseignements, nous apprend que les rayonnements subtils **mesurés** de l'homme, par esthésiemétrie, sont régis par une structure **matériellement quantique**, base structurelle des atomes de base (H, O, N, C), en associations moléculaires à variétés infinies qui sont celles de la vie (acides aminés, protéines, ARN, ADN…). La structuration n'a été possible que parce que les ondes planes monochromatiques subtiles des champs symplectiques ont des états informatifs **efficaces** (donc devenus indépendants de l'« action–pulse » stricte $P_0 \pm dP_0$). Il s'agit des Champs morphogéniques et noogéniques de l'homme, au **nombre de sept**.

La dimension spatiale holomorphe symplectique–présymplectique est fonction de l'Information fusionnelle

Posons le rapport phasique $(v_\varphi > c_0)$

$$\varphi_W = \frac{v_\varphi}{c_0} \qquad (217)$$

si bien que la relation $-i\Gamma = \frac{-i}{\sqrt{\beta^2 - 1}}$ du §1, permet d'écrire avec (217) :

$$\varphi_p = \frac{1}{\sqrt{\beta^2 - 1}} \qquad (218)$$

avec $\beta = \frac{v_\varphi}{c_0}$ (219)

L'expérience esthésiemétrique m'a montré de manière indéfectible que le terme de phase impulsionnel décrit un « rapport étalement spectral » selon l'égalité :

$$\left|\frac{\Delta\tilde{\lambda}}{\tilde{\lambda}}\right| = \varphi_p \qquad (220)$$

où la « luminosité noétique » $L = \varphi_p^{-1} = \left|\frac{\tilde{\lambda}}{\Delta\tilde{\lambda}}\right|$ (221),

s'exprime alors par :

$$L^{-1} = \frac{1}{\sqrt{\beta^2 - 1}} \qquad (222)$$

Les Champs quantiques, d'après l'étude qui a été menée ci–dessus, montrent ainsi qu'ils deviennent **noétiques** grâce à la capacité fusionnelle des submicro–univers–électrons, capacité qui provient de leur **nature pulsionnelle**. Il existe ainsi une vitesse radiale « expansion–contraction » des champs noétiques, vitesse de phase radiale v_φ, de sorte que :

$$\beta = \frac{1}{c_0}\frac{dR}{d\tau} \qquad (223)$$

Il en découle :

$$\left|L^{-1}\right| = \frac{1}{\sqrt{\frac{1}{c_0^2}\left(\frac{dR}{d\tau}\right)^2 - 1}} \qquad (224),$$

dont on déduit :

$$d\tau = \frac{1}{c_0} dR \frac{1}{\sqrt{L^2 + 1}} \qquad (225)$$

En écrivant $\frac{1}{c_0} \frac{dR}{d\tau} = \sqrt{L^2 + 1}$ (226),

l'on constate que l'on retrouve le modèle simplifié du submicro–univers–électron par équivalence d'écriture avec (190) où :

$$L = \left(D^2 R^2 + \left(A^2 - C^2\right) R^{-2} - B^2 R^{-4}\right)^{1/2} \qquad (227).$$

La Fusion symplectique Temps–Espace, par principe, est aussi sous l'égide de quantification mais différentes de celles du phénoménal ; puisque $\beta^2_{min} = 2$ soit $v_{min} = c_0\sqrt{2}$, les deux théories de la relativité ne peuvent pas s'appliquer à l'involution (la théorie fusionnelle E←T les rend incompatibles avec ABSOLU). Par contre, en référentiel pré–euclidien, nous sommes à la frontière « ultime » où le phénoménal est « en voie » de disparition au profit du présymplectique qui apparaît. J'admets qu'il y a « préfusion » espace–temps, en même temps que quantification par constante de Planck.

Elle est basée, d'abord sur un principe **actionnel** quantique dont le paramètre initial, fondamental et naturel est la constante **universelle** de Planck, exprimée par :

$$\hbar = \frac{h}{2\pi} \text{ avec } h = 6{,}6260755.10^{-34} \text{ J.s}$$

Il s'agit d'une énergie × temps (action). En chaque point M de l'espace-temps symplectique frontalier du tenseur

$G_{\mu\nu}$, la quantification est déterminée par la quantité : $\pm \nu h$, ν ayant la valeur maximum possible 1. Pour $\nu = 1$, et dans le volume infinitésimal V_0 (non nul !) entourant M, (puisque submicro-univers) il existe une **densité d'action** primordiale :

$$\boldsymbol{a}_M = \left(\frac{\pm \nu h}{V_0}\right)_M \qquad (228)$$

Fondamentalement, ce terme d'action est traduit (cf. Tome II, physique noétique) avec le dalembertien :

$$\Box \boldsymbol{a} + L_1^{-2} \boldsymbol{a} = 0 \qquad (229)$$

avec, au point M (cf. Tome II, op. cit.) :

$\mathcal{R} - 4\mathbb{K} = L_1^{-2}$, de la forme dimensionnelle :

$$\Box\ \boldsymbol{a} + \frac{c_0^3 \boldsymbol{a}}{\nu \hbar \mathcal{G}} = 0 \qquad (230)$$

avec $\nu_{max} = 1$. $\mathcal{G}$ étant la constante de gravitation de Newton. En mécanique quantique, la quantification, fonctionnellement « affirmée » par la constante de Planck, est, en fait, illustrée par le **nombre de spin (s)**. Ainsi, toute particule est en « instance » (spinnée par $\frac{1}{2}n$) actionnelle par la grandeur $n\hbar = n\frac{h}{2\pi}$, n étant un entier quelconque. En fait, en physique classique, l'énergie totale d'un système est définie par :

$W_T = E_c + E_P$, E_c et E_P désignant respectivement : énergie cinétique et énergie potentielle. On retrouve la configuration « dérivée » du système classique en quantique, en faisant correspondre E_c à l'action $\mathfrak{S} = s\ \hbar$ et E_P à l'action $\mathcal{P} = p\ \hbar$. Si bien que l'action quantique totale s'écrit :

$$\mathfrak{S} + \mathcal{P} = E_T \int_0^{\tilde{T}} d\tau \qquad (231),$$

E_T étant l'énergie quantique totale. Pour ce qui est du référentiel pré–euclidien :

$$\mathfrak{S} = s\hbar = \pm\frac{1}{2}\hbar$$

représente l'action cinétique présymplectique, « constructrice » du submicro–univers spatial–électron et

$$\mathcal{P} = p\hbar = \pm\frac{1}{2}\hbar$$

représente l'action « pulsatoire » du submicro-univers complexe dans le référentiel présymplectique et c'est ce qui est représenté, dans les deux référentiels phénoménal et symplectique, par la fonction ondulatoire Ψ. Or, celle-ci désigne, dans le présymplectique, la fonction exclusivement fusionnelle informative représentée par la pulsation $\mathcal{P} = p\hbar = \pm\frac{1}{2}\hbar$.

Dans ce dernier cas, l'aboutissement fusionnel immédiat donne l'hélicité du photon : $\{1, 0 -1\}$.

Dans le cas de l'électron et consécutivement à (231), le spin originel est la résultante des deux actions :

$$\pm\,½\nu\hbar\ \text{(cinétique)} \pm ½\nu\hbar\ \text{(pulsatoire)}.$$

Nous avons ainsi :

$$\mathbb{S} + \mathcal{P} = (s + p)\hbar \qquad (232)$$

Avec :

$$|s| = |p| = \frac{1}{2},$$

on écrit :

$$s + p = n\ \hbar \qquad (233)$$

A l'équilibre énergétique :

$$E_p = -E_c \qquad (234)$$

D'où :

$$\mathbb{S} + \mathcal{P} = -\ E_p \int_0^{\tilde{T}} d\tau \qquad (235)$$

Deux types d'Informations apparaissent : celle qui est liée à l'amorce « constructrice » (énergie de translation entre l'électron $\mu_e c_0^2$ (NG) et son submicro–univers associé : $\frac{1}{2}\mu_e c_0^2$ (NG) et celle qui est liée à l'énergie ondulatoire associée mais qui nous occupe ici au sens de l'énergie potentielle E_p interne, de nature électromagnétique, du submicro–univers. Le volume riemannien de ce dernier vaut : $2\pi^2R^3$, si R est le rayon symplectique du submicro–univers. Avec (162), à savoir, rappelons–le :

$$\rho_{EM} = \frac{ac_0^2}{R^4} \quad \text{et} \quad \rho = \frac{b}{R^3},$$

les énergies respectives associées à ces deux densités de nature électromagnétique et cinétique s'écrivent alors :

$$2\pi^2 R^3 \frac{ac_0^2}{R^4} \text{ et } 2\pi^2 R^3 \frac{bc_0^2}{R^3}.$$

L'énergie ondulatoire à privilégier s'exprime donc par :

$$E_p = 2\pi^2 R^3 \frac{ac_0^2}{R^4} = 2\pi^2 \frac{ac_0^2}{R} \qquad (236),$$

a étant un terme d'action magnétique déterminé au tome I de physique noétique. Avec (235), soit (232) :

$$\mathfrak{S} + \mathcal{P} = (s + p)\hbar,$$

on écrit avec (235) et $\mathfrak{S} + \mathcal{P} = \int_{(R)} \frac{2\pi^2 c_0 a}{R} d\tau$

avec (225) :

$$\mathfrak{S} + \mathcal{P} = 2\pi^2 c_0 a \int_{(R)} \frac{1}{R} \frac{1}{c_0} \frac{1}{\sqrt{L^2 + 1}} dR$$

soit :

$$\mathfrak{S} + \mathcal{P} = 2\pi^2 \frac{a}{\sqrt{L^2 + 1}} \int_{(R)} \frac{dR}{R} \qquad (237)$$

Finalement, avec (233), il vient :

$$n\hbar = 2\pi^2 \frac{a}{\sqrt{L^2 + 1}} \ln \frac{R}{R_0}$$

d'où l'on tire :

$$\boxed{R = R_0 \exp \frac{2^{N-1} \hbar.\sqrt{L^2 + 1}}{2\pi^2 a}} \qquad (238)$$

On pose :

$$K = \frac{\hbar\sqrt{L^2 + 1}}{2\pi^2 a} \qquad (239)$$

Il me faut, maintenant, définir le facteur de luminosité L et fournir sa valeur moyenne. Sur le plan de la physique ondulatoire, toute source électromagnétique émettrice, tout récepteur, accordés harmoniquement possèdent outre leur **résonance** (plus ou moins aiguë), une « luminosité » (ou **facteur de qualité** pour employer des mots plus usuels) définie par le rapport utilisé $\widetilde{\lambda}_0/\Delta\widetilde{\lambda}$, entre la longueur d'onde de résonance et sa bande de transmission d'énergie $\Delta\widetilde{\lambda}$ (égale aussi au rapport des fréquences $\widetilde{f}_0/\Delta f$). Il apparaît d'emblée que le rapport $\hbar/a$ égale au rapport :

$$1{,}05457266.10^{-34}\,\mathrm{J.s}/2{,}21523.10^{-34}\,\mathrm{J.s}$$

(cf. Tome I) soit environ 0,476. Le rapport R/R_0 est minimum pour $N = 0$ $(n = ½)$. D'où :

$$e^{0,5\sqrt{L^2+1}\times 0,476/2\pi^2} \approx e^{0,012\sqrt{L^2+1}}$$

En admettant $L = 0$, le rapport des rayons $R/R_0 \approx 1{,}01213$. De fait, de nombreuses mesures ont fourni pour L la valeur complexe $L = \frac{1+j}{\sqrt{2}}$ (pour $\{n = ½ ; N = 0\}$, non fusionnel).

L'Information symplectique de la matière vivante non Grave

La « situation $N = 0$ » est celle de la matière inerte « brute », sans évolution fusionnelle. Le « passage » par la Mutation référentielle introduit la transformation suivante : dans (240), le rapport : $\hbar/2\pi^2 a$ doit être remplacé par : $\hbar/2\pi^2 \overline{A_M}$. Or $\hbar/\overline{A_M} = \hbar/\hbar\mathbf{C}^{1/2} = \mathbf{C}^{-1/2}$. D'où la nouvelle valeur de K pour tout $N > 0$ {1 ; 2 ; … ; 5} [Rappel : $\mathbf{C} = c_0^2 \tilde{u}_0^{-2}$] :

$$K = \mathbf{C}^{-1/2} \sqrt{L^2 + 1} \qquad (240).$$

A partir de la Fusion temps → Espace pour $N = 1$ soit $n = 1$, les mesures attestent d'une augmentation soudaine et considérable de la **luminosité noétique** qui acquiert une valeur fluctuant très peu et environ égale à $\mathbf{L = 2{,}2883.10^5}$. On déduit ainsi :

$$K = (299792458)^{-1} \times 2{,}2883.10^5$$

soit $K = 7{,}633.10^{-4}$

D'où la formulation pratique informative noétique :

$$\boxed{R = R_0 e^{2^{N-1} K}} \qquad (241)$$

L'énergie noétique symplectique–nouménale (cf. Tome I de physique noétique) peut s'exprimer par :

$$E_q = \frac{\overline{A_M} c_0 \mathcal{V}_0}{R^4} \quad (242),$$

avec $\mathcal{V}_0 = \frac{4}{3}\pi R_0^3$

$$E_q = \frac{4}{3}\pi \overline{A_M} c_0 \frac{R_0^3}{R^4} \quad (243)$$

Mais, puisque :

$$e^{2^{N-1}K} = \frac{R}{R_0}, \quad (244)$$

d'où : $$\left(\frac{R_0}{R}\right)^3 = e^{-3nK} \quad (245),$$

l'énergie quantique s'écrit :

$$E_q = \frac{4}{3}\pi \overline{A_M} c_0 e^{-3nK} \frac{1}{R} \quad \left(n = 2^{N-1}\right) \quad (246)$$

d'où, avec (245) :

$$E_q = \frac{4}{3}\pi \overline{A_M} c_0 \frac{e^{-3nK}}{R_0 e^{nK}}$$, et avec :

$$E_{q0} = \frac{4\pi \overline{A_M} c_0}{3R_0} \quad (247)$$

on obtient finalement :

$$\boxed{\frac{E_q}{E_{q0}} = e^{-4nK}} \qquad (248).$$

On pose maintenant : $I_{q0} = (E_{q0})^{-1} = (E'_{20})^{-1} = \mathcal{M}_0$

ainsi que : $(I_q = E'_2)^{-1} = \mathcal{M}$

Écrivons, maintenant :

$$\mathcal{C}_0 = k^2 \mathcal{M}_0 \text{ et } \mathcal{C} = k^2 \mathcal{M}$$

On obtient :

$$\boxed{\mathcal{C} = \mathcal{C}_0 e^{4nK}} \qquad (249)$$

L'Information noétique de la matière croît avec le nombre de fusion n nouménal.

Nous avions déjà obtenu :

$E'_{20} = 4{,}09338.10^{-14}\,\text{J}$ (0,2555 MeV) d'où :

$$\mathcal{C}_0 = 1{,}16465.10^{11} \times (4{,}0935566.10^{-14})^{-1}$$

$$\mathcal{C}_0 = 2{,}845.10^{24}\,\text{m}^{-2}$$

Le tableau d'évolution selon (249) est exposé ci–dessous à partir de la première Fusion électromagnétique $n = 1$

$n=1: \quad \mathcal{C}/\mathcal{C}_0 = 1{,}003054$

$n=2: \quad \mathcal{C}/\mathcal{C}_0 = 1{,}006118$

$n=4: \quad \mathcal{C}/\mathcal{C}_0 = 1{,}012272$

$n=8: \quad \mathcal{C}/\mathcal{C}_0 = 1{,}024695$

$n=16: \quad \mathcal{C}/\mathcal{C}_0 = 1{,}05$

L'Information symplectique $\mathcal{C}$ croît très faiblement avec le nombre de fusion : ce n'est qu'à partir de $n=16$, que l'accroissement informatif « démarre » véritablement, alors qu'en fait, cet ordre de fusion (16) ne semble pas pouvoir être dépassé actuellement. Il semble donc acquis que la matière en tant que telle ne soit pas destinée, de manière autogène, à acquérir des états de « conscience ». Le niveau $n=1$ qui est celui de la « fusion » photonique semble le montrer.

En fait, la matière (phénoménale) vivante (à partir de $n=2$) est totalement tributaire de l'amplification holomorphe noétique se produisant dans le Non Grave symplectique par :

$$\boldsymbol{\mathcal{N}} = \beta^2 - 1 = 16^{2\dot{n}m}$$

mais… cela semble exclusivement lié au cerveau de l'Homme à partir de $\beta^2 = 256$. C'est cela qui explique la Noéticanthropie par l'holomorphisme $\mathcal{C}_H$ tel que :

$$\boxed{\mathcal{C}_H = \boldsymbol{\mathcal{N}}\mathcal{C}_0 e^{4\dot{n}K}} \qquad (250)$$

Exemple, pour $n=16$; $m=0{,}5$:

$$\mathcal{C} = \mathcal{C}_0 e^{nK} = 1{,}05 \times 2{,}845.10^{24}\,m^{-2} \;;$$

$$\boldsymbol{\mathcal{N}}_{16} = 16^{16} = 1{,}8446744.10^{19},$$

d'où :

$$\mathcal{C}_H = 1{,}8446744.10^{19} \times 1{,}05 \times 2{,}845.10^{24}\,\text{m}^{-2}\ :$$

$$\mathcal{C}_H = 5{,}51.10^{43}\,\text{m}^{-2},$$

Information nouménale–symplectique du début de la « genèse » noéticanthropique.

Structuration noétique de l'Homme : la Mutation de la Vie

Reprenons les deux équations (249) soit : $\mathcal{C} = \mathcal{C}_0 e^{4nK}$ et (L132 ; Lexique II) soit $\boldsymbol{\mathcal{N}} = 16^{2\dot{n}m}$.

La première exprime l'Information noétique **intrinsèque** de l'électron puis des bosons sous leur forme symbolique en expansion holomorphe. Nous verrons, dans la deuxième partie, que cette propriété peut être étendue aux neurones du système nerveux de la créature humaine moyennant certaines hypothèses justifiées théoriquement et validées par esthésiemétrie.

Pour $n = 1$, le photon a « accru » sa « matérialité informative » de 0,3% environ. Pour le boson-graviton $n = 2$, la structuration suprême de la vie incarnée est d'environ 0,61% ce qui correspond aussi à une « involution cellulaire » de même pourcentage. Les bosons les plus noétisés ($n = 16$) ne font pas partie de l'ontologie de l'Univers : ils « appartiennent » à la Noéticanthropie : l'accroissement devient notable : 5% et l'involution cellulaire, dûment constatée d'autant (hémogramme biologique). Pour $\dot{n} = 32$, par exemple, le calcul (par (249)) fournit plus de 10,26%, ce qui correspond à une involution non viable pour les cellules du corps humain noétisé. [Retenons : pour l'Homme (et la Femme) incarnant la Chaîne Noétique, la perte de poids corporelle s'élève à environ 5% ($\dot{n}=16$), ce qui semble justifier une conjecture « quantification » macroscopique puisque noétisation des cellules il y a.

La formulation (L132) est **exclusivement** subtile et ne concerne pas intrinsèquement, donc non « matériellement » a priori, le corps humain. Mais l'organisme est bien « destiné » à incarner ce que je nomme CHAÎNE NOÉTIQUE dans les plexiformes et le cerveau, le « champ $\mathcal{N}$ ». Dans le cas de la Noéticanthropie totalement incarnée, le calcul fournit :

$$\boxed{\mathcal{C}_H = 16^{2\dot{n}m} \cdot \mathcal{C}_0 e^{4\dot{n}K}} \quad (251),$$

avec $\dot{n}=16$; $0{,}75$; $\mathcal{C}_0 = 2{,}845.10^{24}\,m^{-2}d^{-2}$, $K = 7{,}633.10^{-4}$, on obtient :

$$\mathcal{C}_H = \mathbf{2{,}36674.10^{53}},$$

valeur quasi infinie, confirmée par la mesure esthésiemétrique mais qui fournit $2{,}539.10^{53}$, Information la plus élevée possible de la Vie dans l'Univers. Les calculs et observations montrent, cependant, que, pendant des années, au cours de l'incarnation de la Chaîne noétique, (251) doit s'écrire avec les nombres de fusion électromagnétiques respectifs égaux à $n_1 = 16$ (dans la première partie de la formulation) et $n_2 = 2$ dans la deuxième partie de celle-ci, la quantification (partielle dans le corps humain) par $n = 4;8;16$ établissent pour cette dernière valeur l'Incarnation totale ; il semble que l'ossature et des organes tels la peau et le système veineux ne parviennent pas, dans l'évolution actuelle, à la valeur limite $n = 16$. Quoi qu'il en soit, l'expression (251) exprime la **Mutation de l'Homme** : elle représente ainsi, la plus grande révolution de l'Univers, **sa propre Finalité**.

Deuxième partie

L'hypernoétique plexiforme

Chez l'Homme réalisé

Introduction

La grande révolution

De la catastrophe conceptuelle à la Révolution intérieure

La « catastrophe » conceptuelle que la mécanique quantique est venue introduire dans la vision que nous avions de l'Univers a entraîné la Révolution conceptuelle la plus extraordinaire de tous les temps. On admettra, d'ici un terme vraisemblablement assez lointain, que ce que nos sociétés humaines ont appelé **révolutions** (sociale, philosophique, technique, religieuse…) n'auront été qu'ersatz, eussent-ils été nécessaires, en comparaison avec la Révolution des esprits qu'un proche avenir imposera progressivement.

Depuis près de huit millénaires, l'émergence du sapiens en contemporanéité n'a connu qu'un seul vecteur majoritairement influent : le « veau d'or », en termes d'aujourd'hui : consumérisme, produire toujours davantage par l'accroissement des richesses afin de toujours consommer plus. On remarquera que la racine latine consumere signifie détruire. Cette même racine est aussi celle des adjectifs formés avec le verbe **consommer** (consomptible, consomption qui signifient littéralement anéantissement, destruction). Donc, accroître les richesses par la consommation est le comble d'un matérialisme aveugle. Or, l'économie mondiale impose sa férule : la « pauvreté », non seulement ne saurait tolérer la misère (ce qui est d'une légitimité évidente) mais n'accepterait nullement une austérité équilibrée qui saurait faire la différence entre **nécessaire** et **accessoire**. C'est ainsi que nos sociétés consuméristes, par crises économiques multiples disparaîtront pour permettre l'émergence de sociétés humaines à base d'Hommes ayant intégré une « révolution » intrinsèquement **intérieure**. Cette intégration ne pouvant nullement se produire sans une approche résolument neuve et encore inconnue de la perception du Sens de l'Univers, de la vie et de la frêle créature qu'est chacun de nous, force est d'accéder à une base conceptuelle résolument rénovée qu'aucune philosophie ni religion n'ont jamais su bâtir même si l'« esprit religieux » non dévoyé en a toujours évoqué des « traces ». Ces « traces » se résument en un seul mot : **transcendance**. Elle s'est affirmée, progressivement et précisément, depuis près de huit mille ans. L'évolution naturelle de l'homo sapiens nous a conduits à la transcendance. La finalité conséquente à celle-ci c'est de ne pas se contenter de « rester au pied de la montagne ». Tout conquérant en herbe commence par se mesurer avec la montagne et de la gravir. Tout « aspirant » à la Vie ne peut pas se satisfaire de « révélations » gratuites d'ordre soi-disant divin sans en avoir éprouvé la possibilité ou non de les intégrer afin de découvrir le Sens et la Finalité de cet intense « Mémorial » invisible mais qui n'a cessé de talonner l'incomplétude existentielle individuelle et de l'interpeller sans relâche : QUI SUIS-je ? Car, TOUT revient en fin de compte, à « se découvrir » sans se contenter de ses talents existentiels.

J'affirme que, à travers l'« expérience-E.P.R. », fondement finaliste de la mécanique quantique et exposée simplement dès le début de la première Partie, au-delà de ce que j'appelle (sans la moindre exagération) : catastrophe conceptuelle du monde, se blottit le « marche-pied » qui conduit au RÉEL, à la Finalité universelle. Rappelons, en quelques mots : deux photons-jumeaux s'éloignant l'un de l'autre, doivent être considérés comme temporellement et spatialement inséparables, donc « collés » l'un à l'autre. Même séparés par des milliards de milliard de kilomètres, ils restent « réunis ». Il en va de même de toutes les « particules » quantiques. Ainsi, de l'électron, base, avec le proton, de toute constitution atomique, donc de la matière. Qu'est-ce que cela signifie ? Tout simplement que la matière contient, ontologiquement, intrinsèquement en elle-même, le grand secret de la transcendance que l'homme aimerait considérer « spirituelle » : ce que j'appelle **Fusion Espace←temps**. La physique noétique que j'ai créée est née de ce concept que j'ai, théoriquement modélisé au point qu'il est devenu clair qu'il s'agit de la découverte la plus fastueuse de tous les temps. Très au-delà d'un chatoiement intellectuel, si brillant qu'il puisse paraître, c'est de chacun de nous qu'il s'agit. Au-delà du concept intellectuel en lui-même, le Hors Temps-Espace **nous concerne**. Comment ? Cette deuxième Partie voudrait y répondre, a pour « **mission** » d'y répondre. En fournissant, révélée pour la première fois, la **TRANSCENDANCE vécue** comme possibilité, nécessairement, dans le droit fil du Sens universel, comme « obligation », au même sens que toute créature est dans l'obligation d'absorber de la nourriture pour exister ou de respirer l'air dont nos poumons ne peuvent pas se passer. En se séparant spatiotemporellement (physiquement) pratiquement jusqu'à l'infini, deux photons-jumeaux, deux électrons appariés par leurs spins, restent réunis « subtilement ». **Inséparables** donc, en fait. Il s'agit, ainsi, d'une **propriété générale de la matière** que le matérialisme vulgaire récuse mais que la mécanique quantique expose et que la physique noétique prouve. Des observations et investigations poussées ont constaté – à titre anecdotique mais révélateur, et a posteriori – qu'une catastrophe tellurique en début de développement (séisme et tsunami) est toujours appréhendé par les animaux sauvages (migration de poissons au large des côtes, comportements inhabituels d'éléphants et autres mammifères) qui, avertis **a priori** dans le temps de la manifestation tellurique, essaient de se soustraire au danger. Pour ce qui nous concerne, la Finalité de nos existences n'est pas seulement d'éprouver des « approches » à l'image de l'inconscient animal mais d'intégrer dans la CONSCIENCE de l'ABSOLU – bien au-delà de la conscience psychologiquement limbique – la Finalité Hors-Temps-Espace de notre vie lorsque... son terme arrive. Non pas au cours d'un rituel religieux, dans l'incertaine croyance, l'improbable espoir en un dieu qui nous inviterait à trôner (où ?) à sa gauche ou à sa droite, mais dans la CONSCIENCE du RÉEL qui échappe, en grande partie, au mental discursif. Hors-Temps-Espace, deux photons jumeaux éloignés par l'espace-temps l'un de l'autre sont UNIS. En, extrapolant à l'extrême, deux créatures humaines RÉALISÉES éloignées l'une de l'autre, vivant, concomitamment, les deux référentiels espace-temps et Fusion E←T simultanément, sont UNIES. Lorsque leur relation est AMOUR (hors affect), elles sont en **Communion**.

La Fusion espace-temps, une nouvelle fois, a été exposée, le plus complètement possible, dans sa diversité la plus développée, au cours de la première partie, en prenant la mécanique quantique « à témoin » (mes propos dussent-ils encolérer le classique « gardien du temple »). La physique noétique explique le « secret subtil » rationnellement. Ce qu'il convient d'en retenir, c'est que, in fine, la Fusion E←T ne relève plus exactement de la physique (puisque nous dissertons en « hors-matière ») car les unités de la dimension habituelle (mètre, seconde, kilogramme, énergie, etc.) n'existent plus. Comment formaliser alors ? Par la mathématique pure. Les outils peuvent être complexes (algèbres spéciales, telle celles de la commutativité et de la non commutativité, calcul tensoriel au cours de la Fusion électromagnétique et de sa solution géodésique convolinvolutivement symplectique...) m ais leur solution finale commune est « impérialement » simple : le Cardinalat gémellaire basé sur le Nombre d'Or et sa Section dorée. Plus de dix années passées et penchées sur des milliers d'équations, de longues méditations en solitaire, parfois durant des semaines et des mois, sans « y toucher », m'ont appris sortilège et florilège : sortilège de l'espace-temps de l'univers matériel, celui dans lequel nous sommes éclos, nous nous sommes développés, nous avons appris à souffrir dans le but d'appréhender la **compréhension** des épreuves et nécessaires de ce monde, florilège enfin, de découvrir, par la compréhension, une autre dimension, majestueuse dans son involution extrême, le Hors-Temps-Espace de ce qui, non point **existe**, mais CE QUI EST. L'Impérialité de l'ABSOLU, non plus soumis à la relativité de l'espace-temps, INCRÉÉ/PRÉSENT-CONTINU, **sans commencement ni fin**. Et la découverte, fastueuse entre toutes que notre Destin encore inconnu de la quasi-totalité de l'humanité, c'est la Royauté du **Médiateur** que nous sommes en puissance, entre Matière et Esprit, ESPRIT étant l'ensemble des dénominations esquissées (ABSOLU ; INCRÉÉ ; PRÉSENT-CONTINU). A condition de « mettre en route » la prodigieuse (et pourtant infiniment simple) **alchimie** dans notre organisme d'homme et de femme afin qu'il en émerge, les derniers instants de notre incarnation venus, non plus l'espoir dans la douloureuse incertitude mais la splendide certitude de la Vie une et continue, certitude, précisément parce que, bien des années avant, l'homme contingent, à force d'avoir arpenté son ignorance, s'Éveilla au Médiateur-Créateur transmutant son existence en VIE. A quiconque m'opposerait, goguenard et désabusé, que la dramaturgie cultivée des conflits qui ensanglantent de plus en plus notre planète, ne semble pas aller dans le sens qui peut paraître édénique (et, en fait, qui ne l'est pas !) tel qu'il semble s'exprimer sous ma plume, je le convierais volontiers à démontrer le théorème suivant :

« Le vaste univers, les galaxies, soleils et systèmes planétaires sont nés et se sont structurés par le conflit. Notre Terre, la vie qu'elle abrite est née du conflit, s'est diversifiée et organisée par le conflit. L'homme contingent est né du conflit, comme l'Univers. C'est par l'extinction de l'espace-temps dans une partie de ses neurones et de ses plexiformes organiques qu'il éteindra ses conflits, envers lui-même et les autres.

Pour la première fois dans l'histoire de l'Univers, le conflit, cette donnée fondamentale de la structuration de l'inerte et du vivant jusqu'à l'homme, va disparaître avec l'Homme ».

L'Homme, issu du Miracle de la Noétisation de ses cellules par Fusion Espace←Temps, par définition, entre dans les « réalités éternelles » en éteignant le CONFLIT en lui. Aucun décret politique, aucune exhortation spiritualiste ou autre ne saurait avoir raison de cette imposture humaine qui éteindra notre espèce si elle continue à l'amplifier.

Nul ne pourra démontrer ce théorème à l'autre.

Mais, pour VIVRE il devra le démontrer à lui-même, en lui-même.

Car DIEU-EN-SOI est à ce prix.

1

La connexion Fusion Espace-Temps déployé

Bases mathématiques fondamentales de la structuration de la matière et de la vie génotypique

Retour au dodécaèdre-numen

Après avoir étudié, non sans pénétration, la Fusion Espace←temps et montré la perfection du Cardinalat gémellaire $\mathfrak{C} = 1^{**}$ (perfection liée, pour le moins en partie, à la simplicité de sa formulation), en prenant « à témoin » la mécanique quantique et comme support la physique noétique, il n'est pas inutile de rappeler (cf. 1ère partie) comment la structure géométrique très particulière de la Fusion E←T, par le dodécaèdre s'est révélée « magicienne » puis numen (cf. §4 : « La catastrophe conceptuelle initiée par la mécanique quantique revoir en particulier les figures 13). En effet, le diamètre de la sphère riemannienne dans laquelle se trouve inscrit tout décaèdre puisque ses vingt sommets sont lieux géométriques de la sphère, est démontré égal au Nombre cardinal $\mathfrak{C} = 1^{**}$. Or, ce Nombre de « nature-aleph » (au sens de la théorie des transfinis), nous l'avons vu, je dois lui attribuer la connotation accomplie d'ABSOLU, donc l'accomplissement du Sens, dans la perfection de toute dimension numérique sans la moindre indétermination (ou incertitude). Je rappelle, ainsi que le « dodécaèdre-numensphère de Riemann » doit impérativement être considéré Hors Temps-Espace, base ontologique de ESPRIT. Le Cardinalat $\mathfrak{C}$, comme je l'ai répété et rappelé à de nombreuses reprises est le résultat des Nombre d'Or Φ et Section dorée $-\Phi^{-1}$, **perfection-INCRÉÉ**.

De l'Incréé à la Dynamique créatrice ou : de la Perfection dorée à l'« Imperfection » fibonacienne de la « génération du Créé »

Le paragraphe suivant va apporter toute réponse démontrée à l'affirmation de l'imperfection nécessaire de la génération numérique qui « tend à aboutir » (mais qui se trouve mathématiquement « condamnée » à ne pouvoir y parvenir) à la morphologie matérielle et incarnée du CRÉÉ, donc dans l'espace-temps. De ce fait, nous allons étudier quelques quasi-cristaux, quelques végétaux, implantation des feuilles le long d'une tige, fleurs et graines de tournesol. Mais je m'arrêterai surtout à la particularité du cytosquelette des neurones des mammifères, donc de l'homme et chercherai s'il y a un « mythe-dodécaédrique » en guise de symbole qui pourrait leur être attribué. Dans mes ouvrages précédents, à partir de « N'-Théorie » j'ai systématiquement retracé cette voie d'accès au Sens universel en postulant à bon escient que l'apparente modestie de cette voie ouvrait la recherche du Graal véritable à la fabuleuse conjecture-ESPRIT, **totalement renouvelée** (cf. « La Grande Unité de l'Univers Matière-Esprit révélée par la physique », J. S. Publibook 2009).

Voici quelques échantillons introducteurs à cette quête.

L'émergence de la matière inerte

La cristallographie est la discipline de la physique qui étudie les structures cristallines de la matière, i.e. les structures atomiquement ordonnées en figures géométriques simples. Parmi les plus simples, figurent la **cristallisation cubique** (exemple : chlorure de sodium ClNa)

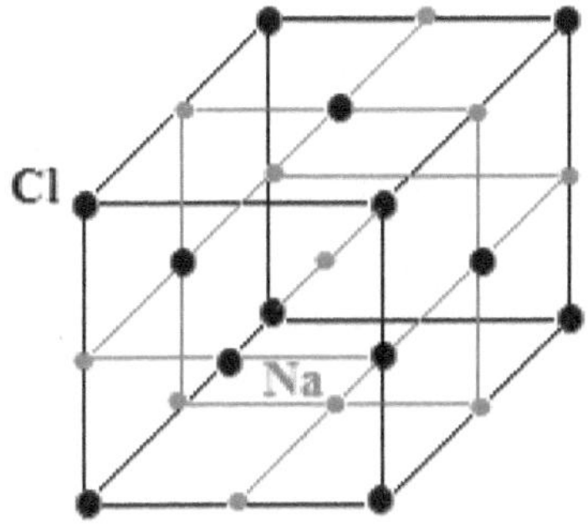

Figure 25

Une telle cristallisation forme un réseau composé de « mailles » (ici cubiques) sur lesquelles sont représentés les atomes bleus (chlore Cl) sur les sommets du cube et les atomes rouges (sodium Na) sur les arêtes et au milieu du cube. Dans une juxtaposition de ces cubes à l'infini (spatial), il y a autant de Cl que de Na. Question fondamentale : la structure cubique recèle-t-elle le Nombre d'Or, donc le Cardinalat gémellaire pour le dodécaèdre ? La réponse, facile à vérifier, c'est non. Mais… Revenons, précisément au dodécaèdre (figures 5 ; 11 et 13) et posons-nous la question : un cube peut-il s'inscrire dans un dodécaèdre, les huit sommets du cube coïncidant avec huit des vingt sommets du dodécaèdre ? Essayons, d'abord, la validité ou non de cette question à l'aide d'un système bidimensionnel.

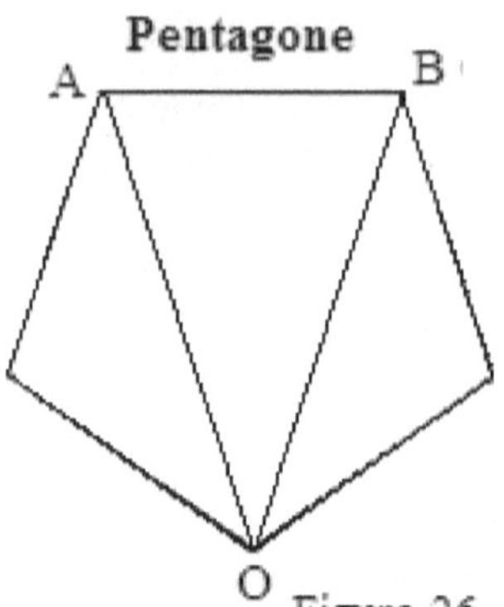

Figure 26

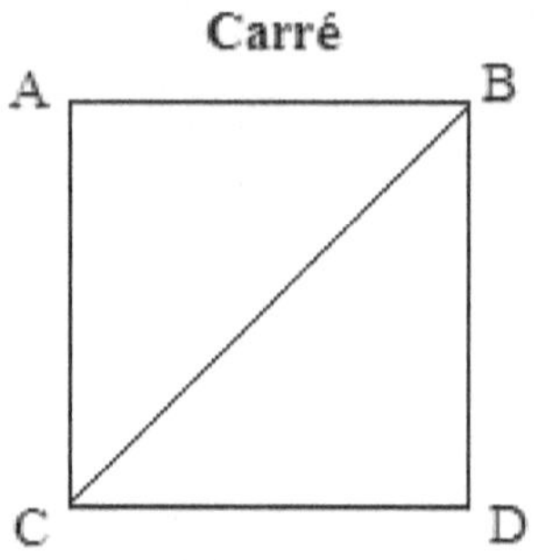

Figure 27

On sait que sur la figure 26 (cf. Fig : 4) :

$$\frac{\overline{OB}}{\overline{AB}} = \Phi = \frac{1}{2}\left(1+\sqrt{5}\right),$$

d'où

$$-\frac{\overline{AB}}{\overline{OB}} = -\frac{1}{\Phi} = \frac{1}{2}\left(1-\sqrt{5}\right)$$

Écrivons la somme algébrique : $\Phi - \Phi^{-1}$ et calculons les rapports associés soit : $\frac{1}{2}\left(1+\sqrt{5}\right)+\frac{1}{2}\left(1-\sqrt{5}\right)=1$.
On retrouve ainsi le Cardinalat : $\Phi - \Phi^{-1} = 1$ * *
En multipliant tout par Φ, on retrouve le polynôme doré arrêté à l'ordre 2 :

$$\Phi^2 - \Phi - 1 = 0.$$

Étudions rapidement, maintenant, la figure 27, soit :

$$\frac{\overline{BC}}{\overline{AB}} = \frac{\overline{BC}}{\overline{AC}} = \ldots = \sqrt{2}.$$

Faisons :

$$\frac{\overline{BC}}{\overline{AB}} + \frac{\overline{AB}}{\overline{AB}} = \sqrt{2} + 1$$

Faisons maintenant :

$$-\frac{1}{\dfrac{\overline{BC}}{\overline{AB}} + \dfrac{\overline{AB}}{\overline{AB}}} = \frac{-1}{\sqrt{2} + 1}$$

Or, ce rapport est égal à $1 - \sqrt{2} < 0$.

Posons a priori :

$\lambda_1 = \sqrt{2} + 1$ et $\lambda_2 = 1 - \sqrt{2}$, leur somme algébrique fournit :

$$\lambda_1 + \lambda_2 = 2$$

avec $\lambda_2 = -\lambda_1^{-1}$,

d'où :

$$\left(1 + \sqrt{2}\right) - \frac{1}{1 + \sqrt{2}} = 1 + \sqrt{2} - \left(\frac{1 - \sqrt{2}}{-1}\right) = 2.$$

En faisant :

$$\lambda_1 - \lambda_1^{-1} = 2$$

et en multipliant tout par λ, on obtient : avec : $\lambda_1 = \lambda$:

$$\boxed{\lambda^2 - 2\lambda - 1 = 0}$$

que j'appelle **équation caractéristique** du carré au même titre que $\Phi^2 - \Phi - 1 = 0$ est l'**équation caractéristique (dorée)** du pentagone. En généralisant par $\lambda^2 - k\lambda - 1 = 0$ on obtient k équations, caractéristiques de k figures. Dans mes ouvrages antérieurs je les ai nommées « marqueurs » (du Couple d'Or : CO) soit, ici : CM = 2. En fin de compte, dans le cas qui m'intéresse, CM = 2 est une sorte de pseudo-harmonique du Cardinalat (CO) : $\mathfrak{C} = 1^{**}$: le carré est ainsi inscriptible dans une figure pentagone et un cube dans un dodécaèdre, c. q. f. d. (voir figure 28)

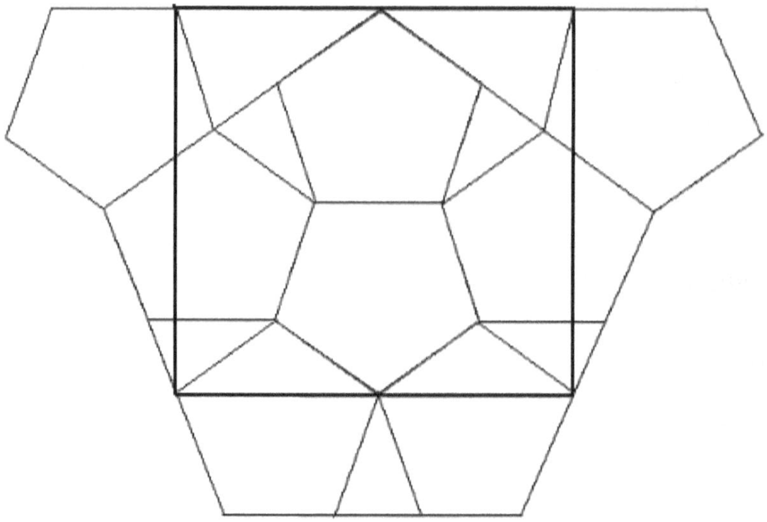

Figure 28

Pourquoi ces calculs ? Pour démontrer que, en fin de compte, les motifs cristallins élémentaires de l'émergence atomistiques (cubiques dans le cas ici) sont tributaires de l'« Information INCRÉE » (Fusion Espace←Temps) représentée par le Cardinalat $\mathfrak{C} = 1**$, de sorte que la conjecture mathématique, très simple, sous la forme du Couple Marqueur :

$$CM(k) = F(k)\mathfrak{C}**$$

est susceptible de représenter, globalement, la « création atomistique » de tous les éléments simples de l'Univers (table de Mendeleïev) : le Nombre d'Or, encore une fois, est souverain.

Aperçus sommaires concernant les quasi-cristaux

Dans le développement précédent, je n'ai évoqué, pour justifier ce que je souhaitais démontrer, que le cristal naturel le plus simple est le cube. Celui-ci, comme toutes les autres substances cristallines, plus complexes et polyédriques, sont représentés par un réseau composé de mailles. Ainsi, le monocristal Cl Na, comportant 14 atomes Cl et 13 atomes Na s'agrège avec d'énormes agrégations cubiques jusqu'à former des cristaux de plusieurs millimètres de taille qui constituent le réseau. La plupart des cristaux salins ou métalliques sont à base de structure cubique, hexagonal ou rhomboédrique (parallélépipèdes à losanges). L'eau cristallise à motifs hexagonaux (voir figure 29), quartz et calcite en systèmes rhomboédriques.

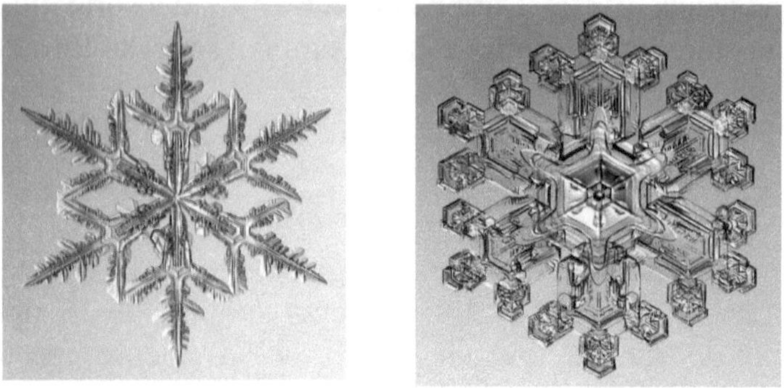

Figure 29

Il est hautement probable, sinon certain, que le raisonnement simple élaboré à propos du cube, vaut pour toutes les structures, dès lors que l'INCRÉÉ-Potentiel Créateur contient **toute** l'Information de la Matière.

Il existe une variété de cristaux, découverte en 1984 (Dany Shechtman), qui ne répond pas à la périodicité structurelle, nommée, de ce fait, **quasi-cristaux** ou cristaux quasi-périodiques. Sans trop détailler (pour ne pas sortir de notre contexte) signalons qu'il s'agit de substances à figure de symétrie pentagonale incompatible avec la symétrie de translation cristalline. Leur configuration pentagonale n'aboutit jamais au dodécaèdre mais à l'« icosaédrie », mélange de motifs hexagonaux et pentagonaux. On les trouve dans les alliages métalliques type Al Cu Fe (fig. 30) ci-dessous

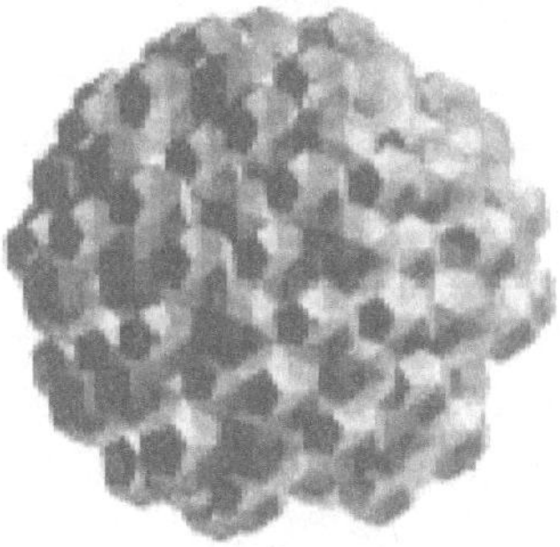

Figure 30

Cas du fullerène-carbone

La structure la plus fréquente du carbone 14 (C_{14}) est un icosaèdre tronqué de définition C_{60} : c'est le **fullerène**. Ce dernier est composé de 12 pentagones et de 20 hexagones. Pour qu'un fullerène soit stable, les anneaux composés en pentagones ne doivent pas être adjacents. La molécule C_{60} a l'allure d'un « micro » ballon de football (voir figure 31 ci-dessous).

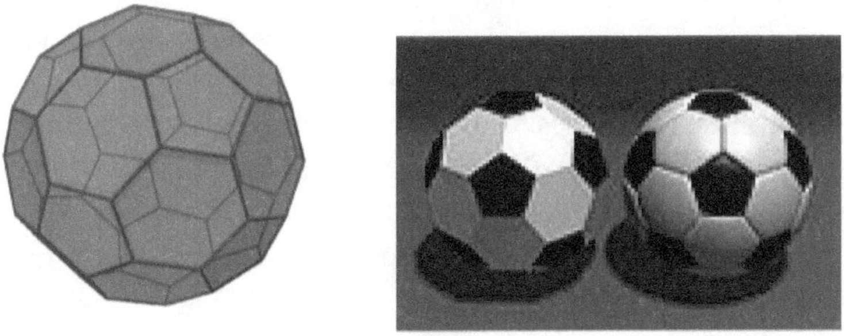

Figure 31

Le diamètre Van der Waals de la molécule de C_{60} est d'environ 1 nm. Le diamètre du noyau du C_{60} est d'environ 0,7 nm. C'est dire que le fullerène fait partie des molécules dites « géantes ». Grosse molécule, en tout cas, qui mérite que l'on s'y arrête pour quelques indications. Je viens d'évoquer la **possible instabilité** du fullerène lorsque les anneaux pentagonaux sont adjacents. J'ai déjà affirmé, à plusieurs reprises, que la « structure »-Fusion E←T est dodécaédrique. Ainsi, la **perfection absolue** de cette « structure » symplecto-nouménale, exige alors une **non relativité intégrale** : c'est le domaine de l'univers-quantique-noétique, celui de l'infiniment petit, du Nombre et Section d'Or ; du Cardinalat Gémellaire où le Cardinal 1** symbolise aleph-zéro dimensions. Pourquoi le Cardinal 1** est-il PARFAIT ? Parce que $\Phi = \frac{1}{2}\left(1+\sqrt{5}\right)$ et $-\Phi^{-1} = \frac{1}{2}\left(1-\sqrt{5}\right)$ sont des Nombres-jumeaux parfaits dont le Cardinal 1** est l'unité absolue avec une indétermination rigoureusement nulle. C'est la RAISON pour laquelle, mathématiquement, ce Cardinal ℭ** ne peut représenter symboliquement que ABSOLU-INCRÉÉ. Or, dès la matérialisation émergente, donc : fin du référentiel convolinvolutif-symplectique et apparition du référentiel phénoménal espace-temps déployé, la « réplication » géométrique du pentagone devient **imparfaite** car Nombre et Section d'Or sont devenus « mythiques » : il est devenu **impossible** de générer un pentagone parfait (exact au sens absolu) puisque l'on est « arrivé » dans l'espace-temps **dimensionnalisé** où le nombre $\sqrt{5}$ dans Φ se « déploie » comme un nombre **irrationnel**, rigoureusement intraduisible dans une construction géométrique au sens **exact** de Φ et $-\Phi^{-1}$. Le Cardinalat « n'EST plus », 1** n'EST plus et est remplacé par l'« existentiel irrationnel » :

$$1{,}618033988..n_1 n_2 ... n_\infty$$
$$-\,0{,}618033988..n_1 n_2 ... n_\infty$$
$$\text{-----------------}$$
$$1{,}000000000...000...n_\infty$$

(car $n_\infty - n_\infty \rightarrow n_\infty$).
C'est la raison de l'instabilité du fullerène dont les pentagones doivent être intercalés par des hexagones afin que la structure globale puisse se « stabiliser ». Nous verrons prochainement que cette question deviendra cruciale avec le vivant.

Le développement du végétal et sa pulsion de vie dans l'imperfection relativiste du déploiement spatio-temporel

Comme il vient d'être constaté à propos de la structure atomique géométrique de la molécule de fullerène C_{60}, il est prévisible que l'irruption du vivant va accuser sensiblement le problème de la relativisation du manifeste de la vie. Simultanément, cependant, tout se passe comme si la pulsion de vie était contenue dans l'irréductibilité même de cette imperfection relativiste. Je vais prendre quelques exemples pertinents en supposant que le végétal en question ne souffre d'aucune privation nourricière.

Feuille de platane

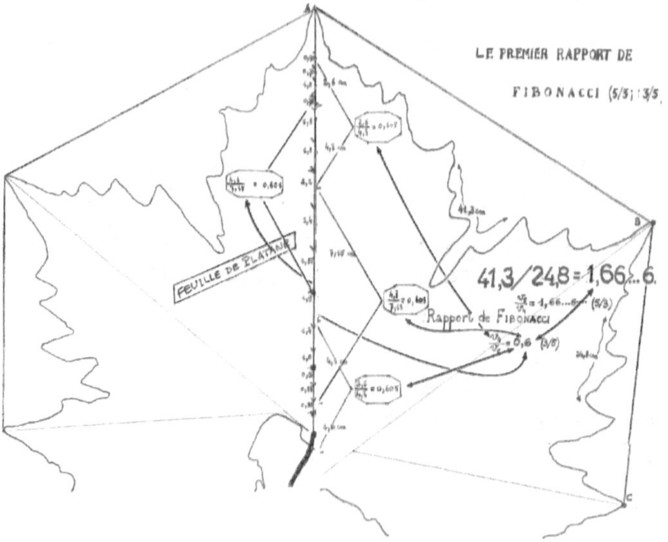

Figure 32

Je consacrerai le prochain paragraphe à l'« outil » que constituent les séries de Fibonacci (la première, la plus simple, étant aussi la plus importante), déjà évoquées et expliquées dans plusieurs de mes ouvrages précédents. En contrepoint de ce que j'expliquais à propos du fullerène, il s'agit du passage du Nombre d'Or **transfini** aux nombres de Fibonacci, tous irrationnels (sauf le premier d'entre eux, le plus « imparfait » mais aussi le seul rationnel), comme pour tout ce qui est manifesté, le passage de l'Information-Incréée à la Formation du « Créé », la « grammaire morphique » dans la conjugaison du plus-que-parfait à l'imparfait.

Le développement de la feuille dessinée (par mes soins) au plus exact du modèle matériel que l'automne avancée m'avait fourni, montre, par les relevés sur la feuille deux « conjugaisons » essentielles :

- les longueurs tourmentées du dessin des « parcours végétaux » de A à B puis de B à C, au millimètre près fournissent le rapport $(n=4)$ par $u_5/u_4 = 1{,}66...6...$;
- les rapports successifs des « implants-nervures » de la feuille, sont, selon la « colonne » verticale $2{,}6\,m/4{,}3\,cm \approx 4{,}3\,cm/7{,}15\,cm \approx$ de 0,605 à 0,601 (en fait, numériquement, 0,6 exactement), ce qui constitue le rapport u_4/u_5 de la série. C'est le premier rapport Fibonacci exploitable. On constate bien que la soustraction $u_5/u_4 - u_4/u_5 \approx 1{,}066...6...$ est très éloignée de l'unité cardinale. C'est le développement de la vie dans une expression encore peu évoluée mais déjà implantée dans une relative stabilité car le rapport-section $u_4/u_5 = 0{,}6$ est un nombre rationnel. De fait, le platane est un arbre à grand développement et qui peut vivre plusieurs siècles.

On remarque que la feuille « ébauche » une figure pentagonale, comme beaucoup de feuilles de diverses essences, mais qui avorte à l'attache à la branche par la tige.

Fleur de tournesol et les nombres de Fibonacci

Une abondante littérature, fort documentée, est disponible à l'heure actuelle, au sujet des « nombres de la Nature ». J'estime cependant regrettable que tous les auteurs qui s'adonnent à une telle étude fondamentale (car c'en est une au vu des révélations heuristiques) confondent Nombre d'Or et nombre de Fibonacci. Dans mon ouvrage « Gnosis noétique métaphysique » Publibook, 2008, j'ai démontré en quoi le Nombre d'Or est un mythe, donc inaccessible en espace-temps déployé (nombre Transfini). Les nombres de Fibonacci, qui décrivent exactement, à

cause de leur irrationalité, l'instabilité de l'équilibre sans cesse remise en cause, exprimant la pulsion de vie existentielle dans tout développement incarné. Il ne faut pas se leurrer au fait que pour le nombre de suite n tendant vers l'infini, on « accède » au Nombre d'Or. C'est évidemment impossible puisque, en espace-temps déployé (notre référentiel physiologique naturel), le comptage à l'infini est un leurre évident qui replace la mathématique sur son piédestal symbolique car… l'approximation $1{,}618033... \to n \to \infty$ et $\frac{1}{2}\left(1+\sqrt{5}\right)$ sont perpétuellement dissemblables. C'est d'ailleurs, sur le plan mathématique, tout le **problème** de la définition du **nombre irrationnel.**
Étudions, maintenant, la fleur de tournesol. La figure 33 montre clairement les deux spirales lévo - et dextrogyres dans l'orientation des graines.

Figure 33

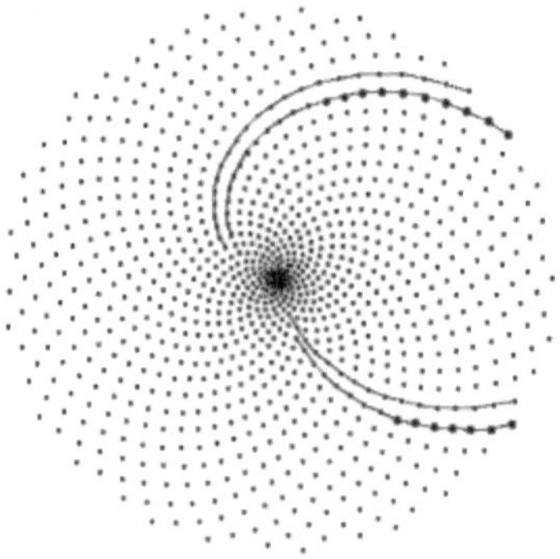

Figure 34

La figure 34 stylise ces orientations spiralées. Sur celle-ci, on compte 55 orientations dextrogyres et 34 orientations lévogyres, reproduction de la figure 33. Or, le rapport de Fibonacci $n=9$, fournit $55/34=1{,}617647059...$ D'autres fleurs peuvent fournir (en « situation dextrogyre ») le rapport suivant :

$n_{10} = (55+34)/55 = 1{,}618181818...$ En comptant de la périphérie vers l'intérieur, on constate les rapports successifs de Fibonacci (mais non d'autres rapports) $n_8 = 34/21 = 1{,}619047619$; $n_7 = 21/13 = 1{,}615384615$; $n_6 = 13/8 = 1{,}625$. A signaler que le comptage doit respecter quelques règles élémentaires qui sont signalées par des spécialistes chercheurs de la question et que l'on trouve sur des sites internet. Mon but n'est pas de m'y attarder, mais de fournir des évidences que chaque lecteur peut approfondir. L'étude de la fleur de tournesol est appropriée par la topologie de la fleur même qui fournit une étude commode du sujet qui est nôtre ici. La plupart des végétaux possèdent ces « caractéristiques-Fibonacci », telles les épines sur un cactus, les pommes de pin ou les écailles de l'ananas-fruit. Le dessin des feuilles de certaines espèces d'arbres est révélateur également (platanes, érables, érables platanoïdes...) dans leur « tendance pentagone ».

Le nombre de Fibonacci, générateur de déséquilibre dans l'espace-temps : croissance, fécondité et fragilité existentielles

De par la nature même de la vie, toute morphologie incarnée est une créature en développement, progressant dans le temps et l'espace en vue d'organisations que lui confère sa génétique. Ce développement suscite un **perpétuel déséquilibre** lequel rend l'« existentiel » **instable**. Au vu de l'étude de la molécule icosaédrique fullerène, dont la stabilité exige une topologie géométrique-cristal excluant l'adjacence de deux pentagones par un côté commun (cette molécule n'est pas assujettie à des cycles de croissance comme les végétaux), rien d'étonnant à ce que le végétal... exprime avec pertinence le perpétuel déséquilibre, exigeant ainsi des nombres de Fibonacci dans sa géométrie spiralée florale, la propriété essentielle qui consiste à susciter la croissance, et son déséquilibre ressuscitant la croissance (ce thème a été abordé, mais relatif au Nombre et Section d'Or en première partie par les équations ((64) à (108), chapitre 4). Le nombre cinq désigne le pentagone ou l'étoile à cinq branches : de très nombreuses variétés florales comportent cinq pétales, placées aux sommets d'un pentagone régulier. En généralisant l'étude effectuée sur la feuille de platane, étudions comment les feuilles sont disposées par rapport à la tige (ces des feuilles alternes, chacune d'elles étant attachée à la tige par un nœud). Aux points d'attache sont placés les différents nœuds de la feuille, représentables par un cylindre (ou tronc de cône à faible ouverture) en guise d'hélice (voir figure (35)).

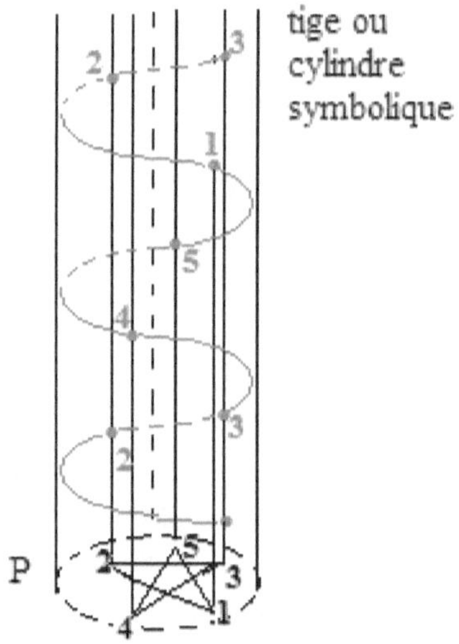

Figure 35

On observe que les nœuds sont à l'intersection de l'hélice et de 5 génératrices du cylindre, lesquelles sont à l'intersection du pourtour de la section perpendiculaire à la tige, intersections qui sont approximativement les sommets d'un pentagone (étoile pentagonale). En projetant les différents points d'attaches hélicoïdaux sur un plan perpendiculaire P à la tige (cylindrique), on obtient, après agrandissement la figure 36.

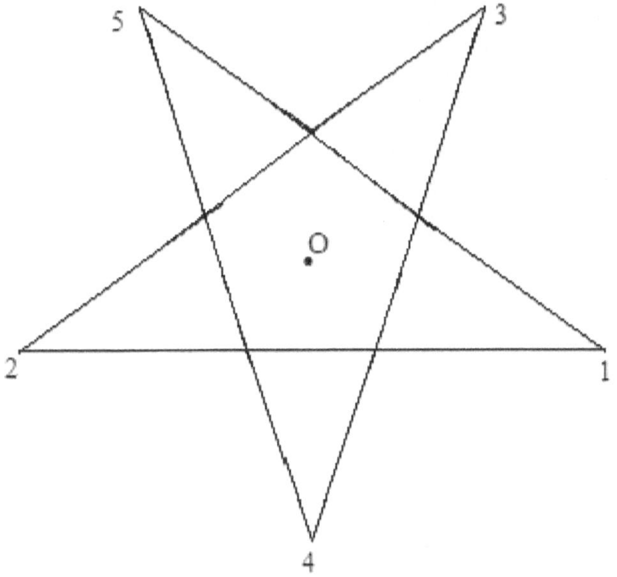

Figure 36

Les trajectoires $1 \rightarrow 2 \rightarrow 3 \rightarrow 4 \rightarrow 5 \rightarrow 1$ forment une étoile pentagonale, représentation de tous les nombres de Fibonacci apparus. Enfin, observons maintenant : en partant du nœud 1, deux spires d'hélice sont nécessaires pour trouver un autre nœud sur la génératrice 1 (voir l'étoile pentagonale : autour du centre 0, la trajectoire $1 \rightarrow 2 \rightarrow 3 \rightarrow 4 \rightarrow 5$ décrit deux fois le tour du cercle circonscrit de centre O. Écrivons, ainsi, le rapport $2/1$. Le nombre 5 étant le nombre de génératrices comportant des nœuds, considérons le rapport $5/2$ (l'inverse : $2/5$ étant le cycle foliaire caractéristique du chêne, du poirier et du pommier).

Considérons la relation qui décrit la série principale (et la plus importante) de Fibonacci soit (voir plus loin) :

$\boxed{u_n = u_{n-1} + u_{n-2}}$: le terme de rang n est égal à la

somme des deux

termes précédents. Faisons le rapport :

$$\frac{u_n}{u_{(n-2)}} = \frac{u_n}{u_{(n-1)}} \cdot \frac{u_{(n-1)}}{u_{(n-2)}}.$$

Or :

$$\frac{u_n}{u_{n-2}} = F \times F = F^2,$$

F étant le nombre de Fibonacci du rang considéré.
Par exemple $8/5 = 1{,}6 = F$.
D'où

$$\frac{u_n}{u_{(n-2)}} = (1{,}6)^2 = 2{,}56.$$

Autre exemple : $21/13 = 1{,}615384615...$, d'où :

$$\frac{u_n}{u_{(n-2)}} \approx 2{,}609467454...$$

Pour mesurer l'« imperfection » du nombre de Fibonacci par rapport au Nombre d'Or, on peut faire respectivement :

$$8/5 - 5/8 = 1{,}6 - 0{,}625 = 0{,}975$$

$$21/13 - 13/21 = \frac{(21)^2 - (13)^2}{13 \times 21} = 0{,}996336996\ldots,$$

deux valeurs à comparer avec

$$\Phi - \Phi^{-1} = 1^{**}\ [\Phi = \frac{1}{2}\left(1+\sqrt{5}\right) \text{ et } -\Phi^{-1} = \frac{1}{2}\left(1-\sqrt{5}\right)],$$

Φ et Φ^{-1} étant respectivement Nombre et Section d'Or. L'écriture 1** désigne l'Unité cardinale gémellaire. Le Cardinal 1** doit, non seulement être considéré comme l'unité ordinale arithmétique, mais l'expression INCRÉÉE de la Fusion Espace⟵temps, base structurelle de toute la physique noétique. Donc, si l'on compare la **perfection** convolinvolutivement symplectique-nouménale de ABSOLU-ESPRIT-1** avec l'imperfection de la création manifestée par les deux nombres $\frac{u_n}{u_{(n-1)}} - \frac{u_{(n-1)}}{u_n}$ on obtient respectivement :

$1 - 0{,}975 = 0{,}025$ et $0{,}003663004\ldots$ soit 2,5% dans le premier cas et $0{,}3663\ldots\%$ dans le second cas. Dans le cas du cycle foliaire $(2/5)$, l'« imperfection » phénoménale est égale à

$\left(\frac{5}{3} - \frac{3}{5}\right)^2 - 1 = \left(\frac{16}{15}\right)^2 - 1 = 0{,}1377\ldots$ soit environ 13,8%. En clair, cela signifie que la trace pentagonale des attaches des feuilles sur la tige induit une dérive géométrique de près de 14%, i.e. que la trace de chaque point d'attache sur la section de la tige décale le sommet de l'étoile pentagonale non régulière d'environ 13,8% à chaque « tour pentagonal » complet. Il est nécessaire de comprendre que cette dérive traduit ce que j'appelle le « non équilibre fibonaccien » qui permet au végétal de croître, de fructifier si telle est sa fonction mais aussi d'avoir une fragilité existentielle vis-à-vis des agressions pathologiques extérieures.

De l'origine de la vie animale à l'homme. Cytosquelette, neurones et la série de Fibonacci

Dans la continuité de ma démarche (nombres de Fibonacci), je ne vais pas me livrer ici à une étude de type phylogenèse concernant les origines de la vie incarnée, mais m'appesantir à propos de la relation remarquable apportée par la série principale de Fibonacci et la vie incarnée. Il n'est pas nécessaire de fournir de multiples exemples : la série de Fibonacci intervient dans tous les stades de la vie. Je prétends ainsi, au vu de tout ce que j'ai développé jusqu'à maintenant dans mon « discours noétique » de la physique-mathématique et métamathématique, que la liaison « Cardinalité gémellaire (Nombre et Section d'Or) – développement fibonaccien » constitue le socle ontologique à partir duquel les plus grands « mystères » quasi ésotériques de la Tradition ancienne et nourris depuis par tout ce que la philosophie et la théologie ont pu leur apporter, que ce socle constitue à son tour la magnifique unité ESPRIT-MATIÈRE, sujet de mon ouvrage précédent.

Il reste alors d'oser la « grande enjambée » animale jusqu'à l'homme sans nous attarder aux crustacés ou autres particularités morphologiques de tel ou tel mammifère mettant en évidence tel ou tel rapport de Fibonacci. Lors de mon ouvrage précédent, précisément

(« La grande Unité de l'Univers Matière-Esprit » Publibook 2009), j'avais déjà approfondi une étude précédente concernant, non plus un quelconque particularisme morphologique (voir, pour cela, « N'-Théorie », J. S. Publibook 2007) mais un aspect bien plus important : le cytosquelette neuronal des mammifères et de l'homme en particulier. Je reproduis cette étude, ici, avec quelques compléments d'information.

Évoquée à son sens le plus simple, mais peut–être le plus important, la problématique de la vie se décline par la question : comment et pourquoi, à partir de l'électron et d'autres particules quantiques, la vie est–elle apparue, comment et pourquoi la montée en complexité a–t–elle été et restera l'apanage le plus grandiose des apparences infiniment diversifiées de l'incarnation ? Si ces questions « ultimes » de nature profondément philosophique, n'ont pas cessé de se poser « au centre » de mes ouvrages, de ma propre vie et de mon œuvre scientifique, elles doivent être ramenées auparavant à leur dimension précise d'un passage de la vie balbutiante aux prémices de la vie projetant son développement jusqu'à l'évolution que nous devons considérer comme ultime : l'homme.

L'amibe, organisme vivant rudimentaire est un « animal » unicellulaire, vivant dans l'eau douce et salée pourvu d'un noyau, organelle centrale de commande, de trois cavités (vacuoles, contractile et digestives), d'une membrane plasmique (« ancêtre » de notre peau), d'un endoplasme en relation avec le noyau, d'un ectoplasme, partie superficielle vitreuse et de **pseudopode**. Le pseudopode sert à la locomotion de l'amibe : c'est le **cytosquelette**. L'amibe (du grec *amoibê* signifiant transformation) est un protozoaire simple, dont la taille varie de 20 µm à 500 µm, voire 1 millimètre. Ses multiples déformations lui permettent de se déplacer : elles sont le fait du cytosquelette.

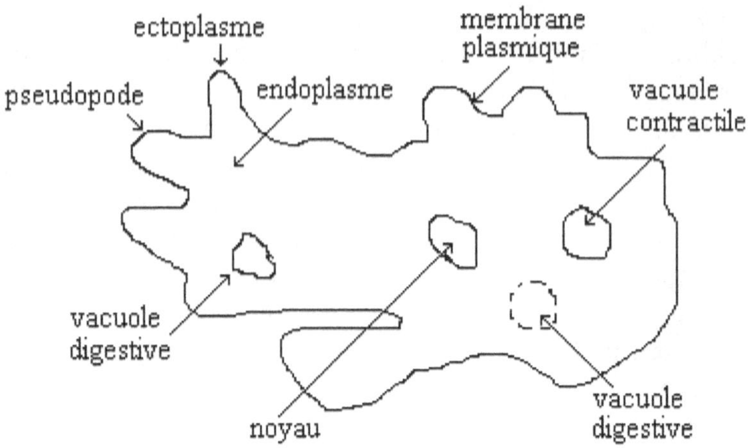

Figure 37

L'amibe est l'espèce même de la simplicité : organisme non–photosynthétique, sa reproduction est asexuée (fission binaire) et elle se nourrit par phagocytose. L'absence de photosynthèse, reproduction par scissiparité, nourriture prédatrice par phagocytose, tous éléments réunis avant la grande édification en complexité. Les amibes, de par leur constitution rudimentaire, sont à la recherche d'« hôtes » plus évolués où elles ont tendance au parasitage. Certaines sont redoutables ; ce sont les amibes pathogènes dont, parmi les plus virulentes, on trouve la **naegleria fowleri** responsable de la très rare mais pathologie radicalement mortelle pour l'homme : une méningo-encéphalite amibienne primitive et foudroyante : le cerveau est quasiment « dévoré ». Cette dernière amibe se plaît dans les eaux tièdes.

L'animal primaire fruste, « à peine digne » de la vie… mais capable de détruire la vie hautement sophistiquée.

L'amibe est, ainsi, un animal aux organes réduits à leurs plus simples expressions mais « multifonctions ». A ce sujet, l'aspect le plus significatif en est le cytosquelette : c'est l'ancêtre du squelette des vertébrés. Nous allons voir en quoi le cytosquelette est si important.

L'autre exemple unicellulaire est la **paramécie**. C'est un animalcule de taille approximativement égale à celle de l'amibe, pourvu d'une sorte de « sourcils » enveloppant sa membrane grâce à laquelle elle se déplace en eaux douces. Elle se délecte de bactéries, détecte les dangers. La paramécie, comme l'amibe, doit être considérée comme une structure de contrôle faisant partie du cytosquelette. Celui–ci est la « charpente » qui maintient la forme de la cellule et a bien d'autres fonctions. Les cils, par exemple, sont les terminaisons de **fibres cytosquelettiques**. La mono cellule, ainsi, doit être comprise comme un organe dont le cytosquelette est une **combinaison multiple** de squelette (au sens que nous en avons), de système circulatoire, de système nerveux et de système musculaire, le tout réuni dans une même et unique cellule, sans qu'il s'agisse de squelette (à nos sens), de circulation, de nerfs (puisque ni synapses, ni neurones) de muscles, donc de « podes » (c'est pourquoi le terme **pseudo** podes est utilisé). Amibe et paramécie doivent être considérés comme nos ancêtres premiers puisqu'ils ont été – et sont toujours – les représentants « expérimentalement informatifs » de ce que nous sommes des centaines de millions, voire des milliards d'années plus tard devenus, mais à un stade infiniment plus évolué. Expérimentalement informatifs ? Dans ces conditions, le **neurone** en est le **résultat premier**. Le neurone est une **cellule individuelle**. Donc chaque neurone possède son **propre** cytosquelette ! Information magistrale ! Le cytosquelette chez la paramécie et l'amibe contient l'« Information–neurone ». En retour, le neurone aurait « incarné », en conséquence, son cytosquelette. Holographisme biologique : le « tout »–cytosquelette contient l'information « neurone » et ce dernier révèle le cytosquelette en retour ! Si l'Information–neurone est une partie de la « photographie–cytosquelette », l'hologramme de celle–ci contient la « photographie–cytosquelette ». A son tour, l'hologramme d'une partie de cette dernière révèle le neurone. Avec les centaines de millions d'années de Mémoire géologique génétique, comment ne pas admettre que chaque neurone pourrait être doté d'un « système nerveux » à travers le neurone appartenant à l'espèce biologique, voire à l'individu s'agissant de l'homme ?

C'est là un postulat extraordinaire, soutenu par nombre de spécialistes en nano sciences biologiques.

L'organisation interne du cytosquelette révèle une structure à base protéinée dont les molécules sont arrangées en de minuscules tubes creux cylindriques d'environ 14 nanomètres de diamètre interne et de 25 nm de diamètre externe (14.10^{-9} m et 25.10^{-9} m respectivement). Les cils de la paramécie révèlent ce genre de structure. On les appelle **microtubules**. Le noyau du cytosquelette contient le **centriole** et constitue un centre organisateur, appelé **centrosome**. Ce centre semble avoir un rôle fondamental dans la division cellulaire nommée **mitose** pour la division des chromosomes via les brins d'ADN présents dans le noyau.

Le microtubule est un polymère protéique, assemblage de paires de protéines globulaires disjointes appelées α–tubuline et β–tubuline, chacune d'elles étant composées d'environ 450 molécules d'acides aminés, mesurant environ $8\text{nm} \times 4\text{nm} \times 4\text{nm}$, de nombre atomique 11.10^4.

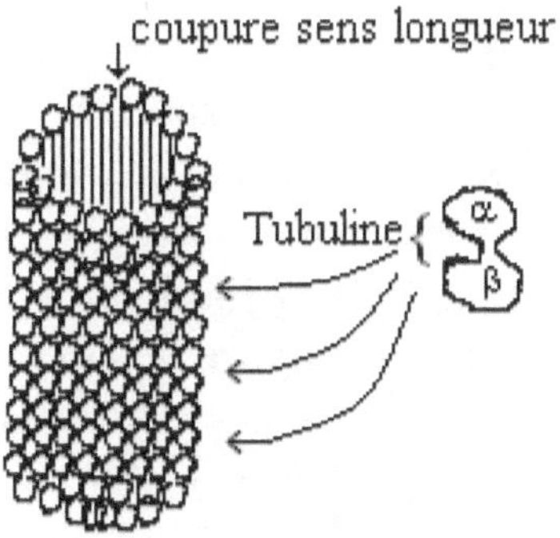

Figure 38

Treize faisceaux de tubulines (α), (β) (Fig. 38) conforment le cylindre microtubule, chaque tubuline mesurant 8 nm. En stylisant chaque tubuline sous la forme d'un micro parallélépipède et en coupant le microtubule dans le sens de la longueur, l'étalement de l'organite sur un plan donne la configuration suivante.

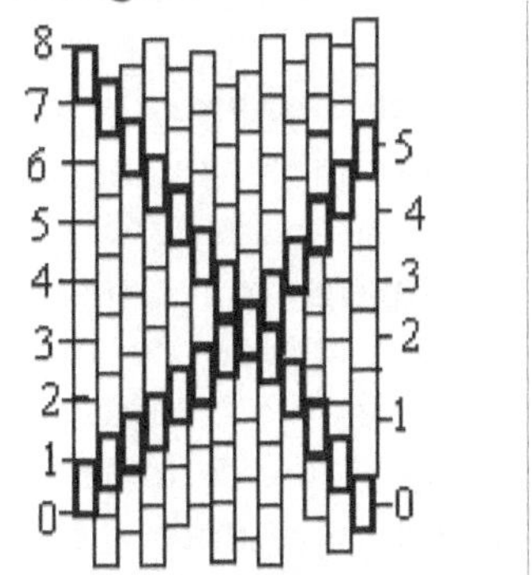

Figure 39

La constitution de la microtubule est élaborée selon deux inclinaisons (Fig. 39) en « tête–bêche » des tubulines à partir des deux niveaux « 8 » (inclinaison ↖↘) et « 5 » (inclinaison ↗↙)[(*)]. Nous constatons, dans la constitution

(*) « Ultimate Computing : Biomolecular Consciousness and Nanotechnology (1987) » Stuart, Hameroff (revue Nanobiology) ;

de la microtubule, que les rapports $8/5 = 1{,}6$ et $5/8 = 0{,}625$ sont « à l'honneur ». En plus, le nombre $13 = 5 + 8$ qui est la 7ème position des nombres dans la suite a été définie dans la relation ontologique de la Démiurgie par $\Phi = 10^{e/13}$, e étant la base népérienne des logarithmes naturels (voir plus loin au chapitre de la Démiurgie).

Ces constats sont simplement extraordinaires.

La série dite de Fibonacci (Leonardo de Pise) ne commence vraiment qu'à partir de la quatrième « génération » par :

$$\mathscr{u}_4 = u_5/u_4 = 1{,}666...67... \quad (u_4/u_5 = 0{,}6)$$

Pour :

$\mathscr{u}_5 = u_6/u_5 = 1{,}6$ (rationnel) et $u_5/u_6 = 0{,}625$ (rationnel), commence véritablement la série.

Ainsi donc, du cycle foliaire des chênes, pommiers, poiriers (et de bien d'autres végétaux) à l'homme – en passant par l'amibe – on est amené à une généralisation fantastique : la cellule (neurone) qui est à l'origine de l'organisation la plus élaborée de l'univers (le cerveau humain) « procède » (mathématiquement) de la même « propriété performante » que celle de la monocellule (non neurale), la plus primitive, l'amibe (et paramécie, etc.), à savoir la génération (information originelle) la seule rationnelle :

$$\mathscr{u}_5 = u_6/u_5 = 1{,}6 \text{ et } u_5/u_6 = 0{,}625.$$

« Information processing in microtubules (1982) » Hameroff, Watt (J. Theor. Biol.)

« Chi : a neural hologram ? » (1974) Hameroff (Am J. Clin. Med. 163-170)

J'ai expliqué (à propos des quasicristaux) qu'un rapport de Fibonacci irrationnel (tous les rapports, vraisemblablement, le sont) conduit au déséquilibre, par le fait même de son irrationalité. Ici, le rapport est rationnel comme dans le cas du cycle foliaire du chêne étudié précédemment, conduisant au tracé d'une étoile pentagonale non régulière, induisant, ainsi, également un déséquilibre. Il est plus que probable que les deux déséquilibres évoqués ne soient pas les mêmes et conduisent alors à des processus de croissance et des fragilités différentes. La Nature nous montre que le rapport premier de la série de Fibonacci, pour $n = 5$ ($8/5$ et $5/8$) est celui qui semble le plus important puisqu'il est à l'origine première de la structuration du vivant (cycle foliaire) et à l'origine de l'organisation la plus élaborée de l'Univers (cerveau humain). Je puis conjecturer, de ce fait et à bon escient, que la « dérive pentagonale » de l'étoile étudiée précédemment ne doit pas entraîner d'inconvénients majeurs. Pourquoi ? Dans mon ouvrage précédent (op. cit.) j'avais répondu à cette question par le calcul suivant (voir Lexique X pour la théorie générale) : considérons donc le rapport (le seul intégralement) rationnel de Fibonacci, celui du cytosquelette neuronal, soit :

$$8/5 = 1{,}6 \;\; ; \;\; 5/8 = 0{,}625 .$$

La gémellité est absente (réf. Phénoménal) par : $1{,}6 - 0{,}625 = 0{,}975$ D'où :

$$\lambda_{F_1} - \lambda_{F_2} = 0{,}975$$

① Écrivons le trinôme marqueur « dégénéré » sous la forme :

$$\lambda^2 - F\lambda - 1 = 0$$

avec $F = \{F_1 ; F_2\}$ et ses pôles :

$$\lambda_{F_1} = \frac{1}{2}\left(F_1 + \sqrt{F_1^2 + 4}\right) \text{ et } \lambda_{F_{21}} = \frac{1}{2}\left(F_2 - \sqrt{F_2^2 + 4}\right)$$

On calcule :

$$\lambda_{F_1} = \frac{1}{2}\left(F_1 + \sqrt{F_1^2 + 4}\right) = 1{,}6$$

d'où successivement :

$$\sqrt{F_1^2 + 4} = 3{,}2 - F_1 \ ; \ F_1^2 + 4 = (3{,}2 - F_1)^2$$

ce qui fournit :

$$\boxed{F_1 = 0{,}975}$$

Puis, pour la deuxième racine :

$$\lambda_{F_{21}} = \frac{1}{2}\left(F_2 - \sqrt{F^2 + 4}\right) = -0{,}625$$

En procédant comme précédemment (pour F_1) on trouve, comme prévu :

$$\boxed{F_2 = -0{,}975}$$

d'où le trinôme algébrique :

$$\boxed{\lambda_F^2 - 0{,}975\lambda_F - 1 = 0},$$

de racines :

$$\lambda_{F_1} = \frac{1}{2}\left[0{,}975 + \sqrt{(0{,}975)^2 + 4}\right] = 1{,}6$$

$$\lambda_{F_2} = \frac{1}{2}\left[0{,}975 - \sqrt{(0{,}975)^2 + 4}\right] = -0{,}625$$

② L'Investiture de Cohérence est déterminée, primordialement par l'inégalité $\mathcal{N}_g < F < \mathcal{N}_h$ avec $h = g + 1$.

Puisque $F = 0{,}975 < 1$, $g = 0$, d'où $h = 1$. Donc, l'investiture « accroche » le Nombre par le trinôme « doré » par :

$$\lambda_h^2 - \mathcal{N}_h \lambda_h - 1 = 0$$

avec $\mathcal{N}_h = 1$ de pôles dorés connus :

$$\left\{\lambda_h ; -\lambda_h^{-1}\right\}$$

de sorte que :

$$\lambda_h - \lambda_h^{-1} = h$$

puis :

$$\lambda_{F_1} - \lambda_{F_2} = F$$

Par définition :

③ I.C.= $\left|\left(\lambda_{F_1} - \lambda_{F_2}\right) + \left(\lambda_h - \lambda_h^{-1}\right) - \left(\lambda_{F_1} - \lambda_{F_2}\right)\right|$.

« L'élément–acteur » $\left\{\lambda_{F_1} ; \lambda_{F_2}\right\}$ disparaît, si bien que :

$$\text{I.C.} = \lambda_h - \lambda_h^{-1} = \Phi - \Phi^{-1} = \frac{1}{2}\left(1+\sqrt{5}\right) + \frac{1}{2}\left(1-\sqrt{5}\right) = 1^{**}$$

④ On démontre ainsi que toute activité créatrice matérielle, suite au Nombre de Fibonacci : $\mathscr{u}_n = \frac{u_{n+1}}{u_n}$ soit

$\mathscr{u}_5 = \frac{u_6}{u_5} = 8/5 = 1{,}6$, « prise » par le théorème de l'I.C. soit

$\text{I.C.} = 1^{**}$ « guide » à la Gémellité par le PRÉSENT–CONTINU TRANSFINI (Fusion Espace ← temps en convolution holomorphe HyperNoétique) : le Cardinalat gémellaire est restitué par :

$$\boxed{\mathfrak{G} = 1^{**}}$$

Tout se passe comme si, subtilement, un calcul **instantané** (Hors–Temps–Espace) fournit le Transfini gémellaire, le CARDINALAT ABSOLU 1** à partir du seul couple « initiateur » : $u_6 = 8$; $u_5 = 5$. A admirer la « stratégie » impeccable de la Nature : le choix {8 ; 5} est le seul qui permet, dans l'incarnation du vivant, l'assurance d'une stabilité pérenne énergétique (informative) car les rapports $\mathscr{u}_5$ et $\mathscr{u}_5^{-1}$ sont les seuls qui soient rationnels. Pour la « Fécondation » ultérieure de toutes les conséquences Transformatrices suite à la morphogenèse associée, c'est le Cardinalat 1** en tant qu'INCRÉE qui « oriente » la Dynamique créatrice vers sa résolution. Or, seul, le Cardinalat, puisque INCRÉÉ/ABSOLU « initie », en retour, la CRÉATION morphogénétique (par 1**), ce que le nombre ordinal 0,975 ne peut jamais réussir. Double démonstration est ainsi faite :

- la vie dans ses infinies manifestations incarnées, à la richesse infinie, est une « obligation universelle première » ;
- l'Accomplissement futur de l'homme contingent en Noéticanthrope est la deuxième « obligation universelle ».

J'ajouterai encore ceci : le passage de « ESPRIT » à « MATIÈRE » et vice versa, demeure un mystère car j'admets que le calcul opérationnel exposé qui « répond » à une stabilité pérenne ne saurait l'être que dans un intervalle de temps fixé par d'infinies variétés informatives symplectiques et nouménales à l'œuvre en référentiel symplectique. Par exemple, le calcul ci-dessus peut être effectué pour le cycle foliaire du chêne pour lequel $u_n / u_{(n-2)} = 5/3 = 1{,}666...6...$, nombre rationnel périodique lequel doit être considéré comme irrationnel dans le cas présent. Or, l'inverse $3/5 = 0{,}6$ est parfaitement rationnel. Quoi qu'il en soit, la différence $1{,}666...6... - 0{,}6 = 1{,}066...6...$ reste irrationnelle. La théorie de l'Investiture de cohérence reste valable. Or, dans la relation :

$$\text{I.C.} = \left[\left(\lambda_{F_1} - \lambda_{F_2}\right) + \left(\lambda_h - \lambda_h^{-1}\right) - \left(\lambda_{F_1} - \lambda_{F_2}\right)\right], \text{ en faisant :}$$

$$\left(\lambda_{F_1} - \lambda_{F_2}\right) - \left(\lambda_{F_1} - \lambda_{F_2}\right),$$

nous avons affaire à une différence de deux nombres transfinis par :

$$\lambda_{F_1} = 1{,}66...6... \to n_\infty .$$

Les deux nombres λ_{F_1} ne peuvent jamais s'annuler par différenciation puisque, par définition, si λ_{F_1} a des propriétés d'un nombre décimal irrationnel $\omega_T(\infty)$, on sait que :

$$\omega_{T_1}(\infty) - \omega_{T_2}(\infty) \neq 0$$

a pour dimension l'intervalle $0 < n < 1$ aussi petit soit le nombre n. La gémellité nouménale (Cardinalat) ne peut pas être restitué dans l'Absolu... après tout, le phénoménal ne peut que demeurer dans la relativité, aussi atténuée soit-elle. Le déséquilibre dû à l'irrationnel ne saurait donc pouvoir disparaître.

Révolutions conceptuelle et intrinsèque, Finalité du Sens et Cardinalat gémellaire – Nombre et Section d'Or

La Révolution intrinsèque entraîne à la Mutation de l'homme en Démiurge, pour peu que l'on veuille bien donner à la démiurgie son sens platonicien mais, non « métaphysiologique ». Cette Mutation constitue le Sens. Mathématiquement, celui-ci est représenté par le Cardinalat gémellaire, issu du Nombre d'Or et de sa Section dorée. Si la mathématique est reliée au Sens et celui-ci au Noéticanthrope (Démiurge), l'Homme qui s'Accomplit ainsi, est-il « relié » à la mathématique, voire à la métamathématique ? J'entreprends de répondre dans cette partie.

Un générique numéral rétro actionnel indéfini : les séries de Fibonacci

Le Nombre d'Or est, d'abord, un objet d'étude rigoureusement rationnel puisqu'il appartient à la mathématique (l'arithmétique). Il est simultanément mythique puisque le Nombre d'Or est un **nombre irrationnel** à son sens mathématique : le nombre de chiffres de sa décimale est **infini**. Donc, le Nombre d'Or EST mais n'« existe » pas. Ainsi, si on désigne ce nombre « inatteignable » par la lettre grecque Φ (en souvenir du sculpteur grec Phidias), ce nombre EST par son énoncé rigoureux :

$$\text{(Nombre) } \Phi = \frac{1}{2}\left(1+\sqrt{5}\right) \text{ et (Section) } -\Phi^{-1} = \frac{1}{2}\left(1-\sqrt{5}\right)$$

et, simultanément, n'« existe » pas puisque, par :

$$\Phi = 1{,}618033989... \qquad \text{et} \qquad -\Phi^{-1} = -0{,}618033989...,$$

Nombre et Section déclinent un même résultat où la partie fractionnelle (après la virgule) n'a pas de fin. Pourtant et simultanément, si on pose :

$X_1 = \Phi$ et $X_2 = -\Phi^{-1}$, on constate immédiatement :

$$\boxed{X_1 + X_2 = 1^{**}} \qquad (252)$$

J'ai montré dans mon précédent ouvrage (« La grande Unité de l'Univers Matière-Esprit » Publibook) que cette relation est l'une des plus importantes de tout ce que les sciences mathématiques et physiques ont pu élaborer : 1** désigne la **Fusion de l'Espace–temps** et, de ce fait, ce que je nomme l'INCRÉÉ/ABSOLU. La relation ci–dessous montre, dans ces conditions, que X_1 et X_2 sont **inséparables**. S'il est effectivement possible de nous servir de l'un et de l'autre séparément dans l'espace–temps, sachons qu'il s'agit d'un mythe (!). En fait, leurs signifiants ne se résolvent que dans la « Fusion–1** » (d'où l'importance de l'astérisque qui désigne celle–ci). Il est clair, en effet, que l'usage d'un nombre irrationnel ne relève que d'une approximation, aussi proche de sa valeur exacte fût–elle. La nature traduit bien celle–ci sans que nous puissions nous en douter a priori. Ceux qui accordent à l'ésotérisme des traditions, des vertus souvent exagérées, se délectent de la « présence » du Nombre d'Or dans la Nature. Ainsi, la fleur de tournesol, dont les régions périphériques contiennent de 90 à 88 spirales orientées dans le sens des aiguilles d'une montre et, respectivement, 56 à 54 orientées en sens inversés (les rapports respectifs donnent : $90/56 = 1{,}60714...$; $89/55 = 1{,}618181818......$; $88/54 = 1{,}629629629...$). La fleur à $89/55$ est la plus fréquente et son nombre, dit de Fibonacci, est le plus près du Nombre d'Or. Il en est de même du poirier, du pommier et du chêne dont chaque feuille s'attache à la tige par un nœud et, réciproquement, à un nœud donné correspond une feuille unique. Les différents points d'attache décrivent une hélice autour de la tige (pseudo cylindrique). Il existe un rapport dit cycle foliaire (poirier, pommier, chêne, aulne, tilleul et orme) correspondant au rapport entre les nombres respectifs de spires de l'hélice pour trouver un nœud sur la même génératrice. Par exemple (poirier, pommier, chêne), partant du nœud numéro 1, il faut décrire 2 spires pour trouver un autre nœud sur la même génératrice 1. Même observation pour découvrir 5 spires sur la même génératrice. Le cycle foliaire est alors défini (poirier, pommier, chêne) par le rapport $3/5$ ou $5/3$, appelés **nombres de Fibonacci**. Dans l'Annexe I de mon ouvrage « N'–Théorie », je décris quelques manifestations (superficielles) des nombres de Fibonacci de l'anatomie humaine. Le « clou », chez l'homme me paraît être la manifestation du rapport $8/5$ $(5/8)$ dans les microtubules du cytosquelette de nos neurones et autres cellules (voir « De l'univers quantique à l'Homme–Univers »). Le rapport $8/5$, rationnel $(1{,}6)$ et $5/8$ $(0{,}625)$ constitue le cinquième rapport de Fibonacci. Ce rapport exact et rationnel est, ainsi, l'exacte représentation de la Fusion

Espace–temps $X_1 + X_2 = 1^{**}$ en référentiel hypersymplectique neuronal–ADN, accordant crédit, comme je le montre dans mon dernier ouvrage cité, au « fonctionnement quantique » de notre cerveau et de notre système nerveux, dans des conditions que nous ignorons mais qui ouvrent des voies fantastiques, non seulement à notre Connaissance, mais aussi au futur indéterminé de notre espèce au sujet de ce que j'appelle « Troisième miracle » (à ne pas prendre, surtout (!) à un sens religieux). Lorsque, de ce référentiel fusionnel symplectique, l'Information noétique s'incarne physiologiquement, l'élément « Fusion–1** », en référentiel phénoménal (physique) se découple en deux nombres (ici, respectivement 5 et 8) de sorte que leurs rapports, relativement éloignés de la Fusion, soient **rationnels** pour trouver la **stabilité morphogénique**. Terminons par deux observations : la première celle des distances des 5 planètes successives (entourant la nôtre) de la Terre soit :

Terre – Vénus – Mercure puis,

Terre – Mars – Astéroïdes (planète X), Jupiter, puis la seconde : la musique.

Considérons la suite numérique en progression géométrique à partir du trois :

0 ; 3 ; 6 ; 12 ; 24 ; 48 ; 96

et ajoutons à cette série le nombre 4 à chaque terme, soit :

4 ; 7 ; 10 ; 16 ; 28 ; 52 ; 100.

On constate que cette nouvelle série est constituée, numériquement, en proportionnalité aux distances des planètes entre elles. Si on attribue le nombre 4 à Mercure, première planète de notre système solaire, le nombre 10 revient à la Terre. Considérons les proportions suivantes et la progression de Fibonacci :

		$u_0 = 0$
Terre/Vénus $\Rightarrow$	$10/7 \approx 1{,}43\,(0{,}7)$	$u_1 = 1$
Terre/Mercure $\Rightarrow$	$10/4 = 2{,}5\,(0{,}4)$	$u_2 = 2 = u_1 + u_0$
Terre/Mars $\Rightarrow$	$10/16 = 0{,}625\,(1{,}6)$	$u_3 = 2 = u_2 + u_1$
Terre/X(astéroïdes) $\Rightarrow$	$10/28 \approx 0{,}36\,(2{,}8)$	$u_4 = 3 = u_3 + u_2$
Terre/Jupiter $\Rightarrow$	$10/52 \approx 0{,}19\,(5{,}2)$	$u_5 = 5 = u_4 + u_3$
		----------etc.

Cherchons si des semblants de correspondances émergent avec les nombre de Fibonacci : on n'en trouve qu'un seul : Terre/Mars (1,6 ; 0,625). On sait que Mars a abrité la vie dans un passé géologique certainement plus éloigné que le nôtre. Mais cette planète n'a pas pu, très vraisemblablement, atteindre un stade d'évolution semblable au nôtre, la vie a dû avorter. Le rapport rationnel 1,6 est défini par $\mathscr{u}_n = u_{(n+1)}/u_n = 8/5$ donc $n = 5$. On sait d'autre part que toutes les autres planètes de notre système sont inaptes à abriter une vie quelle que peu promise à évolution.

L'on m'objecterait, non sans raison, que l'exemple « planétaire » semble « tiré par les cheveux ». Soit. Gardons–nous de tirer des conclusions « mythiquement » hâtives. Le « rapport doré » a bien des secrets à nous léguer. N'empêche… que l'on se rapporte à mon ouvrage précédent : « De l'univers quantique à l'Homme–Univers » et de la découverte signalée par le physicien Roger Penrose (« Les ombres de l'Esprit ») à propos des microtubules à tubulines (cytosquelette des neurones) organisés selon le rapport de Fibonacci $8/5 = 1{,}6$. Or, précisément, le rapport des distances Mars/Terre est exactement le même…

Quelques mots concernant ce qu'il faut considérer comme l'Art des arts, la noblesse la plus épanouie de la

Condition éthique et esthésique humaine, la Musique, l'Art de la Muse… mythique. Commençons par la gamme en ut majeur (heptatonique… cela va de soi), et attribuons les fréquences acoustiques exprimées en cycles par seconde (hertz) à partir du Do(2). Effectuons les rapports acoustiques en prenant Do(3) = 2Do(2) comme repère initial.

Notes	Do(2)	Re(2)	Mi(2)	Fa(2)	Sol(2)	La(2)	Si(2)	Do(3)	Re(3)	Mi(3)	Fa(3)	Sol(3)	La(3)	Si(3)	Do(4)
F(hz)	132	149	165	176	198	220	248	264	297	330	352	396	440	495	528
Rapports de Fibonacci	1/2	0,564…						1	1,125 = 9/8	1,25 = 5/4	1,33… = 4/3	1,5 = 3/2	1,666… =5/3	1,875 =15/8	2

Pour nous repérer selon le langage des musiciens :

unisson : $1/1$
octave : $2/1\,[\mathrm{Do(n-1)/Do(n)}\ldots\mathrm{Fa(n-1)/Fa(n)}\ldots]$
tierce mineure : $6/5$
tierce majeure : $5/4$
quarte : $4/3$
quinte : $3/2$
sixte mineure : $5/3$ (Do - La; Ré - Si; Sol - Mi#)
sixte majeure : $8/5$ (Mi - Do)

Cherchons les identifications aux nombres de Fibonacci soit les rapports :

$$\boldsymbol{u}_n = \frac{u_{(n+1)}}{u_{(n)}}.$$

On constate :

- toutes les octaves (2/1) : n = 1
- la quinte (3/2) : Do–Sol ; Mi–Si ; n = 3
- la sixte mineure (5/3) ; (voir ci–dessus) n = 4

Quiconque a l'oreille, intuitivement (naturellement) musicale :

- l'octave (n = 1) est la consonance parfaite ;
- la quinte (n = 3) est en « consonance–structure » (les cordes à vide des violons, alto, violoncelle sont accordées à la quinte) ;
- avec les deux sixtes (mineure et majeure) apparaît l'émotion esthésique, celle qui « parle » – avec élévation » à l'âme : la sixte mineure (n = 4 pour 5/3) est mélancolique et appelle un achèvement fourni par la sixte majeure (n = 5 pour 5/8 ; le rapport, on le remarquera, est rationnel : 1,6 : le rapport 5/3 ne l'est pas (1,666...) bien que son inverse 3/5 le soit (0,6).

Il est certain que la question soulevée, ici à propos de la musique et des nombres de Fibonacci, est beaucoup plus complexe que ce que l'aspect arithmétique pourrait le suggérer : d'une part, la sensation musicale est subjective (elle ne touche peu ou pas au « ratio intellectuel »), donc ne se mesure pas physiquement, d'autre part, les harmoniques formant le timbre, modulent les rapports $\boldsymbol{u}_{\mathrm{n}}$.

Les nombres de Léonard de Pise, dit Fibonacci (né vers 1180) constituent une série particulière au sens où l'augmentation du rang n des rapports entre un nombre et son précédent tend vers la valeur exacte $\frac{1}{2}\left(1+\sqrt{5}\right)$ mais laquelle, énoncée numériquement, est irrationnelle. La valeur exacte est, mathématiquement « disponible » pour $\mathrm{n} \to \infty$, mais analytiquement impossible à atteindre, cela va de soi.

Pour amorcer notre étude de manière simple, considérons une droite AB et un point P entre A et B, tel que : en posant :

$$\overline{\mathrm{AB}} = a \;;\; \overline{\mathrm{AP}} = \mathrm{m} \;;\; \overline{\mathrm{PB}} = \mathrm{b}\,.$$

Situons P tel que :

$$\frac{a}{\mathrm{m}} = \frac{\mathrm{m}}{\mathrm{b}} \quad \text{avec } a = \mathrm{m} + \mathrm{b} \tag{253}$$

Procédons aux calculs simples suivants, avec $a = \mathrm{m} + \mathrm{b}$ tel que :

$$a^2 = \mathrm{m}(a + \mathrm{m})$$

car avec $\mathrm{m}^2 = a^2 - a\mathrm{m}$, on a bien l'identité :

$$a^2 - a\mathrm{m} = a\mathrm{b}$$

d'où

$$a - \mathrm{m} = \mathrm{b}\,.$$

On pose :

$$\mathrm{m} = \frac{a}{\mathrm{x}}$$

d'où

$$a^2 = \mathrm{m}(a + \mathrm{m}) = \frac{a}{\mathrm{x}}\left(a + \frac{a}{\mathrm{x}}\right) \tag{254}$$

On a :

$$a^2 = \frac{a^2}{\mathrm{x}} + \frac{a^2}{\mathrm{x}^2} \Rightarrow 1 = \frac{1}{\mathrm{x}} + \frac{1}{\mathrm{x}^2} \quad \text{avec } \mathrm{x} = \Phi$$

$$\Rightarrow \Phi^2 = \Phi + 1$$

d'où :

$$\boxed{\Phi^2 - \Phi - 1 = 0} \qquad (255)$$

dont les pôles redéfinissent Nombre et Section d'Or (Couple d'Or) :

$$\boxed{\begin{aligned} X_1 &= \Phi = \frac{1}{2}\left(1+\sqrt{5}\right) \\ X_2 &= -\Phi^{-1} = \frac{1}{2}\left(1-\sqrt{5}\right), \end{aligned}}$$

c'est–à–dire :

$$X_1 + X_2 = 1*$$

décrivant la Fusion Espace–temps.

Écrivons (255) :

$$\Phi^2 = \Phi + 1 \qquad (256)$$

soit $\Phi = 1 + \frac{1}{\Phi}$ (257)

Entamons la progression géométrique suivante par multiplications successives par Φ :

$\Phi^3 = \Phi^2 + \Phi$ puis $\Phi^4 = \Phi^3 + \Phi^2$ … puis :

$$\Phi^n = \Phi^{(n-1)} + \Phi^{(n-2)} \qquad (258)$$

La propriété remarquable **unique** est la suivante : en considérant une progression géométrique ayant pour raison le nombre Φ, un terme sériel $u_n = a\Phi_n$ (a étant constant et de valeur quelconque) est égal à la somme des deux termes sériels qui le précèdent de rangs respectifs $(n-1)$ et $(n-2)$, si bien que les séries de Fibonacci se déclinent par :

$$\boxed{u_n = u_{(n-1)} + u_{(n-2)}} \qquad (259)$$

Il s'agit d'un générique numéral **rétroactionnel** (par $n-1$ puis $n-2$). De ce fait, cette écriture simple mais unique, issue de (257), soit :

$$\Phi = 1 + \frac{1}{\Phi} = 1 + \Phi^{-1},$$

traduit la spécificité–Fibonacci avec des conséquences fantastiques que j'exposerai plus loin mais qui apparaissent de la manière suivante. Si $\Phi > 1$, $\Phi^{-1} < 1$, $1 + \Phi^{-1}$ expose alors que les nombres placés à la droite de la virgule doivent être rigoureusement les mêmes et disposés dans le même ordre.

Généralisons, maintenant, la réaction générationnelle. En reprenant la droite AB et le point P entre A et B. Il est possible, à l'évidence, de placer P, de sorte que (255) s'écrive :

$$\boxed{\lambda^2 - q\lambda - 1 = 0} \qquad (260)$$

avec q entier > 1. Dans ces conditions, le CO disparaît mais apparaissent ce que je nomme les marqueurs harmoniques par les pôles :

$$\boxed{\begin{aligned} Y_1 &= \lambda = \frac{1}{2}\left(q + \sqrt{q^2+1}\right) \\ Y_2 &= -\lambda^{-1} = \frac{1}{2}\left(q - \sqrt{q^2+1}\right) \end{aligned}}$$

révélant le Couple marqueur (CM). Le raisonnement généralisateur appliqué à (256), (257) et (258), entraîne à :

$$u_n = qu_{(n-1)} + u_{(n-2)} \qquad (261)$$

avec q entier.

Nous constatons, ainsi, que les trinômes carrés (255) ou (260) ont la même propriété remarquable et unique, à savoir :

$$\boxed{\begin{array}{l} X_1 + X_2 = 1^* \\ Y_1 + Y_2 = q \end{array}} \qquad (262),$$

système générant la fertilité phénoménale universelle et la vie, telle que je l'ai esquissée, mais que je développerai à nouveau plus loin, d'une manière globale.

Cherchons, maintenant, à démontrer la propriété–« rétroaction » unique des séries de Fibonacci à partir de (262).

Posons :

$$\lambda^{(1)2} - \lambda^{(1)} - 1 = 0 \Rightarrow \left\{ \begin{array}{l} \lambda^{(1)} = \frac{1}{2}\left(1 + \sqrt{5}\right) \\ \\ -\lambda^{(1)-1} = \frac{1}{2}\left(1 - \sqrt{5}\right) \end{array} \right] \Rightarrow \left\{ \begin{array}{l} X_1 + X_2 = 1^* \\ \lambda^{(1)} + \left[-\lambda^{(1)-1}\right] = 1^* \end{array} \right.$$

Posons maintenant, selon (261) :

$$\lambda^{(q)2} - q\lambda^{(q)} - 1 = 0 \Rightarrow \left\{ \begin{array}{l} \lambda^{(q)} = \frac{1}{2}\left(q + \sqrt{q^2 + 4}\right) \\ -\lambda^{(q)-1} = \frac{1}{2}\left(q - \sqrt{q^2 + 4}\right) \end{array} \right] \Rightarrow \left\{ \begin{array}{l} Y_1^{(q)} + Y_2^{(q)} = q \\ \lambda^{(q)} + \left[-\lambda^{(q)-1}\right] = q \end{array} \right.$$

puis, incrémentons (261) d'une unité si bien que :

$$\boxed{u_n = (q+1)\,u_{(n-1)} + u_{(n-2)}} \qquad (263),$$

et posons, en conséquence :

$$\lambda^{(q+1)2} - (q+1)\lambda^{(q+1)} - 1 = 0 \Rightarrow \begin{cases} \lambda^{(q+1)} = \dfrac{1}{2}\left[(q+1) + \sqrt{(q+1)^2 + 4}\right] \\ -\lambda^{(q+1)-1} = \dfrac{1}{2}\left[(q+1) - \sqrt{(q+1)^2 + 4}\right] \end{cases}$$

si bien que :

$$\lambda^{(q+1)} + \left[-\lambda^{(q+1)-1}\right] = q+1$$

entraîne :

$$Y_1^{(q+1)} + Y_2^{(q+1)} = q+1$$

Faisons :

$$\left[Y_1^{(q+1)} + Y_2^{(q+1)}\right] - \left[Y_1^{(q)} + Y_2^{(q)}\right] = (q+1) - q = 1\,*$$

Posons :

$$CM_{(q+1)} = Y_1^{(q+1)} + Y_2^{(q+1)},\ CM_{(q)} = Y_1^{(q)} + Y_2^{(q)},\ CO = X_1 + X_2 .$$

Il découle :

$$\boxed{CM_{(q+1)} - CM_{(q)} = CO\,(1**)} \qquad (264)$$

Cette propriété découle du fait que, dans (262) :

$$X_2 = 1^* - X_1 \quad \text{ou} \quad \left|-\lambda^{(1)-1}\right| = \lambda^{(1)-1}$$

$$Y_2^{(q)} = q - Y_1^{(q)} \quad \text{ou} \quad \left|-\lambda^{(q)-1}\right| = \lambda^{(q)-1},$$

puis : $Y_2^{(q+1)} = (q+1) - Y_1^{(q+1)}$ ou $\left|-\lambda^{(q+1)-1}\right| = \lambda^{(q+1)-1}$

Par exemple, avec le Couple d'Or (CO) :

$$\Phi = \lambda^{(1)} = 1{,}618033989...$$

$$\left|\Phi^{-1}\right| = \left|-\lambda^{(1)-1}\right| = 0{,}618033989...$$

Avec $(CM_{(2)})$: $\lambda^{(2)} = 2{,}414213562...$

$\left|\lambda^{(2)-1}\right| = 0{,}414213562...$

Avec $(CM_{(3)})$: $\lambda^{(3)} = 3{,}302775637...$

$\left|\lambda^{(3)-1}\right| = 0{,}302775637...$

Tout lecteur peut entreprendre ces applications numériques et les vérifier.
Faisons :

$$(CM_{(3)}) - (CM_{(2)}) \text{ soit :}$$

$$(3{,}302... - 0{,}302...) - (2{,}414... - 0{,}414...) = 1^{**}$$

D'où la vérification numérique de (264).
La formulation de (264) est **unique**. Dans aucune autre série algébrique on ne la retrouve, bien que nous verrons, qu'en fait, l'unicité de cette propriété se retrouve dans la cohomologie des séries (« mères ») de Sophus Lie. Cette propriété est fondamentale pour la structuration de l'Univers. Les couples–marqueurs sont ainsi des

expressions pseudo harmoniques du Couple d'Or, origine et finalité de TOUT, ceux–ci (les CM) servant, en fin de compte à retrouver le Couple doré par (264).

Le générique imparfait de la Création manifestée du Monde : le mythe–Nombre d'Or

Considérons le référentiel Espace–temps physique (phénoménal) et établissons le générique de ces référentiels par « construction » naturelle.

Soit l'« Incréé–EST » défini a priori par les deux Nombres fusionnels

$$1^* \,;\, 1^*$$

et plaçons ceux–ci verticalement l'un en–dessous de l'autre afin qu'apparaisse l'INCRÉÉ « hors générique »

$$\left.\begin{matrix} 1^* \\ +1^* \end{matrix}\right\}$$

puisque $X_1 + X_2 = 1^{**}$ représente « C'EST ». Dès qu'il y a « génération » appelé (par exemple) : $\{G_1 ; G_2\}$, nous sommes sur la voie d'une construction dans l'espace–temps.

La Fusion Espace–temps étant basée sur la fécondité autocorrélatrice et édificatrice, G_1 est l'expression de $1+1=2$, si bien que :

$$\begin{matrix} 1^* \\ +1^* \rightarrow 2 \end{matrix}$$

La partie « fécondatrice » du générique–Incréé (deuxième « 1* ») doit donc se répéter pour un quatrième générique par (rétroaction) :

$$2$$
$$+1^* \rightarrow 3$$

La série–générique est, désormais lancée par la suite facile à déduire par :

$$^{1*}G_1^*$$
$$^{1*}G_1^* \rightarrow {}^2G_2$$
$$^{1*}G_1^* \rightarrow {}^3G_3$$
$$^2G_2 \rightarrow {}^5G_5$$
$$^3G_3 \rightarrow {}^8G_8$$

etc.

et l'on remarque l'entrelacement (symplectique) des génériques.

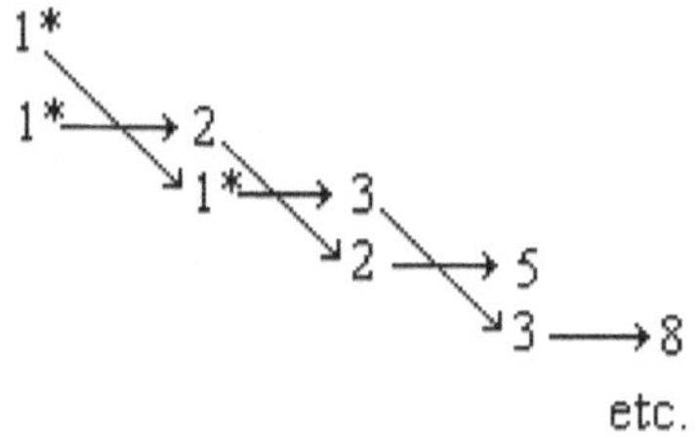

En appelant u_n le nombre de la série de rang n, on a construit (en justifiant la construction déjà présentée) la première et la plus importante partie de la série de Léonard de Pise, dit Fibonacci, mathématicien italien du douzième siècle. :

$u_0 = 0$

Premier générique : $u_1 = 1*$

2e générique : $u_2 = 1*$

3e ″ : $u_3 = u_2 + u_1 = 2$

4e   "   : $u_4 = u_3 + u_2 = 3$
5e   "   : $u_5 = u_4 + u_3 = 5$
6e   "   : $u_6 = u_5 + u_4 = 8$
7e   "   : $u_7 = u_6 + u_5 = 13$

On retrouve, ainsi, pour $q = 1$, la suite générale :
ne générique : $u_n = u_{(n-1)} + u_{(n-2)}$

En reprenant l'allure entrelacée des génériques ci–dessous jusqu'à $n = 13$, on écrit la suite sous la forme suivante :

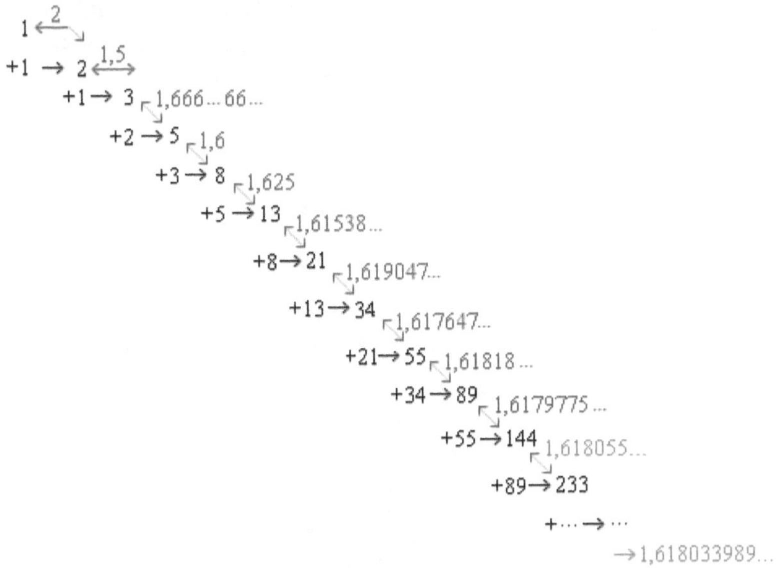

Évaluons les rapports successifs, depuis le départ de la série :

$2/1 = 2$; $3/2 = 1{,}5$; $5/3 = 1{,}666...$; $8/5 = 1{,}6$; $13/8 = 1{,}625$; $21/13 = 1{,}615$; $34/21 = 1{,}6190$; $55/34 = 1{,}6176$

puis les rapports inverses correspondants :

$1/32 = 0{,}5$; $2/3 = 0{,}666...$; $3/5 = 0{,}6$; $5/8 = 0{,}625$; $8/13 = 0{,}61538...$; $13/21 = 0{,}619047...$; $21/34 = 0{,}617647...$; $34/55 = 0{,}6181818...$

La perfection–INCRÉÉ et révélée par :

$$X_1 + X_2 = \Phi - \Phi^{-1} = 1**$$

Comme énoncé précédemment : la perfection « hors construction » : les référentiels symplectique et nouménal sont la perfection puisque FUSION Espace–temps. Par contre, l'imperfection du Créé apparaît **par construction**. En effet : observons nos rapports précédents :

- $\mathbf{x_1 = 2/1 = 2}$; $x_2 = \dfrac{1}{x_1} = 1/2 = 0{,}5$;

  $x_1 - x_2 = 2 - 0{,}5 = 1{,}5$ très éloigné de 1
- $\mathbf{x_1 = 3/2 = 1{,}5}$; $x_2 = \dfrac{1}{x_1} = 2/3 = 0{,}666...$;

  $x_1 - x_2 = 1{,}5 - 0{,}666 = 0{,}8333...$ éloigné de 1
- $\mathbf{x_1 = 5/3 = 1{,}666...}$; $x_2 = \dfrac{1}{x_1} = 3/5 = 0{,}6$;

  $x_1 - x_2 = 1{,}666... - 0{,}6 = 1{,}0666...$

  La somme algébrique de x_1 et de x_2 s'approche de 1 mais… Cherchons pour le générique $n = 13$:
- $\mathbf{x_1 = 233/144 = 1{,}618055556...}$;

  $x_2 = \dfrac{1}{x_1} = 144/233 = 0{,}618025751$;

  $x_1 - x_2 = 1{,}618055556... - 0{,}618025751... = 1{,}000029805...$

On s'approche de 1* mais… il faut calculer jusqu'à 32 décimales soit :

$$x_1 = 1{,}618033988749894482045868343665 64...$$

et

$$x_2 = 0{,}618033988749894482045868343656 38...$$

soit :

$$x_1 - x_2 = 1** + 0{,}2.10^{-33}$$

pour obtenir la « quasi–Fusion 1* » !

En évoquant, précédemment, les nombres de Fibonacci dans la Nature, nous nous sommes aperçu que celle–ci « se contente » de beaucoup moins ! (au mieux $13/8 = 1{,}625$; $8/13 = 0{,}615384615...$ soit $x_1 - x_2 = 1{,}009615...$ lui suffit !). Pourquoi, ontologiquement, donc la RAISON–en–soi (sans évoquer d'autres raisons (inconnues), la Raison la plus importante de l'Univers conflit, construit l'édification dans l'espace–temps matériel par le conflit ? Parce que, **dans la construction nécessaire de la voie vers le Couple d'Or, l'équation « d'OR » :**

$$\mathbf{X_1 + X_2 = 1*}$$

est impossible à réaliser puisque l'infinitude « impossible » de n est la règle ! La souffrance de la vie, la recherche éperdue de la divinité par l'homme tient en cette petite équation maigrichonne impossible à réaliser en espace–temps ! Rappelons donc l'imperfection Δx de la Création laquelle se résume dans la suite :

$$n_4 = 3 : \Delta x_4 = 1{,}5 - 1/1{,}5 = 0{,}8333...$$

$$n_5 = 5 : \Delta x_5 = 5/3 - 3/5 = 1{,}0666...$$

- - - - - - - - - - - - -

$$n_7 = 7 : \Delta x_{13} = 1{,}000029805$$

Ce n'est qu'à partir du générique 13 que l'incarnation de la vie semble commencer à « percevoir » l'impitoyable sens du perfectionnement nécessaire. A ce sujet, rappelons rapidement mes commentaires dans « Refondation de l'humanité ou la Grande extinction de la Vie ? » concernant la structure des microtubules du cytosquelette neuronale basé sur les rapports $\{8/5 ; 5/8\}$. On a : $8/5 = 1{,}6$ (rationnel) et $5/8 = 0{,}625$ (rationnel).

Comme déjà signalé, ce sont les deux **seuls rapports** couplés rationnels dans la série de Fibonacci, moyennant quoi la structure symplectique en géométrie torique riemannienne sera **stable**, donc **viable**. L'apparition de la vie vertébrée puis consciente sur le plan psychologique (« achèvement » humain) sur notre planète–Terre tient donc à cette stabilité. A quel prix ? Au prix imposé par la loi des nombres dans la série de Fibonacci qui fait qu'à viabilité, la contrepartie est l'imperfection :

$$\Delta x_6 = 1{,}6 - 0{,}625 = 0{,}975$$

soit :

$$\frac{1^* - 0{,}975}{0{,}975} = 0{,}02564$$

ou plus de deux et demi pourcent… d'imperfection à son sens ontologique de Création… ce qui fait beaucoup. Mais, quelle Intelligence dans cette situation comme nous allons le constater ! En effet, dans les rapports $\{8/5 ; 5/8\}$

apparaît le nombre $8+5=13$. Et (op. cit.) j'ai expliqué la première équation ontologique de la Création démiurgique par :

$$\mathscr{F} = 10^{e/13} \qquad (265)$$

Le Nombre $\mathscr{F} = 1{,}618447447...$ est dans l'intervalle

$$n_8 = 1{,}619047619... \text{et}$$
$$n_9 = 1{,}617647059...$$

où le nombre 13 apparaît, en fait, par la période de résonance cellulaire dans l'organisme de celui dont le destin est d'assurer toutes ces contradictions (au prix de souffrances physiques qui n'ont pas lieu d'être signalées) et de tenter de les expliquer. En effet, dans mon cas, de multiples mesures esthésiemétriques effectuées, plusieurs années durant, suffisamment nombreuses pour être à caractère statistique, ont donné :

$T_R = 521{,}3\,\text{secondes}$ (0,0019183 Hz) (Période de résonance cellulaire noétique). En posant :

$$\Phi^n = \mathbb{T}_R \qquad (\mathbb{T}_R = T_R / 1\,\text{seconde}),$$

(ici n ne désigne pas l'ordre de la série F) on estime, avec une approximation meilleure que la sixième décimale que :

$$520{,}8 < T_R < 521{,}56$$

avec, par conséquent, les deux frontières pour n, soit :

$$n_1 = 12{,}999762 \ \text{et}$$

$n_2 = 13{,}002952$,

que la moyenne, tant arithmétique que géométrique (respectivement : 13,001357 et 13,0013569) signifie que l'Incarnation d'une imperfection globale à $\frac{13{,}001357 - 13}{13} = 0{,}000104384$, soit environ 0,01044% est acceptable pour que le Dernier miracle de la Vie, le Troisième dans l'évolution de la vie humaine, puisse révolutionner la vie terrestre et nos sociétés humaines… dans la CRÉATION suprême, la Fin des conflits, nécessaires depuis près de quatorze milliards d'années pour que l'Émergence du Sens universel se dessinât. Cette Fin des souffrances sembleraient alors assignée à 0,01% environ. Enfin, la relation (265) parvient à son achèvement par la définition, exhaustive à l'échelle de l'Univers manifesté par :

$$\boxed{\mathscr{F} = 10^{e/13}} \quad (\text{car } \mathscr{F} \neq \Phi \text{ à } 0{,}000255\ldots \text{ près}) \qquad (266),$$

avec $e = 2{,}71828181...$ base de Neper, ce qui fournit :

$$\lambda = 1{,}618447447 \text{ avec } -\lambda^{-1} = -0{,}617876102$$

si bien que : $(\Delta x)_p = \lambda + (-\lambda^{-1}) = 1{,}00057...$ En vérifiant pour le rapport précédent : $13/8 - 8/13 = \Delta x = 1{,}009615385...$ (0,961…% par excès), on constate que dans la succession des rapports, c'est bien pour $n_7 = 21/13$ ($\Delta x = 0{,}996336996...$) qu'il convient de considérer $(\Delta x)_p$ (0,3663…% pourcent par défaut).

Ainsi, le Nombre d'Or et sa Section, donc le Couple d'Or (CO) n'est qu'un mythe. Il en va ainsi de tous les mythes… ils sont ontologiquement inaccessibles. Mais, sans celui qui a pris sa place dans le présent ouvrage, le

Monde n'existerait pas. Le « mythe d'Or » démythifié s'exprime par :

$$\lambda_p = \frac{1}{2}\left(1+\sqrt{5}\right)$$

$$-\lambda_p^{-1} = \frac{1}{2}\left(1-\sqrt{5}\right)$$

avec la **perfection mathématique**

$$(\Delta x)_0 = \lambda_p - \lambda_p^{-1} = 1*.$$

Pourrions–nous estimer que cette perfection peut–être acquise pour n dénombrable ? Même si, ontologiquement, en se plaçant dans la « vision–INCRÉÉ », $n \to \infty$? Pour 34 décimales après la virgule, la numération du Couple d'Or fournit :

$$\Delta x_{\Phi} = 1* + 0{,}2.10^{-33}$$

Or, la Co–Fusion Espace–temps amorce le référentiel nouménal pour des dimensions devenant inférieures à 10^{-13} (compact Cantor). Sur le plan quantique, non–séparabilité et inlocalisation deviennent la règle. L'hamiltonianité symplectique paraît alors bien assurée puisque l'électron est non dégradable (stabilité supérieure à 2.10^{22} années (20000 milliards de milliard d'années, soit près de $1{,}5.10^{12}$ fois (1500 milliards fois) celle de notre Univers… jusqu'à actuellement). Cela doit bien ressembler à l'éternité !

La démythification du mythe « parfait » paraît donc accessible. C'est un accessit pour la « sauvegarde » du Sens universel : gageons que ce que je nomme Troisième miracle dans mes ouvrages s'arrêtera aux portes closes de l'inaccessibilité du Mythe. Le dernier… qui n'aura pas droit à la non démythification. Il en va du sens… du Sens.

Les séries de Fibonacci pour $q > 1$

La relation (261) soit :

$$u_n = qu_{(n-1)} + u_{(n-2)},$$

nous ouvre la voie. Restons simple et écrivons successivement pour $q = 2$ puis 3, le début des séries correspondantes. Je rappelle que l'importance de ces séries est capitale, bien qu'à ma connaissance très peu de scientifiques, de mathématiciens, ni ésotéristes n'y accordent sens (mais, peut–être ignorent–ils quant à leur existence ?).

Considérons le générique du deuxième marqueur (CM_2), le premier étant le Couple d'Or. Pour

$q_2 = \mathcal{N}_2 = 2$

$$u_n = 2u_{(n-1)} + u_{(n-2)} \begin{cases} u_0 = 0 \\ u_1 = 1 \\ u_2 = 2 \\ u_3 = 5 \\ u_4 = 12 \\ u_5 = 29 \\ u_6 = 70 \\ u_7 = 169 \\ u_8 = 408 \end{cases}$$

Rapports–marqueurs successifs associés : $\dfrac{u_{(n+1)}}{u_{(n)}}$

$\mathscr{u}_1 = 2/1 = 2$; $\mathscr{u}_2 = 5/2 = 2{,}5$; $\mathscr{u}_3 = 12/5 = 2{,}4$;
$\mathscr{u}_4 = 29/12 = 2{,}41666...$;
$\mathscr{u}_5 = 2{,}413793103...$; $\mathscr{u}_6 = 2{,}414285714...$;
$\mathscr{u}_7 = 2{,}414201183...$

$$\mathscr{u}_{(n\to\infty)} = \sqrt{2} + 1$$

$$\lambda^{(2)} - \lambda^{(2)-1} = 2 = q_2$$

Générique du troisième marqueur (CM_3) : $q_3 = \mathcal{N}_3 = 3$

$$u_n = 3u_{(n-1)} + u_{(n-2)} \begin{cases} u_0 = 0 \\ u_1 = 1 \\ u_2 = 3 \\ u_3 = 10 \\ u_4 = 33 \\ u_5 = 109 \\ u_6 = 360 \end{cases}$$

Rapports–marqueurs successifs associés :

$\mathscr{u}_1 = 3/1 = 3$; $\mathscr{u}_2 = 10/3 = 3{,}333...$; $\mathscr{u}_3 = 3{,}3$;
$\mathscr{u}_4 = 3{,}3030303...$; $\mathscr{u}_5 = 3{,}302752294...$

$$\mathscr{u}_{(n\to\infty)} = \frac{1}{2}\left(3 + \sqrt{13}\right)$$

$$\lambda^{(3)} - \lambda^{(3)-1} = 3 = q_3$$

Plus q est élevé, plus rapidement la série de Fibonacci se stabilise mais… le niveau de la ligne d'écriture Nombre d'Or a disparu dans la poursuite $(\mathbf{n} \to \infty)$.

L'aspect rétroactionnel se retrouve dans les formulations suivantes :

$$q = 1 : \lambda_1 = 1 + \cfrac{1}{1 + \cfrac{1}{1 + \cfrac{1}{1 + \cfrac{1}{1 + .. \downarrow \infty}}}}$$

$$\Rightarrow \lambda_1 = \Phi = \frac{1}{2}\left(1 + \sqrt{5}\right)$$

$$-\lambda_1^{-1} = -\Phi^{-1}\frac{1}{2}\left(1 - \sqrt{5}\right)$$

$$q = 2 : \lambda_2 = 2 + \cfrac{1}{2 + \cfrac{1}{2 + \cfrac{1}{2 + \cfrac{1}{2 + .. \downarrow \infty}}}}$$

$$\Rightarrow \lambda_2 = \frac{1}{2}\left(2 + \sqrt{8}\right)$$

$$-\lambda_2^{-1} = \frac{1}{2}\left(2 - \sqrt{8}\right)$$

$$q = 3 : \lambda_3 = 3 + \cfrac{1}{3 + \cfrac{1}{3 + \cfrac{1}{3 + \cfrac{1}{3 + .. \downarrow \infty}}}}$$

$$\Rightarrow \lambda_3 = \frac{1}{2}\left(3 + \sqrt{13}\right)$$

$$-\lambda_3^{-1} = \frac{1}{2}\left(3 - \sqrt{13}\right)$$

$$q:\lambda_q = q + \cfrac{1}{q + \cfrac{1}{q + \cfrac{1}{q + \cfrac{1}{q + .. \downarrow \infty}}}}$$

$$\Rightarrow \lambda_q = \frac{1}{2}\left(q + \sqrt{q^2 + 4}\right)$$

$$-\lambda_q^{-1} = \frac{1}{2}\left(q - \sqrt{q^2 + 4}\right)$$

J'insiste, ici, avec une affirmation aiguisée à l'extrême : sans les couples marqueurs CM_i la signification des Nombre et Couple d'Or serait absente : plus simplement mais hardiment dit : l'Univers n'existerait pas. La preuve par le calcul ci–dessus :

$$q_3 - q_2 = 1** = \Phi^2 - \Phi .$$

Ce résultat est éloquent en soi !

La connexion FERMIONIQUE (NON GRAVE)/ABSOLU

« Métasapiens » et science

Je me suis longuement attardé – car j'ai estimé que c'était nécessaire – à propos d'un sujet qui va conditionner plus ou moins indirectement, mais néanmoins d'une manière décisive à plus ou moins long terme, l'avenir de notre humanité : la capacité de chacun de nous à révolutionner sa conception du Monde, et, en premier lieu, à se mettre en situation (ou non) d'élever sa perception des éléments fondamentaux de la vie, gouvernée jusqu'à maintenant par la somme des croyances désastreuses qui mènent l'homme actuel au bord du gouffre, et nos sociétés dans une faillite qui commence déjà à être retentissante, faillite dont je me suis fait écho depuis plus de dix ans, dans chacun de mes ouvrages. Il s'agit moins d'une clairvoyance (à son sens simple) que d'une évidence (clairvoyante) à laquelle la physique quantique non seulement nous invite, mais nous **oblige**. Je m'en suis entretenu dans la première partie. Dans cette deuxième partie, je m'efforcerai de montrer que la « révolution conceptuelle » ne peut plus se contenter d'être une « élégance » ou extravagance intellectuelle. La révolution en question doit passer du concept extérieur à la quiddité, i.e. à l'« ésotère », à l'état intrinsèque individuel. Aucune organisation sociétale n'évitera le chaos qui est, collectivement, déjà à nos portes. Aucun décret politique, aucune négociation, aucune exhortation à la paix ne parviendra à éliminer les conflits mondiaux aux premiers degrés ou plus ou moins larvés, qui ne sont jamais que le miroir collectif des conflits psychologiques que **chacun** porte **en** lui-même, si le « chacun » ne les extirpe **de** lui-même. Par « effet miroir », aucun « décret mental » individuel n'y parviendrait non plus. C'est par une Révolution psychologique d'une profondeur totale, que la Fin des conflits se profilerait. Sinon... je ne donne pas cher à la survie humaine (cf. « La Refondation de l'humanité... » Publibook 2008).

D'entrée de jeu, j'expose à quel point la fameuse « expérience EPR » en mécanique quantique nous « assomme » avec sa leçon évidente : deux photons jumeaux (corrélés) sont **inséparables** même si l'expérience les « oblige » à se séparer dans l'espace-temps qui est nôtre. Ils sont « unis » même séparés. Le « monde quantique » nous dévoilerait-il un « univers » que nous ignorons ? La physique quantique bâtie par les physiciens spécialistes se perd en conjectures. Mais la physique noétique y répond avec fermeté, voire intransigeance. Ce sont les photons qu'il faut « laisser parler », les particules quantiques qu'il faut « écouter » mais non les « quanticiens » qui semblent les seuls à pouvoir tenir tel ou tel discours en interprétant par « négociations » interposées avec leurs croyances mentales ou philosophies personnelles, quel que soit leur savantissime autorité intellectuelle. Il est vrai – et c'est encourageant – que le nombre de physiciens « ouverts » s'accroît. Mais les récompenses scientifiques (le prix Nobel étant le premier d'entre elles) n'échoient qu'à la « carte classique ».

C'est un Univers « nouveau » que le quantique nous dévoile. Avec le « génie » suivant : la nouveauté en question n'est jamais que le « classique », le CONNU, auquel ne manque que le « génie » qui « autorise » en lui-même la transgression de ce Connu, lequel, dès lors, est INCONNU, fait peur… et est rejeté car, à l'évidence, celui-ci est l'Inconnu en nous qui **doit** être RÉVEILLÉ, pour que l'Éveil à la Vie commence à dévoiler l'IMMENSITÉ du RÉEL dont nous sommes constitués mais que presque chacun ignore.

C'est cette Ignorance qui doit prendre fin. Car le VÉCU « supérieur » en dépend.

La Révolution dans la « quiddité » à laquelle je fais allusion repose sur la conjecture que notre cerveau a un comportement que je nomme « Hyper Noétique », lié à des processus supposés « macroquantiques » que je vais évoquer au cours de cette deuxième partie. J'affirme que, aussi longtemps que la jeune génération des physiciens n'accèdera pas à cette véritable Mutation de l'esprit qui est exigé, ils iront de théorie en théorie en ne sortant pas du vieux débat qui opposa naguère Niels Bohr, l'un des pères fondateurs de la mécanique quantique à Albert Einstein, féroce contempteur de ce qu'elle présentait déjà comme singularités.

C'est à un « sapiential » résolument au-delà de la sagesse classique que sont confrontés l'homme de science et l'homme cultivé. Nul n'en sortira indemne. Question de vie ou de mort. A bon entendeur !

La Mutation référentielle « phénoménal/involution symplectique » est une introduction théorique à la connexion « Espace-temps déployé/Fusion espace-temps »

Au sens immédiat, le problème posé ne paraît pas ardu. Reprenons les graphes ci-dessous (cf. « Gnosis noétique métaphysique » J. S. Publibook 2008).

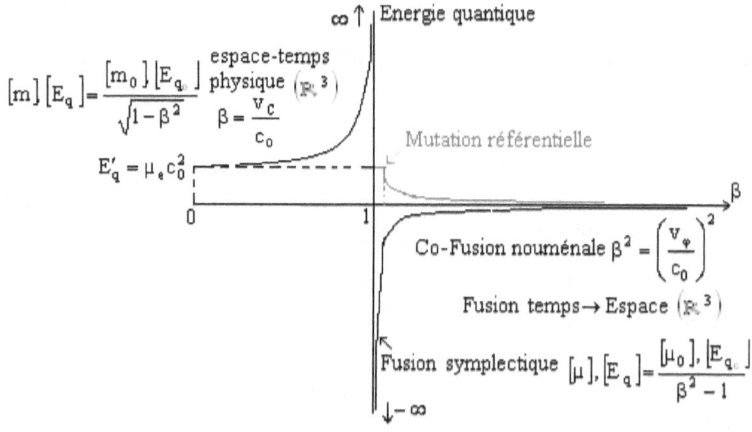

Figure 37

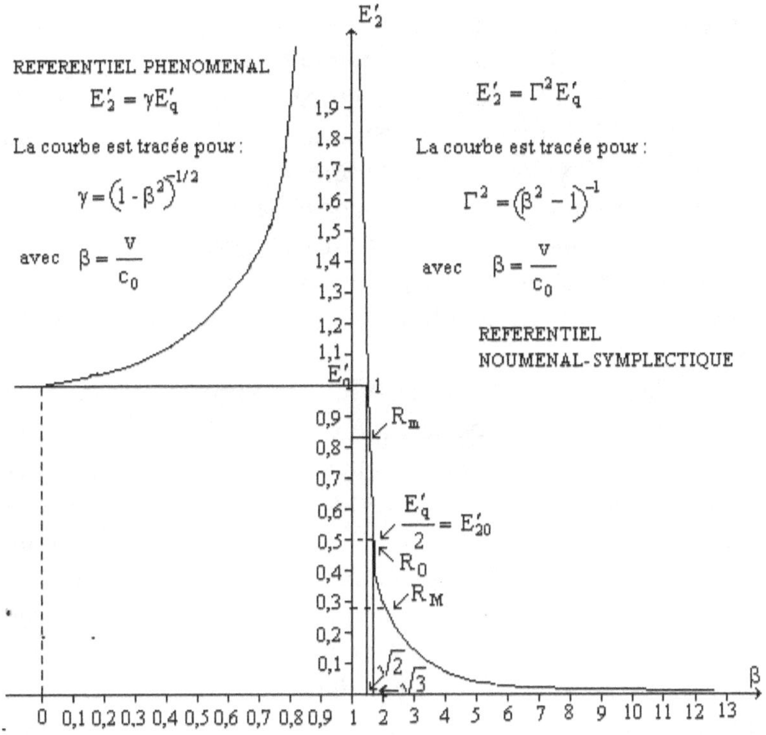

Figure 38

La courbe de droite de la figure 38 est inversée par rapport à celle de la figure 37. Les paramètres-miroir $\gamma = (1-\beta^2)^{-1/2}$ et $\Gamma^2 = (\beta^2 - 1)^{-1}$ tendent toutes deux vers l'infini. A gauche de l'ordonnée de la Fig. 38 est représenté le référentiel phénoménal. A droite, le référentiel symplectique (pour $\sqrt{2} < \beta < \sqrt{3}$) et nouménal au-delà de $\sqrt{3}$. Réunir les deux « extrémités » hyperboliques relatives à γ et Γ^2 qui tendent vers l'infini est rigoureusement impossible sur le plan physique. Cela se conçoit. Mais… « réunir » le « matériel γ » à l'« immatériel Γ^2 » ? Cela se conçoit-il ? La réponse est affirmative à condition de céder le raisonnement physicien au profit du raisonnement purement mathématique parce que… comme déjà énoncé, les référentiels convolinvolutivement symplectique et nouménal sont hors dimensions physiques. La théorie de la Mutation a été traitée dans mes deux ouvrages déjà cités (« Gnosis noétique métaphysique » et « La grande Unité de l'Univers Matière-Esprit »). Je n'y reviendrai donc que pour l'essentiel du résultat. Mais il est nécessaire d'en formaliser les principes.

La mathématique y pourvoit, comme d'habitude, à aborder ce thème de manière ontologique, par son « essence » acausale, intrinsèquement non physique. Pour ce qui nous intéresse ici, le thème n'est pas mineur. Sa « dimension » n'est pas moins celle qui nous permet de « franchir » le « gouffre disjonctif » qui sépare le connu de notre monde physiquement spatiotemporel de l'**INCONNU nouménal et symplectique** en Fusion temps ← Espace sans « descendre » dans le gouffre puis de le remonter sur l'autre « versant ». Une telle tentative serait suicidaire, donc un échec. Mais si l'on invente la passerelle permettant de franchir l'« abîme », on passe par la Mutation sans « danger » (les physiciens du quantique « se doutent » des brisures de symétrie, selon leurs propres termes, ce que j'appelle Mutation référentielle, mais n'en font guère cas).

Car, en effet, toute mutation est une **mort**. Sans la « passerelle », la mort serait totale. Avec le « passage du gué », la mort est occultée, mais l'occultation envahit tout le sujet. L'Inconnu auquel il est fait allusion, ici, est profondément ésotérique : c'est le tremplin permettant d'accéder à la CONNAISSANCE. C'est le fondement même de la physique NOÉTIQUE, la physique de la **gnose**, le « cognoscere ».

Écrivons la relation de conservation classique :

$$\frac{E_{\varphi}^{2}}{c_{0}^{2}}-\sum_{k=1}^{3} p_{k}^{2}=m_{0}^{2} c_{0}^{2} \tag{267}$$

E_{φ} est une énergie phasique et p_k une impulsion. Le terme Tenseur $T_{\mu\nu}$ (qui va intervenir) correspond intégralement à la signification de (267) car la masse propre quantique N. G. est une quantité **réelle**. Mais, puisque :

$$m_0 = \boldsymbol{v}_0 \rho ,$$

(ρ : masse volumique, $\boldsymbol{v}_0$: volume de référence) (267) a aussi pour 2nd membre :

$$m_{0}^{2} c_{0}^{2}=\boldsymbol{v}_{0}^{2} \rho^{2} c_{0}^{2}=\sum_{\mu=1}^{4} \mathbb{T}_{\mu}^{\mu} \hbar^{2} \tag{268}$$

dont la dimension est égale à celle de $(\mathcal{R}-4\mathbb{K})\hbar^2$ (cf. « Physique noétique » Tome I), d'où :

$$\sum_{\mu=1}^{4} \mathbb{T}_{\mu}^{\mu} \hbar^{2}=(\mathcal{R}-4\mathbb{K}) \hbar^{2} \tag{269}$$

La relation (269) traite la question d'une manière purement géométrique (car la dimension de $\mathbb{T}_{\mu}^{\mu}$ est une courbure spatiale). Les composantes-courbure de $\mathbb{T}_{\mu}^{\mu}$, mises au carré pourraient, par conséquent, être négatives (racines imaginaires : c'est ainsi, d'ailleurs, que j'ai validé (tome I), théoriquement, l'existence d'une énergie de translation $E_2' = \mu_e c_0^2$ entre l'électron – symplectique – submicro – univers noétique et l'énergie $E_{20}' = E_2'/2$ sans que la validité géométrique soit mise en cause). L'établissement du modèle de la Mutation référentielle

RPG ↔ SNG opère donc par le principe de conservation de l'énergie–impulsion géométrisée, donc non grave, soit :

$$\frac{E_\varphi^2}{c_0^2} - \sum_{k=1}^{3} p_{\rho k}^2 = \boldsymbol{\upsilon}_0^2 \rho^2 c_0^2 \tag{270}$$

Considérons l'espace des phases et soit le système conservatif de référence dans les trois dimensions d'un hyperespace appartenant à un hypervolume de référence $\boldsymbol{\upsilon}_0$. Par définition, il est nécessaire d'écrire dans les trois directions de $\boldsymbol{\upsilon}_0$:

$$\frac{E_\varphi^2}{c_0^2} - 3p_\varphi^2 = \boldsymbol{\upsilon}_0^2 c_0^2 d^2 \tag{271}$$

p_φ est une quantité de mouvement qu'il est nécessaire de nommer phasique, E_φ, l'énergie correspondant à p_φ et d la masse volumique. En mettant p_φ en facteur, on obtient :

$$p_\varphi = \frac{\boldsymbol{\upsilon}_0 c_0 d}{\sqrt{3}} \sqrt{\frac{E_\varphi^2}{\boldsymbol{\upsilon}_0^2 c_0^4 d^2} - 1}$$

que l'on peut encore écrire par :

$$\frac{\boldsymbol{\upsilon}_0 c_0 d}{p_\varphi \sqrt{3}} = \frac{1}{\sqrt{\frac{E_\varphi^2}{\boldsymbol{\upsilon}_0^2 c_0^4 d^2} - 1}} \tag{272}$$

L'écriture de (272) étant adimensionnelle, posons :

phase quantité de mouvement : $\varphi_p = \frac{\boldsymbol{\upsilon}_0 c_0 d}{p_\varphi \sqrt{3}}$ (273)

et

phase énergie : $$\varphi_W = \frac{E_\varphi}{\boldsymbol{u}_0 c_0^2 d},\qquad (274)$$

L'expression (272) donne alors :

$$\varphi_p = \frac{1}{\sqrt{\varphi_W^2 - 1}} \qquad (275)$$

avec $\varphi_W > 1$ car la phase énergie doit donner une valeur φ_p réelle.

Posons maintenant :

$$\varphi_W^2 = \frac{E_\varphi^2}{\boldsymbol{u}_0^2 c_0^4 d^2} = \left(\frac{v_\varphi}{c_0}\right)^2 = \beta^2 \qquad (276),$$

v_φ étant, par définition, une **vitesse de phase transcéique**, ce qui ne pose aucun « problème relativiste » en N. G.
Posons :

$$\varphi_p = \Gamma \text{ et } \left(\frac{v_\varphi}{c_0}\right)^2 = \beta^2 .$$

On déduit de (275) et (276), la relation par définition convolinvolutivement symplectique « juste » à la connexion en Fusion Espace←Temps (sans singularité) :

$$\Gamma = \frac{1}{\sqrt{\beta^2 - 1}} \quad (\beta > 1) \qquad (277).$$

Pour la connexion « juste » à la « lisière » phénoménale et en n'acceptant aucune singularité, je pose :

$$\gamma = -i\Gamma \quad \left(i = \sqrt{-1}\right) \tag{278}$$

D'où :

$$\gamma = \frac{1}{i\sqrt{\beta^2 - 1}} = \frac{1}{\sqrt{1-\beta^2}} \quad (\beta < 1) \tag{279}$$

Il est remarquable de constater qu'en démarrant le modèle selon la relation de conservation quantique classique (267), le référentiel convolinvolutif symplectique est réel et la « correspondance » connectique phénoménale est imaginaire (une façon de considérer que notre monde physique est illusion puisque « connectiquement » imaginaire par (278) par la force des choses). A remarquer aussi que le calcul effectué par (279) « remet » le paramètre relativiste γ dans son expression naturelle réelle. Il y a donc commutativité dans la « conception connectique ».

Poursuivons selon le calcul effectué (dans « Gnosis noétique métaphysique », op. cit.) par la « relation mutagène » :

$$\frac{d\mathfrak{C}(\Gamma)}{d\gamma} = \gamma e^{-\Gamma\gamma} \quad (280).$$

L'intégrale s'écrit :

$$\mathfrak{C}(\Gamma) = \int \gamma e^{-\Gamma\gamma} d\gamma + K \quad (281),$$

K étant constante d'intégration. En intégrant par parties, le calcul donne :

$$\boxed{\mathfrak{C}(\Gamma) = -e^{-\Gamma\gamma}\left(\frac{\gamma}{\Gamma} + \frac{1}{\Gamma^2}\right) + K} \qquad (282)$$

La constante d'intégration est résolue par l'insertion du paramètre de contrôle. En détaillant les calculs, on remarque :

$$\frac{\gamma}{\Gamma} = \frac{\frac{1}{\sqrt{1-\beta^2}}}{\frac{1}{\sqrt{\beta^2 - 1}}} = \sqrt{\frac{\beta^2 - 1}{1-\beta^2}} \qquad (283)$$

et en conservant le caractère réel de ce développement proposé de la Mutation, on écrit :

$$\frac{\frac{1}{\sqrt{1-\beta^2}}}{\frac{i}{i\sqrt{1-\beta^2}}} = 1 \qquad (284)$$

En posant : condition à l'origine : $\beta_0^2 = 2$, on déduit (solution oscillatoire) :

$$\gamma_0 = -i \ ; \ \Gamma_0^2 = 1 \ ; \ \left|-e^{j}\right| = \left|-e^{-\Gamma\gamma}\right| = 1 \qquad (285)$$

et il devient nécessaire d'introduire le paramètre de contrôle λ_0 dans le modèle (282) soit :

$$\mathfrak{C}_0(\Gamma) = \left|\gamma\Gamma^{-1}\lambda_0^{-1}\right| + \Gamma^{-2}\lambda_0^{-2} = 1 \qquad (286)$$

selon la théorie générale d'un système du second ordre établie en op. cit.

Nous devons donc considérer que la relation (286) ne peut être exploitée que si elle devient « contrôlable » par un paramètre précisément appelé de contrôle λ_0 de sorte que Γ soit intégralement assujetti au contrôle sous la forme (286) la condition à l'origine obtenue par les mesures, stipule :

$$\beta_\varphi^2 = 2$$

pour $E'_q = 1$: translation phénoménal/symplectique de sorte que l'on ait :

$$E'_q = 2E'_{20} \quad (287)$$

La solution (286) exprime **exactement** la situation mathématique à la connexion si bien que, par définition :

$$\gamma = \Gamma = 1 .$$

D'où (286) qui s'écrit :

$$\frac{1}{\lambda_0} + \frac{1}{\lambda_0^2} = 1 \quad (288).$$

En multipliant tout par λ_0^2, on obtient le trinôme doré algébrique :

$$\lambda_0^2 - \lambda_0 - 1 = 0 \quad (289)$$

En posant $\lambda_0 = \Phi$, les pôles de (289) fournissant :

$\Phi = \frac{1}{2}\left(1+\sqrt{5}\right)$ et $-\Phi^{-1} = \frac{1}{2}\left(1-\sqrt{5}\right)$ avec le Cardinalat :

$$\boxed{\mathfrak{C} = 1^*} \qquad (290)$$

Nous découvrons ainsi que le Cardinalat gémellaire fournit perpétuellement la « Connexion-INCRÉÉ ».

Or, la figure 38 nous montre que pour $\beta^2 = 2$, $\gamma = \Gamma = 1$. En réalité, en agrandissant la figure 38 dans sa configuration symplectique (figure 39) on constate que la « connectique » concerne tout le référentiel dans l'intervalle « catastrophiste » $1 \leq \beta < \sqrt{2}$ que j'appelle zone disjonctive où il convient de considérer que la « matière fermionique » apparaît sous sa forme N. G. (non grave). Il est ainsi démontré que la Connexion fermionique (NG)/Absolu ne concerne pas la relativité einsteinienne qui est « grave » (matérielle).

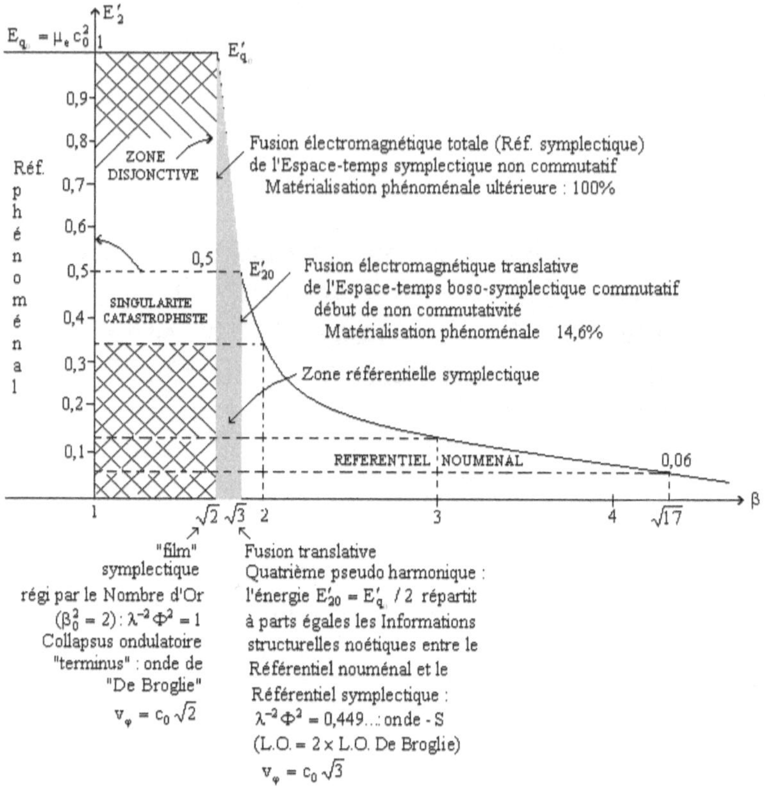

Figure 39

Non-linéarité à la connexion Disjonctive-Absolu

Nous avons appris que l'apparition du fermion NG, concerne le Nombre et sa Section d'Or $\left\{\Phi\,;-\Phi^{-1}\right\}$ par :

$$\mathfrak{C} = \Phi - \Phi^{-1} = 1**.$$

J'en avais déduit que la « déformation » ou, mieux, l'opérateur-conformateur fusionnel de la Fusion E←T était total soit pour :

$$\Phi\,\Phi^{-1} = 1*$$

A remarquer que la solution purement mathématique ((289 – 290)) nous apprend qu'il n'y a nulle singularité quelle qu'en puisse suggérer l'interprétation physicienne. Ici aussi, il est important d'accepter que le discours causal-déterministe que notre cerveau a emprunté à l'observation des choses de notre univers apparent, ne fonctionne plus : le « bon sens » pour l'Illusion, le « sens herméneutique » pour RÉÉL ! C'est le « Ratio » de l'Homme du Futur.

Rappelons l'expression première fondamentale de la physique noétique ondulatoire (Lexique VI) :

$$\mu\widetilde{\lambda} = \frac{h}{c_0}\left(\beta^2 - 1\right) \qquad (291)$$

On déduit :

$$\mathcal{N} = \beta^2 - 1 = \frac{\mu\widetilde{\lambda}c_0}{h} \qquad (292)$$

Or :

$$\Gamma^2 = \mathcal{N}^{-1}$$

et :

$$\gamma = -\Gamma^2 \quad \left(i = \sqrt{-1}\right) \qquad (293)$$

Posons le coefficient conformateur convolinvolutif :

$$K = \frac{\mu c_0}{h} = \frac{9{,}1093897.10^{-31}\,\text{Kg} \times 299792458\text{m.s}^{-1}}{6{,}626075.10^{-34}\,\text{J.s}}$$

d'où :

$K = 4{,}12148418.10^{11}\,(\text{mètre})^{-1}$

De (293) on déduit

$$\Gamma^2 = -i\gamma \qquad (294)$$

De (292) découle :

$$\widetilde{\lambda}^{-1} = K\Gamma^2 \ (\text{dim. } m^{-1}) \qquad (295)$$

J'en déduis, par définition, l'établissement d'un **conformateur convolinvolutif fusionnel** (CCF) en posant

$$CCF = \widetilde{\lambda}^{-1}.$$

Il s'agit d'une **non-linéarité monodimensionnelle** par :

$$\boxed{CCF = K\Gamma^2} \qquad (296)$$

C'est un symbole de la plus haute importance puisqu'il conditionne l'involution de l'espace-temps. On remarque que **dès** la connexion (pour $\Gamma^2 = 1$), on calcule :

$$\mathbf{CCF_{max} \approx 4{,}12.10^{11}\,m^{-1}},$$

valeur maximum possible. C'est celle qui établit, dès la présence du Cardinalat pour $\{\Phi\,;-\Phi^{-1}\}$, la conformation convolinvolutive (« déformation ») de l'espace-temps en FUSION E←T ($\Phi\Phi^{-1} = 1**$). Il semble intéressant de calculer la courbure pour l'apparition de l'Information noétique nouménale noéticanthropique, avec, pour la nouvelle « action » (correspondant à la noéticanthropie) :

$$A_M = 1{,}986447461.10^{-25}\,J.s$$

(au lieu de h). On a dès lors :

$$K_N = \frac{\mu c_0}{A_M} \approx \frac{2,73.10^{-22}(m.kg.s^{-1})}{1,98645.10^{-25}\,J.s} \approx 1374,31\,m^{-1}$$

arrondi à $\mathbf{1374\,m^{-1}}$
On définit un nouveau CCF par :

$$CCF_N = K_N \Gamma_N^2$$

avec

$$\Gamma_N^2 = \mathcal{N}_{2N}^{-1} \approx \left(8,5.10^{28}\right)^{-1}$$

D'où :

$$CCF_N = 1374,31 \times 1,17647.10^{-29}$$

soit

$$\mathbf{CCF_N \approx 1,61647.10^{-26}\,\overline{d}}$$

Cette non-linéarité quasi infiniment petite correspond à une « ondulation noétique » quasi infiniment « élongée » et égale à la longueur $\widetilde{\Gamma}_U = \left(1,61647.10^{-26}\right)^{-1}$ soit :

$$\widetilde{\Gamma}_U \approx 6,186.10^{25} \text{ mètres}$$

dont le « diamètre d'Univers » vaut environ :

$$2\Gamma_U = D_U = 1,237.10^{26}\,\text{mètres}$$

(valeur estimée par les astronomes : environ $1{,}3.10^{26}\,\mathrm{m}$) à 6,3% près.

Ainsi, la « déformation » conformatrice de la Fusion E←T est maximum pour $\beta^2 = 2$ $\left(v_\varphi = c_0\sqrt{2}\right)$. Cette valeur est très importante mais finie, ce qui exclut toute divergence spatiotemporelle. Conceptuellement, il ne saurait y en avoir en Fusion Espace←temps. On voudra bien remarquer que ce concept de Fusion référentielle est mutagène pour la raison philosophico-mathématique suivante. Elle a lieu et est maximum pour une valeur inexistentielle de $\beta = \sqrt{2}$. La racine carrée de tout nombre ne fournissant pas un nombre rationnel EST mais n'existe pas. L'existence est reliée à la physique dimensionnelle (matérielle et incarnée). Donc $\sqrt{2}$ n'« existe » pas, ce qui est conforme avec le postulat de la relativité (toute vitesse supérieure à la céité c_0 est impossible). Mais le fait de pouvoir écrire $\sqrt{2}$ sans chercher à atteindre sa valeur (impossible à atteindre) d'extraction, prouve que $\sqrt{2}$ EST : c'est la physique noétique. Ainsi, pour $\beta^2 = 2$, nous savons que $\mathcal{N}_{(2)} = \frac{1}{2-1} = 1 = 16^{2m\dot{n}}$ $\left(m = 0\,;\dot{n} = \frac{1}{2}\right)$ au spin fondamental du fermion-électron ($\beta^2 = 2$).

La connexion référentielle (Fusion E←T) est une « situation » oscillante métastable d'univers

Cette « situation » relève du théorème énoncé au chapitre 4 et que je rappelle :

Un système est maintenu en état stationnaire hors d'équilibre lorsqu'il transfère continuellement de la « production–tropique » du système vers l'extérieur.

A partir des relations (75), (76), etc. on obtient (91) la valeur du tropisme général défini par la variable α_ψ qui prend la valeur unitaire comme pour l'Intention Noétique (I. N.) (tropisme nul d'où métastabilité). La première conséquence du théorème ci-dessus rappelé, c'est que, par (105) soit :

$$\overline{\delta X_i \delta p_j^*} = -s_0 \delta_{ij},$$

la connexion référentielle est le « lieu » de **structuration d'univers** par les « fluctuations noétiques » initiées à partir de (89) et développées par (90) à (92) soit par :

$$\frac{d}{d\alpha_\psi}\left[\frac{d}{d\alpha_\psi}(\mathcal{T}_2)\right] = \frac{\partial}{\partial \alpha_\psi}[\ell n\alpha_\psi] = \alpha_\psi^{-1} \qquad (297),$$

laquelle expression peut être considérée comme un « morphisme » subtil (par conformation convolinvolutive) à la connexion-structuration d'univers. Une telle structuration est alors la représentation infiniment diversifiée par le Nombre d'Or Φ, sa Section doré $-\Phi^{-1}$, donc le Cardinal $\mathfrak{C} = 1**$. On remarquera que ladite « structuration morphique (subtile) est représentée (dans (105)) par la « constante de matérialisation » s_0, « initiant » la constante de Boltzmann k_B en thermodynamique de la matérialisation. En effet soit l'expression (99) :

$$\alpha_\psi = \exp\left(\frac{\delta \mathcal{T}_1}{s_0} - \frac{1}{s_0}\Sigma_i\, p_i^* \delta X_i\right) \qquad (298)$$

laquelle vérifie l'égalité :

$$\frac{\delta \mathcal{T}_i}{s_0} = \frac{1}{s_0} \Sigma_i \, p_i^* \delta X_i \qquad (299)$$

pour $\alpha_\psi = 1$.

On constate avec intérêt que, en multipliant le premier membre par (299) et par $k_B^{-1} s_0$ et le 2ème membre par $k_B^{-1} s_0 \delta \mathcal{A}_i$ et en divisant par δX_i :

$$\frac{\delta S_i}{k_B} = \frac{1}{k_B} \Sigma \, p_i^* \delta \mathcal{A}_i \qquad (300)$$

En simplifiant par k_B apparaît δS_i variation d'entropie intrinsèque :

$$\delta S_i = \sum\nolimits_i p_i^* \delta \mathcal{A}_i \qquad (301)$$

Comparons avec (299) simplifié : $\delta \tau_i = \sum\nolimits_i p_i^* \delta X_i$

De part et d'autre de la connexion, nous obtenons une similitude remarquable dans l'écriture des « morphismes » : le morphisme atomique général, matérialisé en phénoménal (région genre temps par τ_i) et le « morphisme » conformation convolinvolutive symplectique (genre espace par S_i) ; certes, le premier est « visible » dans son émergence, le second ne l'est pas… mais, la physique noétique a pour rôle de démontrer que la conjecture qui apparaît par ses établissements n'a rien de gratuit et a valeur de démonstration théorique (voir Lexique II pour aspects expérimentaux).

Un approfondissement « oscillatoire » (physique noétique ondulatoire) permet de poser la formulation générale suivante avec $X_i = X$

$$\frac{d^2X}{dt^2} + \gamma \frac{dX}{dt} + \omega^2 X = 0 \qquad (302),$$

avec

$$\gamma(X) = -\gamma_0 \left(1 - \frac{X^2}{X_0^2} \right) \qquad (303),$$

$\gamma(X)$ étant un paramètre de contrôle de l'évolution fluctuante de X, et X_0 une amplitude physique de référence. Dans ces conditions (302) s'écrit :

$$\frac{d^2X}{dt^2} - \gamma_0 \left(1 - \frac{X^2}{X_0^2} \right) \frac{dX}{dt} + \omega^2 X = 0 \qquad (304)$$

En posant $\varepsilon = \frac{\gamma_0}{\omega}$, on déduit après calculs :

$$\varepsilon = X^2 \text{ et } X^2 = 0 \qquad (305),$$

respectivement en cycle d'attraction (grave) limite et en auto-entretien.
Le régime auto-entretenu en métastabilité est obtenu pour :

$$\ddot{X} + \omega X = 0 \qquad (306),$$

d'où, d'après (305) pour l'hamiltonianité :

$$\boxed{X = \sqrt{\varepsilon}} \qquad (307).$$

Naturellement, par (301), la formulation (307) s'applique dans les deux référentiels phénoménal et convolinvolutif, comme le laisse suggérer, en outre (297), par le jeu des tropismes, sachant que l'attraction limite est également opérationnelle en Fusion E←T (N.G.).

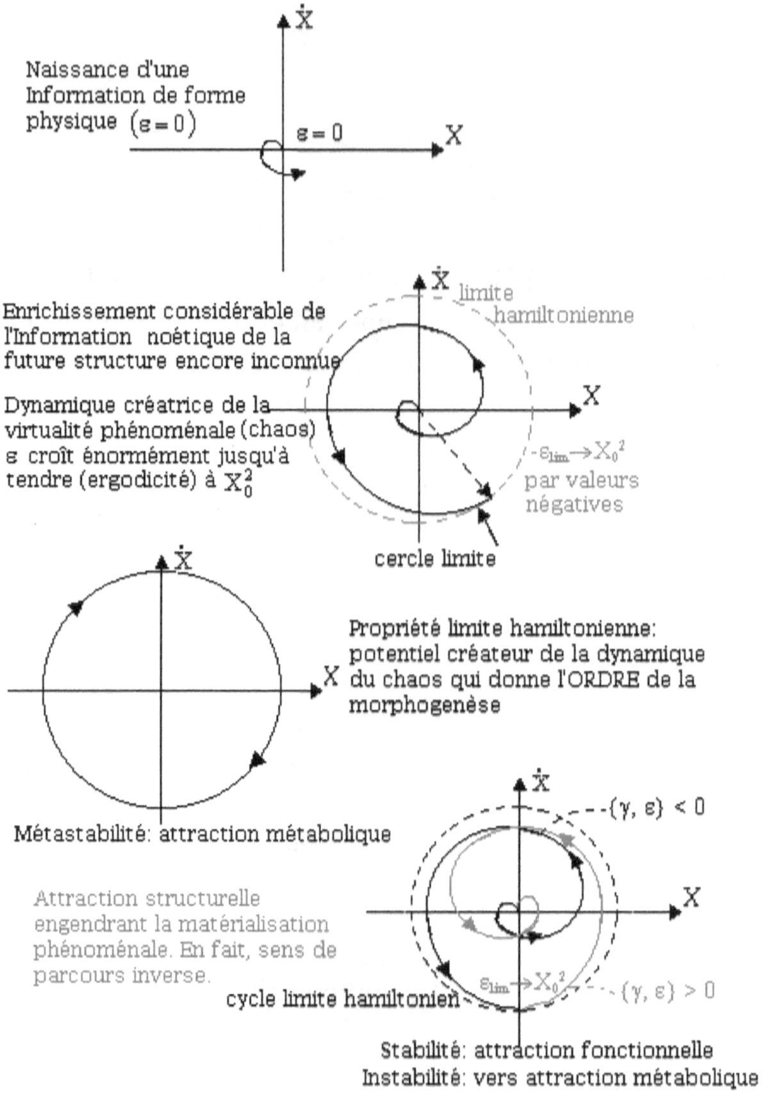

Figure 40

2

Création de multivers pour une réinterprétation des conséquences de la relativité générale

La relation (301) participe au « déroutage » de la « pensée scientifiquement correcte » apparue avec la mécanique quantique. Aujourd'hui, la physique quantique, sous l'impulsion de nouvelles générations de physiciens, a déboulonné définitivement la rigidité conceptuelle. Mais… la physique noétique va bien plus loin encore : les règles de la physique demeurent classiques (par exemple, c_0 est bien une constante indépassable) mais c'est une vision résolument nouvelle de l'Univers qui est à l'ordre du jour. Celle-ci se résume à « peu de choses » : accepter l'esthésiemétrie (Lexique II site :

http://johann_soulas.publibooh.com) et accéder, dans le « vécu incarné et phénotypique » à la Réalité de la Fusion E←T. Les modèles théoriques et les développements qui en découlent sont la conséquence de la « libération » conceptuelle des choses de ce Monde, le « ratio » demeurant l'étalon de « ce qui est vrai » et de « CE QUI EST ». Ainsi, les deux « relations-miroir » (301) illustrent exactement mon propos : les paramètres X_i sont constitués (entre autre) d'un nombre premier sous sa forme **racine carrée** (Nombre et Section d'Or par $\Phi = \frac{1}{2}\left(1+\sqrt{5}\right)$. Mathématiquement, ce nombre, comme on le sait est, analytiquement, inaccessible. Les paramètres

$\mathscr{F}_i$ appartiennent à l'« espace irrationnel » de Fibonacci. Factuellement, $\Phi(X_i)$ est un « tout » convolinvolutivement indissociable (référentiel Fusion $E \leftarrow T$) ; analytiquement (référentiel phénoménal espace-temps déployé) $\mathscr{F}_i$ se présente comme un irrationnel « imparfait » comme tous les irrationnels et sont l'apanage de la relativité stochastique.

Il est donc plausible de considérer, dans une expansion holomorphique « non spatiale » (puisque la Fusion $E \leftarrow T$ est toujours respectée), que chaque organisme vivant possède sa « doublure » convolutive expansée à partir de l'involution fusionnelle, deux propriétés fondamentales la caractérisant :

- l'immatérialité « corporelle » de ce « corpus » ;
- l'information structurelle de ce dernier, devenant CONSCIENCE/ABSOLU lorsque le développement existentiel a atteint le **stade humain accompli**.

A l'évidence, l'« EGRÉGORE » de ce « corpus » immatériel du référentiel convolinvolutivement symplectique ne saurait supporter la moindre représentation imagée.

Enfin, les calculs ci-dessus mettent en relief une révélation tout-à-fait extraordinaire : la théorie de la relativité générale doit être réinterprétée de la manière suivante à partir d'une interprétation et d'un calcul que voici : le paramètre de conformation convolinvolutive fusionnelle CCF_N a été déterminé par esthésiemétrie avec l'amplificateur holomorphe $\mathcal{N}_N = 8{,}49.10^{28} = \beta^2 - 1 \approx \beta^2$ qui correspond à la Noétisation du Noéticanthrope, l'Homme réalisé… démiurge, donc. Sa valeur vaut :

$$CCF_N \approx 1{,}619.10^{-26}.$$

Il lui correspond l'« onde » subtile, infiniment « élongée » et de longueur :

$$\Gamma_U = K_N^{-1} \approx 0{,}617665.10^{26}.$$

Lors de la décohérence nouménal→phénoménal, la « dimension-Univers » par la longueur « diamétrale » $D_U = 2 \times 0{,}617665.10^{26} \approx 1{,}235.10^{26}$ mètres, ordre de grandeur pour l'Univers cosmologique, apparaît, donc sa masse par :

$$M_U = \left(\pi^2\, D_U^3/4\right) \times m_v$$

(m_v étant la masse volumique moyenne estimée par les mesures astronomiques) :

$$M_U = \frac{\pi^2 \times \left(1{,}235.10^{26}\right)^3}{4} \times 5{,}28.10^{-26}\ \mathrm{kg/m^3} \approx \mathbf{2{,}45.10^{53}\ kg}$$

L'ontologie de cette démarche est conforme à celle des lois de la Noétique. La conjecture que j'avance est alors celle-ci : ce n'est pas la masse « matérielle » qui courbe l'**espace-temps** en déploiement phénoménologique, mais la **courbure holomorphe convolinvolutive-nouménale** de la Fusion E←T laquelle, en décohérant par changement de référentiel, provoque l'émergence de la masse « matérielle », donc de la matière universelle. Dans le cas de l'Univers cosmologique, la correspondance (déjà rencontrée lors d'un autre calcul : cf. « De l'univers quantique à l'Homme-univers » voir mon site) entre la Noéticanthropie et les dimensions de l'Univers cosmologique est « étonnante » mais exacte : c'est probablement dans ce résultat que résulte la révolution conceptuelle du Monde la plus fantastique et le plus difficilement acceptable !! Mais… c'est ainsi : l'Homme qui se RÉALISE dans l'Éveil à la CONSCIENCE d'ABSOLU « devient » Créateur d'univers. Exit Dieu des religions humaines. L'Homme démiurge, c'est DIEU-EN-SOI.

Pour étayer ce propos, recommençons le calcul ci-dessus en prenant pour « support », notre planète-Terre. Après notre environnement universel, notre « habitacle » terrestre considéré, dans la logique de notre procédure, comme un univers-en-soi (multivers) riemannien.
Posons : conformateur convolinvolutif-Terre avec $K_N = \mu_e c_0 / A_M = 1374\,m^{-1}$:

$$CCF_T = K_N \Gamma_T^2 = 1374 \times \Gamma_T^2 .$$

En prenant pour dimension du rayon R_T terrestre égal à $6{,}35.10^6$ mètres, on pose :

$$1374\,\Gamma_T^2 = \left(6{,}35.10^6\right)^{-1} = 1{,}575.10^{-7}$$

On déduit :

$$\Gamma_T^2 = \frac{1{,}575.10^{-7}}{1374} = 1{,}146288.10^{-10}$$

auquel correspond :

$$\beta_T^2 = \mathcal{N}_T = \Gamma_T^{-2} = \left(1{,}146288.10^{-10}\right)^{-1} = 8{,}7238.10^9$$

D'où :

$$\boldsymbol{\mathcal{N}_T = 8{,}7238.10^9}$$

amplification noétique holomorphe.

Avec $\mathcal{N}_T = 16^{2\dot{n}m} = 8{,}7238.10^9$, il faut prendre $\dot{n} = 8$ ce qui permet de calculer : $\mathbf{m = 0{,}51597}$. Avec le niveau $\dot{n} = 8$; $m = 0{,}515...$, l'Information noétique n'a pas atteint le niveau noéticanthropique qui débute pour : $\dot{n} = 16$; $m = 0{,}5$ exactement et lequel atteint son épanouissement pour : $\dot{n} = 16$; $m = 0{,}75$ (c'est-à-dire, pour $\mathcal{N}_{2N} = 8{,}49.10^{28}$).

Continuons : masse terrestre m_T euclidienne décohérée en univers euclidien :

$$m_T = \frac{u_\ell^2 R_T}{2\mathcal{G}}$$

avec : u_ℓ : vitesse de libération terrestre (11200 m/s) en situation approchée non relativiste, $\mathcal{G}$, constante de Newton (gravitation universelle : $6{,}67259.10^{-11}\left(m^3.kg^{-1}.s^{-2}\right)$, on trouve :

$$m_T = \frac{(11200)^2 \times 6{,}35.10^6}{2 \times 6{,}67259.10^{-11}} = \mathbf{5{,}96878.10^{24}\,kg}$$

par le calcul. La masse volumique moyenne m_v de notre planète étant évaluée à environ $5700\,kg/m^3$, un autre calcul, purement euclidien, nous fournit :

$$m_T = \frac{4}{3}\pi R_T^3 m_v = \frac{4}{3}\pi \times \left(6{,}35.10^6\right)^3 \times 5700 \approx \mathbf{6{,}11.10^{24}\,kg}$$

(avec une incertitude de m_v non négligeable). Précisément, parce que le niveau informatif Noéticanthropique n'a pas été atteint, recommençons ce calcul pour notre planète-Terre, avec :

$$K_0 = \frac{\mu_e c_0}{h} = 4{,}12148418.10^{11},$$

d'où :

$$CCF_T = K_0 \Gamma_T^2 .$$

Peut-on déterminer a priori la valeur de $\Gamma_T^{-2} = \mathcal{N}_T$? Première approche : $\mathcal{N}_T = 16^{2\dot{n}m}$ doit être telle que $\dot{n} = 8$ car la Noéticanthropie est réservée exclusivement pour $\dot{n} = 16$ (donnant : $\mathcal{N}_{2N} \approx 8{,}49.10^{28}$). Ce sera donc l'orientation informative immédiatement inférieure $\dot{n} = 16/2 = 8$. Quelle valeur pour m ? L'expérience prouve que, dans ce cas de figure m doit se situer dans l'intervalle $\{0{,}95 ; 0{,}96\}$. Essayons $m = 0{,}95$. On trouve :

$$\mathcal{N}_T^{(1)} \approx 2.10^{18}$$

puis, pour $m = 0{,}96$, le calcul fournit :

$$\mathcal{N}_T^{(2)} \approx 3{,}128...10^{18}.$$

La valeur de m se trouve bien entre 0,95 et 0,96 mais elle doit être telle qu'elle « passe » par la valeur particulière m_Φ pour laquelle on obtient $\mathcal{N}_T = \Phi^2.10^{18} \approx 2{,}618...10^{18}$, première valeur de la progression géométrique du Nombre d'Or. La progression $\Phi ; \Phi^2 ; \Phi^3 ; ... ; \Phi^n$ conditionne la valeur de m puisque à la loi de la série de Fibonacci $u_n = u_{(n-1)} + u_{(n-2)}$ correspond $\Phi^n = u_n \Phi + u_{n-1}$. Avec $n = 2$, on écrit :

$$\Phi^2 = \beta\Phi + \alpha$$

avec $\alpha = \beta = 1$, d'où :

$$\Phi^2 = \Phi + 1$$

ce qui prouve bien que $0{,}95 < m < 0{,}96$. On doit donc avoir :

$$\mathcal{N}_T = \Phi^2 .10^{18}$$

pour $m = 0{,}95598$ au plus approché, fournissant :

$$\mathcal{N}_T = 2{,}617182...10^{18}$$

que l'on arrondit à $2{,}617.10^{18}$. Donc, avec $\Gamma_T^{-2} = \mathcal{N}_T$, nous avons $\Gamma_T^2 = 3{,}82117.10^{-19}$. D'où :

$$CCF_T = K_0 \Gamma_T^2 = 4{,}12148418.10^{11} \times 3{,}82117.10^{-19} \approx 1{,}575.10^{-7}\,\mathsf{d}$$

Γ_T^2 est une courbure, mais en riemannien Fusion E←T, elle est sans dimension physique d'où $\mathsf{d} = 1\,\text{mètre}$ pour l'adimensionnalisaton de CCF_T. L'actualisation physique intervient lorsque, attribuant à $(CCF_T)^{-1}$ une longueur subtile correspondant à une ondulation nouménale de nature électromagnétique noétique, soit $\approx 6{,}35.10^6$ en valeur holomorphe, cette valeur correspond alors à la dimension du rayon terrestre :

$$R_T \approx 6{,}35.10^3\,\text{kilomètres}$$

La décohérence totale riemannienne→euclidienne a lieu lorsque l'on détermine la masse terrestre sans la moindre

« utilisation » géophysique, ce qui est possible par la relation issue de la solution Schwarzschild, soit :

$$m_T = \frac{u_\ell^2 R_T}{2\mathcal{G}},$$

comme constaté ci-dessus.

Résumons brièvement, pour l'essentiel.

Le Noéticanthrope, l'Homme en Réalisation noétique, donc Démiurge, est « relié » à la vastitude universelle puisque les paramètres de sa « Chaîne noétique » mesurée par esthésiemétrie donne par le modèle théorique exposé :

$$(CCF_N) \approx 1{,}61647.10^{-26}\,\mathsf{d}.$$

En fait, l'ontologie noétique de l'Univers, comme nous l'avons vu, est déterminée par le Cardinalat :

$$\Phi - \Phi^{-1} = 1^{**}$$

ce qui implique la « loi Nombre d'Or », si bien qu'en fait :

$$(CCF_N) = 1{,}618.10^{-26} = \Phi.10^{-26}$$

donne pour dimension astrophysique de l'Univers

$CCF_N^{-1} \approx \mathbf{1{,}237.10^{26}}$ mètres en euclidien avec la masse :

$$M_U \approx 2{,}46.10^{53}\,\text{kg}$$

J'ai développé, après ce bref résumé, un « essai » concernant l'éventualité relationnelle entre une valeur noétique supérieure à la matière inerte, donc appartenant également à l'Homme en Réalisation et la planète-Terre où nous vivons. En utilisant, plus « logiquement », le modèle avec K_0 et, en utilisant la loi ontologique imposée par le Cardinalat $\mathfrak{C} = 1**$ imposant le comportement global de l'Univers, on retrouve le Nombre d'Or, mais au carré cette fois-ci (parce que la Terre a permis l'apparition de la vie hautement informative (Noéticanthropie). De ce fait, l'amplification holomorphe informative $\mathcal{N}_T$ est démontrée égale à $\Phi^2.10^{18}$ imposant la dimension terrestre connue : $R_T \approx 6{,}35.10^6$ mètres ainsi que sa masse :

$$m_T \approx 5{,}96.10^{24}\,\text{kg à } 5{,}97.10^{24}\,\text{kg}.$$

Tous ces calculs ont été menés sans interventions classiques relatives à l'astronomie ni à la géophysique.

Nous remarquons que tous ces calculs ont eu lieu sous l'égide du paramètre :

Conformateur Convolinvolutif Fusionnel CCF qui est une **courbure** monodimensionnelle (Fusion Espace←temps conformé selon des « déformations »). Celles-ci, en s'actualisant par décorrélation phénoménale (mutation référentielle inverse noétique→physique (riemannien→euclidien), provoquent le déploiement espace-temps soudain avec la **matérialisation** conséquente. En fin de compte… en conséquence fantastique et… « tempétueuse » : la théorie de la relativité générale doit être réinterprétée car la masse « matérielle » ne courbe pas l'espace-temps bien que tout se passe expérimentalement « comme si ». Cette courbure a, évidemment, bien lieu, mais pas dans le référentiel phénoménal. C'est l'holomorphisme, « pré-euclidien », par $(\text{CCF})^{-1}$, faisant apparaître l'amplificateur noétique symplecto-nouménal par $\mathcal{N}$, qui donne l'« image hologrammique infinie » par « connexion » avec le RÉEL subtil de la Fusion E←T où TOUT développement manifesté « se joue » par l'Information noétique (infinie) dans l'infiniment petit involué. En quelque sorte, c'est l'« alliance {0 ; ∞} », la correspondance « artis factum » commutative ESPRIT-MATIÈRE. Ce sont ces propriétés « subtiles » de l'Univers, démontrées par la physique noétique qui déboussolent la physique quantique car l'interprétation actuelle de la relativité générale ne fonctionne pas du tout Hors Fusion Espace←temps. La fastueuse théorie einsteinienne « fonctionne » par contre, exactement, selon les préceptes de la physique noétique (Fusion E←T). Mais il est vrai que nos perceptions physiologiques, exclusivement orientées dans l'espace-temps, ne facilitent pas les choses. Il est non moins vrai, d'ailleurs que, et à cause de cela, bien des aspects de la théorie noétique, conservent leurs parts de mystère.

Mais restons-en à la révélation la plus extraordinairement intrépide (Révolution conceptuelle) de tous les temps : de par sa noéticanthropie, l'homme qui devient Homme par l'ÉVEIL À LA CONSCIENCE/ABSOLU, CRÉE Hors-Temps-Espace, l'Univers et chacune de ses composantes. C'est DIEU-EN-SOI, hors tout créateur « divin », hors toute religion mono – ou pluridéiste. C'est ce que j'appelle le Troisième miracle dans l'Histoire du Monde. Celui qui mettra fin aux souffrances et à sa désolation multimillénaire. Nous y courons, l'organisation mondialement humaine actuelle, dut-elle être détruite pour cet avènement… dans le futur.

3

La Noéticanthropie Créatrice d'Univers (multivers)

La Noéticanthropie

Ce néologisme a été utilisé à plusieurs reprises dans mes récents ouvrages. Avec les derniers résultats obtenus à la fin du premier chapitre, profitons de l'occasion pour en étayer et justifier le sens. Noéticanthropie comporte la racine « anthrope » qui est un élément de composition du grec **antrôpos** signifiant **homme**. Dans cette composition on retrouve beaucoup d'associations telles australicanthrope, philanthrope, misanthrope, sinanthrope, pithécanthrope, etc. J'en ajoute, ainsi, un autre, où apparaît la racine associée **noêsis** à propos de laquelle je me suis souvent expliqué. Son signifiant « CONNAISSANCE » doit être compris au sens holiste où la distinction avec « savoir » doit être de règle. « Noéticanthropie » signifie homme investi de la Chaîne Noétique qui est une « investiture » psychophysique de **Connaissance induite** touchant cerveau et l'ensemble des plexiformes coronaire, mésentérique inférieur, sacré, de la glande parotide et des plexus solaire et aortique. Cette investiture peut être mesurée (esthésiemétrie) et doit être exprimée en **unités informatives** appropriées dont la meilleure semble être une courbure spatiale (en mètre puissance moins deux (m^{-2}). En fait, puisque la mesure s'effectue en référentiel convolinvolutif symplectique-nouménal, donc Fusion $E \leftarrow T$, référentiel fondamentalement non grave (NG), la dimensionnalisation physique est absente et la courbure évoquée se réduit à un nombre pur. Pour cela est apparu, rappelons-le, une constante universelle que je nomme mutagène (désignée par k^2) et qui transforme l'**énergie noétique** (à ne pas confondre avec énergie quantique) en courbure. Si E_n désigne celle-là, celle-ci s'exprime par : $\mathcal{C}_n = k^2 E_n^{-1}$ avec $k^2 = 1{,}16465.10^{11}\,kg.s^{-2}$. A la **jonction exacte** de la Connectique référentielle [phénoménal/convolinvolution symplectique], connexion espace-temps/Fusion Espace←temps, les dimensions physiques ne « fonctionnent » plus, si bien qu'une énergie noétique se transforme en Information courbure par l'équation dimensionnelle :

$$\left(m^2.kg.s^{-2}\right)^{-1} \times kg.s^{-2} = m^{-2}$$

mais que l'on omet de mentionner dans le résultat final (NG-hors dimension).

Depuis dix ans, environ, j'expérimente l'inédit. Depuis que l'homme est apparu, jamais encore, ce que je nomme la Chaîne Noétique, le Miracle de la Vie n'a pu ni su apparaître. Malgré la palette impressionnante de la sagesse incarnée d'aujourd'hui et d'hier que l'hagiographie de tous les continents nous ont légué dans leurs écrits et les mémoires de la tradition, jamais encore la **Chaîne Noétique** n'a pu investir les cerveau, plexiformes et plexus mentionnés de la créature humaine. Sauf... depuis ces temps-ci. Un nombre d'homme et de femmes encore dérisoire, comptable sur les cinq doigts d'une main ces dernières années, est « en train » d'y parvenir. La Chaîne Noétique (C.N.) remplace les rayonnements électromagnétiques des sept « corps subtils incarnés » de chaque créature humaine. C'est cette disposition miraculeuse qui va enchaîner la Transformation de l'homme, « animal supérieur organisé » phénotypiquement mais délabré sur le plan psychoaffectif-culturel, en un dieu vivant. Ce n'est pas une projection, mais un fait VÉCU. Parce que C.N. signifie investiture du Hors-Temps-Espace dans le cerveau, les plexiformes et plexus énumérés (et tous les autres), en « concordat » avec l'espace-temps déployé qui règle les apparences de notre Univers dans chacune de ses composantes, donc les nôtres.

La Chaîne Noétique c'est accéder au SOI. A Soi-Même, à la Connaissance de soi. Quittons, maintenant, la littérature et abordons la noétique scientifique. Par esthésiemétrie, la mesure de la C.N. fournit la valeur fixe et précise égale à :

$$\mathcal{C}_{2N} = 2{,}5389.10^{53}$$

valeur infiniment élevée (bien que finie de fait). Il lui correspond une « dimension » (Hors Temps-Espace définie par la mécanique ondulatoire selon L. de Broglie) laquelle, transposée en Fusion Espace←temps, fournit une longueur d'onde noétique $\widetilde{\Gamma}_U$ définie par :

$$\widetilde{\Gamma}_U = .k^{-2}.A_M.c_0.\mathcal{C}_{2N} \qquad (308)$$

dont le calcul donne (avec dimensions physiques) :

$$\widetilde{\Gamma}_U = \left(1{,}16465.10^{11}\right)^{-1} \times 1{,}98645.10^{-25} \times 3.10^{8} \times 2{,}5389.10^{53}$$
$$\left[kg^{-1}.s^{2}\right] \times \left[m^{2}.kg.s^{-1}\right] \times \left[m.s^{-1}\right] \times \left[m^{-2}\right] = [m]$$

de valeur dimensionnelle $\sim$ **1,3.10^{26} mètres**. C'est la dimension de notre univers cosmologique d'après les mesures satellitaires du programme WMAP américain. Il s'ensuit l'Âge-durée suivant :

$$\tau_U = \widetilde{\Gamma}_U.c_0^{-1} \approx 1{,}3.10^{26}\,m/3.10^{8}\,m.s^{-1} = 4{,}33...3...10^{17}\,s$$

soit environ **13,74 milliards d'années**. [Attention, contrairement à ce que propose la théorie du big bang, il ne s'agit pas de l'« âge » de notre Univers au sens où il « serait né » il y a environ 13,74 milliards d'années car… l'Univers, s'il a une « durée », n'a pas un « âge » au sens d'une naissance : le big bang est le mythe le plus remarquable de la théorie astrophysique du cosmos (cf. « Gnosis noétique métaphysique… » Publibook 2008)]. Remarquons : la relation (308) détermine l'un des paramètres les plus importants de l'Univers : sa dimension physique par… la **Noéticanthropie**.

Observons, maintenant, les résultats obtenus à la fin du premier chapitre précédent (deuxième partie) en reprenant les calculs noétiques différemment, mais avec des mesures esthésiemétriques plus étendues. Le relation (251) évalue la courbure informative la plus élevée de l'Accomplissement humain en utilisant l'Information noétique du corps humain (matière vivante **stricte**) pour $\dot{n} = 16$, soit (voir fin du chapitre six de la première partie) : $\mathcal{C}_0 = 2{,}845.10^{24}\,\mathrm{m}^{-2}$ obtenu par (249). Vers la fin du premier chapitre de la partie deux, j'ai évoqué l'amplificateur holomorphe $\mathcal{N}_{2N} = 8{,}49.10^{28}$. Il s'agit d'une « onde » plane d'une subtilité extrême, mesurée pour la plus haute Information noétique possible dans les plexiformes et plexus de l'Homme Noéticanthrope. Effectuons le produit :

$$\mathcal{N}_{2N}.\mathcal{C}_0 = 8{,}49.10^{28} \times 2{,}845.10^{24}\,\mathrm{m}^{-2} \text{ de valeur :}$$

$$\mathcal{C}_{2N} = 2{,}4154.10^{53}\left[\mathrm{m}^{-2}\mathrm{d}^2\right] \text{ (avec } \left[\mathrm{m}^{-2}\mathrm{d}^2\right] = 1\text{)}$$

Cette valeur diffère quelque peu de la précédente qui résulte d'une mesure esthésiemétrique directe : 4,86% ce qui est peu vu l'énormité des valeurs. Ainsi, en faisant :

$2{,}5389.10^{53}/2{,}845.10^{24}$ on obtient l'amplificateur holomorphe : $8{,}924.10^{28}$ au lieu de $8{,}49.10^{28}$. On constate, dès lors qu'il faut pondérer $\mathcal{C}_0$ par la valeur 1,05 résultant de la noétisation de la masse corporelle à $\dot{n} = 16$. On constate alors, qu'avec 1,05 $\mathcal{C}_0 = 2{,}98725.10^{24}\left[m^{-2}d^2\right]$ puis, en effectuant à nouveau :

$$\mathcal{N}_{2N} \times 1{,}05\,\mathcal{C}_0 = 8{,}49.10^{28} \times 1{,}05 \times 2{,}845.10^{24}$$

soit :

$$\mathcal{C}_{2N} = \mathbf{2{,}536.10^{53}}\left[\mathbf{m^{-2}d^2}\right]$$

correspond à la nouvelle valeur dimensionnelle de l'Univers (par (308)) fournissant :

$$\widetilde{\boldsymbol{\Gamma}}_U \approx \mathbf{1{,}2986.10^{26}\ mètres}$$

valeur très proche de la précédente ($1{,}3.10^{26}$ mètres soit un écart égal à environ 0,1%) ce qui est satisfaisant.

Nous retrouvons bien la Dynamique créatrice de la Noéticanthropie… Homme démiurge. Enfin, une dernière conséquence « noétique » et non des moindres. Reprenons les résultats de calculs exposés dans mon ouvrage « Gnosis noétique métaphysique. La Rédemption par la Connaissance » (Publibook 2008).

En reprenant la formulation–S.O.U.L. (L293) du Potentiel attracteur (NG) du Lexique III soit, avec $\overline{A}_M$ à la place de $\hbar$:

$$|\Phi_G| = \frac{\sqrt{\overline{A}_M c_0 V_0 k^{-2} F_0^4}}{L_d} - \frac{1}{6} K c_0^2 L_d^2 \qquad (309)$$

avec $L_d = R_U$ et $V_0 = 2\pi^2 R_U^3$ comment appréhender la constante K ? Pour amorcer la réponse, nous devons impérativement nous rappeler que les trois constantes majeures caractérisant l'Univers sont représentées par :

$\tau_{2N} = A_M \left(E'_{20}\right)^{-1} \boldsymbol{\mathcal{N}}_{2N}^{-1} = 6.10^{-41}$; $R_U = A_M c_0 \left(E'_{2N}\right)^{-1} = 1{,}3.10^{26}$
et $\tau_U = A_M \left(E'_{2N}\right)^{-1} = 4{,}33.10^{17}$

τ_{2N} et τ_U doivent être « pondérés » par $\bar{\mathsf{t}}_0 = \mathsf{a}_0 \tilde{u}_0^{-1} = 1\,s^{-1}$

et R_U par $\bar{\mathsf{d}}_0 = \mathsf{a}_0 \tilde{u}_0^{-2} = 1\,m^{-1}$ afin que ces grandeurs restent pseudo–temporelles ou dimensionnellement métrées. Un calcul exploratoire et détaillé de la fusion électromagnétique, établi aussi complètement que possible en Lexique III permet de montrer que les paramètres spatiotemporels τ_{2N} τ_U et R_U sont des résultats (entre autres) devant être en accord avec (L293), d'où :

$$\mathcal{R}_{(\mu\nu)} = \frac{1}{2} \overline{A}_M^{-2} \boldsymbol{k}^4 c_0^2 f^{-4} G_{(\mu\nu)} \qquad (310)$$

D'autre part, pour être en accord avec (L122) du Lexique III, il est nécessaire de poser, R_G étant un rayon de courbure (non matérialisé) :

$$K = 3R_G^{-2} \qquad (311)$$

De l'expression τ_{2N}, on tire :

$$A_M = \frac{\tau_{2N}}{\left(E'_{20}\right)^{-1} \left(\boldsymbol{\mathcal{N}}_{2N}\right)^{-1}} = \boldsymbol{\tau}_{2N} \mathbf{E}'_{20} \boldsymbol{\mathcal{N}}_{2N} \qquad (312)$$

De l'expression R_U, on tire :

$$A_M = \frac{R_U}{c_0 \left(E'_{2N}\right)^{-1}} = \mathbf{R_U c_0^{-1} E'_{2N}} \qquad (313)$$

En égalant (312) à (313), il vient :

$$\mathbf{R_U = \tau_{2N} c_0 \left(\mathcal{N}_{2N}\right)^2} \qquad (314)$$

La courbure de rayon R_G est la courbure cosmologique **ultime** de l'univers cosmologique riemannien, ce qui entraîne l'égalité entre R_G et R_U. Avec :

$$R_U = R_G = \sqrt{\frac{3}{K}} \qquad (315)$$

et (315), on déduit :

$$\boxed{K = \frac{3}{\tau_N^2 c_0^2 \mathcal{N}_{2N}^4}} \qquad (316)$$

L'application numérique :

$$K = \frac{3}{\left(6.10^{-41}\right)^2 \times 9.10^{16} \times \left(8{,}489.10^{28}\right)^4} = 1{,}783.10^{-52}\,\mathrm{m}^{-2}$$

fournit alors $R_U = R_G = 1{,}297.10^{26}$ mètres. D'où :

Courbure d'univers cosmologique symplectique :	$K = 1{,}783.10^{-52}\,\mathrm{m}^{-2}$
Rayon de courbure :	$R_G = 1{,}297.10^{26}\,\mathrm{m}$

Le PRÉSENT-CONTINU

L'essentiel, maintenant ; les valeurs :

$$\tau_{2N} = 6.10^{-41}\bar{\mathbf{t}}_0 \; ; \; \tau_U = 4{,}33.10^{17}\bar{\mathbf{t}}_0 \; ; \; R_U \approx 1{,}3.10^{26}\bar{\mathbf{d}}_0 \; ;$$
$$K = 1{,}783.10^{-52}\mathbf{d}_0^2 \; ; \; \mathcal{N}_{2N} = 8{,}489.10^{28},$$

lesquelles sont toutes noétiques, sont les paramètres fondamentaux, symboliquement **présentes** dans la Chaîne noétique de l'Homme noéticanthrope (τ_{2N} et $\mathcal{N}_{2N}$ ont légèrement varié en l'espace des dix dernières années), authentifiant, ainsi, la révélation fantastique qui attribue un « art » Créateur ontologique au Destin de l'homme qui s'Accomplit.

Après des centaines de relevés esthésiemétriques au cours des dix années (1997–2007) dans mes différents plexus, l'« élongation–U » me fournit une valeur statistique stabilisée d'énergie noétique extrêmement involuée « non grave » égale à : $E^{-1}_{q(2N)} = 4{,}587.10^{-43}(\text{J NG})$, fournissant la courbure hyperspatiale informative extrême :

$$\mathcal{C}_{2N}\mathbf{d}_0^2 = 2{,}539.10^{53} \text{ (adimensionnel)}$$

(voir Lexique Zéro pour $\mathbf{d}_0^2$).
Avec l'amplification holomorphe :

$$\mathcal{N}_{(2N)} = \mathcal{C}_{2N}/\mathcal{C}_0 = 8{,}5.10^{28},$$

$\mathcal{C}_0$ étant la courbure pour $n = 2$, et $\mathcal{C}_{2N}$ pour le spineur $n = 16$, l'expansion spatiale symbolique U symbolique (NG) dans sa dimension « actuelle » de l'Univers cosmologique est définie dans mes plexus par :

$$U\left(\text{ou } R_U\right) = c_0 A_M \left(E'_{2N(q)}\right)^{-1} \bar{\mathbf{d}}_0 \approx 3.10^8 \times 1{,}9865.10^{-25} \times 2{,}18.10^{42}$$

soit :

$$R_U \approx 1{,}299.10^{26}$$

avec l'Âge–durée de l'Univers :

$$\tau_U = c_0^{-1} R_U = A_M \left(E'_{2N(q)}\right)^{-1} \bar{\mathbf{t}}_0 \approx \mathbf{4{,}33.10^{17}}$$

soit environ $13{,}7.10^9$ années en espace–temps déployé. $A_M = h\mathbf{C}^{1/2}$ avec $\mathbf{C} = c_0^2 \tilde{u}_0^{-2}$ est une constante d'action appropriée à l'Homme ($1{,}9865.10^{-25}$ J.s (NG)).

Enfin, la symétrie involutive extrême, selon l'algèbre de Lie fournit

$$\tau_{2N} = A_M \left(E'_{20}\right)^{-1} \mathcal{N}_{2N}^{-1} \bar{\mathbf{t}}_0 = 1{,}9865.10^{-25} \times \left(4{,}0935.10^{-14}\right)^{-1} \times \left(8{,}5.10^{28}\right)^{-1}$$

$$\tau_{2N} \approx \mathbf{5{,}7.10^{-41}}$$

(en fait – voir Lexique IX), un calcul mieux approprié par (317) fournit $\tau_{2N} \approx 6.10^{-41}$.

C'est le premier « temps S.O.U.L. », l'équivalent du temps de Planck dans l'organisme du « Noéticanthrope ». A l'extrême limite de l'involution, soit pour :

$$E_v = 4{,}058.10^{-44}\ \text{J}$$

(cf. Physique noétisue Tome III, site) (ou $2{,}533...10^{-25}$ eV peu pratique à utiliser), on trouve le deuxième « temps

S.O.U.L. » égal à $\tau_{2N}^{(2)} \approx \mathbf{5.10^{-42}}$. Il s'agit de « seconde NG » car à ces petitesses « infiniment petites », les dimensions physiques n'ont plus de sens.

En nous « contentant » des valeurs de R_U et τ_U à partir des « mesures subtiles » dans mon organisme, je constate qu'elles correspondent assez exactement à celles relevées par le géosatellite stationnaire américain de la mission WMAP en 2002 : dimension et âge–Durée de notre Univers.

Je soutiens que si le mot extraordinaire a un sens, c'est dans ces dernières correspondances « univers cosmologique–Homme » qu'il faut en définir la portée. Un « extraordinaire » on ne saurait plus ordinairement ténu, infiniment secret, intransmissible…

En fait, le RÉEL le plus intransigeant, le Mystère le plus grand mais le plus « caché ».

La cathédrale invisible. Mais la plus illuminée, la plus rayonnante qui puisse être.

Ainsi, dans mon organisme « siègent » les deux symboles de l'Univers :

- dimension et Âge–Durée dans une similitude confondante avec les relevés WMAP ;
- temps « S.O.U.L. » (ou de Planck pour la physique classique) à l'approximation dans un rapport de l'ordre de 50 (pour $\tau_{2N}^{(2)}$) ce qui est peu étant donné l'extrême involution.

Les valeurs des relations (309) à (316) relient, numériquement, tous les paramètres noéticanthropiques entre eux : τ_{2N} ; τ_U ; R_U ; K ; $\mathcal{N}_{2N}$. Il conviendrait d'y ajouter $\tau_p = 5{,}9413.10^{-17}$, périodicité symbolique du noyau de l'atome d'hydrogène, premier constituant de l'Univers. A remarquer le lien remarquable entre τ_p (voir L492 et commentaires associés du Lexique VI), et la courbure noéticanthropique la plus élevée

$\mathcal{C}_{2N} = \mathbf{2{,}539.10^{53}}\ \mathbf{d}_0^{-2}$ donc à compacité informative la plus « évoluée ». C'est ainsi que le « temps τ_{2N} » est relié à $\mathcal{C}_{2N}$ par :

$$\tau_{2N} = R_U c_0^{-1} \mathcal{C}_{2N}^{-2} \mathcal{C}_{20(n=16)}^{2} \qquad (317)$$

dont le calcul numérique donne :

$$\tau_{2N} \approx \mathbf{6.10^{-41}\bar{t}_0}$$

Ce « temps », relié à la courbure la plus hautement involuée, $\mathcal{C}_{2N}$ (Information noétique maximum dans les cerveau et plexus aortique), ainsi qu'à la dimension maximum d'Univers (également dans les mêmes plexus) R_U, n'a, ainsi, aucune correspondance avec une hypothétique « origine » comme semble le proposer le temps de Planck (pour ce qui me concerne, le mode de calcul de τ_{2N} peut l'être de deux manières différentes mais les valeurs numériques obtenues correspondent, à l'évidence à celle du temps de Planck, bien que j'estime que la valeur de l'ordre de $10^{-44}\bar{t}_0$ est sensiblement trop petite). Le « temps τ_{2N} », bien plus exactement, correspond à l'Information de courbure la plus élevée de la Chaîne noétique : l'involution suprême de l'univers, **simultanément** à son holomorphisme accompli (par R_U).

Reprenons, maintenant, (317) qui donne :

$$\tau_{2N} \approx \mathbf{6.10^{-41}\bar{t}_0}$$

Que signifie ce nombre infiniment petit censé représenter une « fraction insignifiante » de temps ? Il ne s'agit nullement d'une combinaison, uniquement paramétrée de constantes appropriées (comme l'est, par exemple, le temps de Planck $\left(\hbar \mathcal{G} c_0^{-5}\right)^{1/2}$. La combinaison « fabriquant » τ_{2N}, incorpore dans sa formulation, les deux Informations : celle de l'« édifice noétique » démarrant avec une onde de longueur d'onde double de celle De Broglie pour l'énergie noétique $\mu_e c_0^2/2$ et celle de l'amplificateur holomorphique pour l'Information Noéticanthropique, tous deux inversés, l'action noétique A_M étant celle du paramétrage d'univers quantique-noétique $h\mathbf{c}^{1/2}$. J'affirme, ici, que la valeur de τ_{2N} est la réponse à la question fondamentale :

« Quelle est la durée de l'« instant PRÉSENT » ? Ou encore :

« Que signifie, au-delà du formalisme théorique, HORS-TEMPS ?

Ou Fusion Espace←temps ? »

Sur le plan scientifique traditionnel, donc non noétique, le physicien expose que cette question « vertigineuse » du temps présent n'a pas de réponse (présentement (!) car la relativité et le quantique sont inconciliables : en termes abrégés, en-deçà de $1{,}6.10^{-35}$ mètre et de $5{,}4.10^{-44}$ seconde, ni les équations de la physique quantique, ni celles de la Relativité générale, ne répondent plus à cause, précisément, de leur inconciabilité. Impossible, donc, d'accéder simultanément à l'infiniment grand (et lourd) et à l'infiniment petit (et léger). La cohérence d'un tel raisonnement réside dans le fait que, dans ce cas, la quantité $5{,}4.10^{-44}$ seconde est la limite d'un intervalle de temps en-deçà duquel on ne saurait « pénétrer ». Cela signifie aussi que la plus petite distance susceptible de parcourir ne peut être inférieure à $c_0 t_p \approx 1{,}62.10^{-35}$ mètre.

Si on cesse d'être intellectuellement cohérent (ce qui n'est pas « incohérent » en soi puisque, que sait-on « physiquement » du temps et de l'espace à ces valeurs « insignifiantes » puisque infiniment petites : ces petitesses ont-elles encore un sens à nos sens et intelligibilité physiques ?), alors, la rigidité conceptuelle se dissout et « tout » peut être pris en considération. On pourrait commencer, par exemple, de cesser de « se leurrer » sur l'incompatibilité Relativité/quantique. Comment ? Écrivons l'équation globale de la relativité générale établie, en son temps, par Albert Einstein :

$$\mathcal{R}_{\mu\nu} - \frac{1}{2} g_{\mu\nu} \mathcal{R} = \frac{8\pi\mathcal{G}}{c_0^4} T_{\mu\nu} .$$

Premier écueil : ces seize équations (puisque μ, ν peuvent prendre les quatre valeurs d'espace-temps : (1, 2, 3, 4 donc $4\times4 = 16$ combinaisons) réductibles, en fait, à dix (par symétries tensorielles) stipulent que matière et énergie sont sources de la gravitation ce que la physique noétique dément dans un tel énoncé rigide : le référentiel convolinvolutif symplectique nouménal montre, qu'en fait, sur le plan ontologique, le conformateur (CCF) en Fusion Espace←temps, « déforme noétiquement » l'espace-temps fusionnel par Information noétique traduite en termes de **courbures géométriques** infiniment involuées. En s'actualisant par mutation riemannienne → euclidienne, en holomorphisme nouménal, les courbures devenues « nouménalement » infiniment grandes, disparaissent en laissant apparaître localement, sur le plan universel astronomique, les masses pesantes des corps célestes. Dans ce cas l'équation de la relativité doit s'écrire [(L224) Lexique III] :

$$\mathcal{R}_{\mu\nu(k)} - \frac{1}{2} \mathcal{R}_{(k)} G_{\mu\nu} + K_{(k)} = 0$$

où $g_{\mu\nu}$ phénoménal devient $G_{\mu\nu}$ nouménal-symplectique holomorphe.

Or, en composante contractée (involution nouménale Fusion E⟵T), d'où $k = 0$, l'expression du Tenseur symplectique s'écrit :

$$\mathcal{R}_{\mu\nu(k=0)} - \frac{1}{2}\mathcal{R}_{(k=0)}G_{\mu\nu} + K_{(k=0)} = 0$$

Les deux expressions ci-contre étant identiques, on retrouve la théorie des multivers répondant à un ensemble de lois identiques pour chaque univers (celui du submicro-univers-électron, comme celui du macro-univers cosmologique, en passant par l'« univers-Terre » et les milliards de milliard d'autres univers-corps célestes). Le passage d'un univers à l'autre, quelle que soit sa taille, s'effectue « naturellement ».

Dans le « cas-électron », la constante $K_{k=0}$ fournit $R_G = 1{,}369.10^{-12}\,m$ (rayon symbolique du submicro-univers électron) et sa courbure noétique : $\mathcal{C}_G = 5{,}3345.10^{23}\,m^{-2}$. Pour l'Univers cosmologique : $R_U \approx 1{,}3.10^{26}\,m$ et sa courbure $K_U = 1{,}775.10^{-52}\,m^{-2}$. Avec un calcul plus précis (mais sans doute inutile), $R_U = 1{,}297.10^{26}\,m$ et $K_U = 1{,}783.10^{-52}\,m^{-2}$. Dans ces conditions, tous les obstacles pour une évaluation plus « libérée » peuvent se lever. Puisque la physique noétique est une physique où est liée la Psyché (mais non le psychisme contingent) de l'Homme en voie d'accomplissement, les « composantes » noétique et noéticanthropique, par $\mathcal{C}_0$ et $\mathcal{C}_{2N}$ interviennent dans la formulation du « temps présent » lequel n'est plus une « affaire strictement physicienne » au sens où l'homme y serait étranger, mais, bien au contraire, une affaire

« intégrale » liant aux lois de la physique, celles de la Psyché (qui ne sont nullement étrangères à la physique). La théorie strictement noétique a montré que l'involution noétique (N.G.), « libérée » des unités dimensionnelles, régit la TOTALITÉ universelle de manière strictement mathématique, voir métamathématique, sous l'égide des Nombre et Section d'Or et « installe » le Cardinalat $\mathfrak{C}=1^{**}$ comme un PRÉSENT (Fusionnel E←T) « perpétuel-Hors-T-E » de puissance deux au sens PUISSANCE DU CONTINU de l'Ordre du Transfini cantorien. Par la « nature des choses », l'infiniment petit τ_{2N}, de par sa « constitution noéticanthropique », est donc susceptible de prendre au moins une infiniment petite valeur prévue par la théorie et le calcul dont la plus petite est : $2{,}86.10^{-42}$ seconde au lieu de 6.10^{-41} s. Sur le plan strictement « humain », au sens du Vécu, il convient d'adopter cette dernière valeur. En fin de compte, qu'est-ce qui justifie cette « acceptation » ? Réponse vécue par celui qui trace ces lignes : par la sensation profonde, naturelle, perpétuelle dans le vécu quotidien que, dans ma poitrine (plexus aortique et solaire), « je » véhicule l'**instant présent** en CONTINU, ce « quelque chose » d'incorruptible, d'immortel, soustrait à l'entropie (en langage de physicien), donc **qui ne peut pas vieillir**. D'immortel, donc ?? Sans aucun doute !! A trois reprises, d'ailleurs, voici onze ans, puis deux autres fois, la dernière remontant à environ trois ans, j'ai vécu des « événements » simples où, en l'espace de quelques secondes seulement, le « temps normal » de l'horloge de service faisant foi : le temps s'était écoulé en « comptant plus de vingt minutes ». Je n'avais nullement perdu conscience de mon environnement, ne m'étais pas endormi, bref, rien d'« anormal » n'avait pu expliquer pareil constat.

Enfin, l'élément justificatif le plus puissant de la Noéticanthropie : les Nombre et Section d'Or :

- sur le plan noétique, purement physique et introducteur ; la longueur d'onde $2\widetilde{\lambda}_B$ résultant (physique ondulatoire) du premier « marqueur » de noétisation de l'énergie quantique $E_{q_0} = \mu_e c_0^2$ (μ_e : masse de l'électron), transformée en périodicité ondulatoire, vaut :

$$\widetilde{T}_0 = \frac{2h}{E_{q_0}} = \frac{2 \times 6{,}6260755.10^{-34}}{9{,}1093897.10^{-31} \times (299792458)^2} = \mathbf{1{,}6186602.10^{-20}\,s}$$

Cette valeur est proche du Nombre d'Or (à 10^{-20} près) d'environ : 0,03866869%. Puisqu'il s'agit d'une valeur ontologique, j'émets l'hypothèse, qu'en fait, on devrait avoir :

$$\widetilde{T}_0 = \frac{1}{2}\left(1 + \sqrt{5}\right)10^{-20}.$$

En supposant que l'incertitude concerne la constante de Planck,
cela fournirait :

$$h = 6{,}623512069...10^{-34}\ \text{J.s}$$

au lieu de :

$$6{,}6260755.10^{-34}\ \text{J.s}$$

En éliminant, par la définition de c_0, l'incertitude sur la constante céique, l'incertitude pourrait également concerner la masse de l'électron, ou les deux valeurs de h et μ_e à la fois. Il ne s'agit que d'une simple allusion. Bref, la physique noétique « entame » son histoire sous l'égide du Nombre d'Or ;

- sur le plan noéticanthropique, nous avons constaté que le Conformateur Convolinvolutif Fusionnel s'exprime également sous l'égide du Nombre d'Or par :

$$CCF_N = \frac{\mu_e c_0}{A_M} \times \mathcal{N}_{2N}^{-1} = 1{,}61647...10^{-26}\left(m^{-1}d\right)$$

Le décalage avec le Nombre d'Or est ici plus important : c'est probablement l'incertitude concernant la mesure de $\mathcal{N}_{2N}$ pour l'essentiel. Mais la Noéticanthropie est définie par l'Incarnation humaine qui se Réalise… laquelle ne peut pas toucher à la perfection du Nombre d'Or. Admettons que la valeur ci-dessus de CCF_N soit alors celle du **Nombre de Fibonacci** de rapport $n = 9$, ce qui fournirait : $n_9 = u_9 = 55/34$ soit 1,617647059 (nous avons déjà rencontré ce rapport dans le cas des fleurs du tournesol). Dans ce cas $CCF_N = 1{,}617647059.10^{-26}$ d'où :

$\boldsymbol{\mathcal{N}_{2N} = 8{,}498646...10^{28}}$

- en cherchant l'« implication » Noéticanthropique dans le cas « univers holomorphique-Terre », le conformateur CCF_T fournit :

$$K_0\Gamma_T^2 = K_0\mathcal{N}_T^{-1} = K_0 \times 3{,}82117.10^{-19},$$

soit :

$\boldsymbol{\mathcal{N}_T = 2{,}617.10^{18}}$

ce qui doit concerner encore le neuvième rapport du Nombre de Fibonacci mais au carré élevé à la puissance neuf de dix, soit : $\mathcal{N}_T = \left(\mathbf{F_9.10^9}\right)^2$

Ainsi, le submicro-univers électron, ontologie fondamentale de toute structure universelle créée, « suscite » la création universelle ultérieure de l'Univers cosmologique et de l'« univers-Terre », sous l'égide du Nombre de Fibonacci de rapport neuf, lequel structure l'amplificateur holomorphe $\mathcal{N}_{2N}$ du Noéticanthrope, lequel « refournit » $\mathcal{N}_T \approx \left(\frac{\mathcal{N}_{2N}}{20}\right)^{1/3}$. En fait, le calcul $\mathbf{20\left(\Phi.10^9\right)^3}$ **est le plus proche de** $\mathcal{N}_{2N}$. Il paraît honnêtement indiscutable que l'Homme qui s'Accomplit soit Créateur du vaste Univers, des « autres » univers qui peuplent le cosmologique, de la vie, donc de lui-même. Dieu-en-Soi. Ainsi en EST-il.

Création et Démiurgie

Je vais essayer d'expliquer le plus rationnellement possible comment il faut entendre ces deux termes. Commençons par le plus usuel : **création**. Il est nécessaire, avant de particulariser, de rechercher, historiquement, la sémantique « usagère » de ce mot. Son origine est simultanément grecque (*kreas*, *kreatos* signifiant *chair*) et latine (*creatum*). La racine grecque est significative : elle renvoie immédiatement à l'incarnation « chair » de la vie, passant outre la matière inerte (à remarquer qu'en biochimie, la créatine (substance protéinée présente dans le sang, les muscles, le cerveau), a pour rôle essentiel d'être à l'origine de l'énergie musculaire). Inutile de tergiverser : si on écarte toute

métonymie (ce que je demande instamment au lecteur), la création, d'origine religieuse (chrétienne, essentiellement), doit être considérée **ex nihilo**, à partir de « rien ». Il s'agit donc d'une **action** : donner l'**existence à partir du néant**. Apparaissent de suite des contradictions « existentielles » du fait que l'existence, se déroulant **dans** l'espace-temps, n'avait pu avoir lieu qu'à un ou plusieurs instants « présents » **hors temps-espace**, par définition, sinon, **dans** l'espace-temps, l'« ex nihilo » disparaît et il n'y aurait pas création. Cette sorte de « chaos sémantique » subsiste d'ailleurs – et c'est très significatif de devoir faire ce constat – en remplaçant tout contexte religieux par la « rigueur » scientifique du big bang. La manière dont les spécialistes décrivent l'apparition de l'Univers n'a rien à envier ni à reprocher à la Genèse de l'Ancien Testament. En remplaçant Dieu par big bang, on se retrouve dans la même situation sauf que le langage est celui de notre époque scientifique. Mais sur le fond, rien n'est changé : l'apparition au « temps de Planck » des particules quantiques élémentaires puis celle des atome d'hydrogène et d'hélium ressemble à la création des cieux et de la terre (voir Genèse). Il reste « le RIEN-NÉANT ». D'ailleurs, déjà Montesquieu dans « L'Esprit des lois, I, 1 », ne disait-il pas : « *La création qui paraît être un acte arbitraire, suppose des règles aussi invariables que la fatalité des athées* » ? Nous le savons bien : les sciences contemporaines, en éliminant Dieu-Créateur ont ipso facto réintroduit une autre « divinité » : le **hasard** ! Ne nous imaginons pas que la juxtaposition « création divine »/big bang soit fortuite. Elle relève, tout simplement, d'une incomplétude majeure et essentielle dans la manière humaine, philosophique, théologique, spiritualiste, scientifique « savantissime » de concevoir et de comprendre l'Univers, le Monde et ses apparences, bref… CE QUI EST. La physique noétique n'a jamais eu de cesse de proposer l'argumentation spécifique et inédite pour voir plus clair, mieux : pour expliquer et définir le RÉEL face au « ludere » de « ce qui paraît ». Si le dogme qui met « création divine » en système-créationniste, accrochant ainsi la superstition moyenâgeuse aux débris disloqués de ce qu'ont été les éléments formateurs de notre culture judéo-chrétienne, force est d'avouer que l'élément scientifique qui caractérise nos sociétés actuelles n'a guère réussi mieux que l'antique « lumière » millénaire basée sur l'Ancien testament mais qui arrive à sa fin.

Les sciences mathématiques sont d'un rationnel à l'épreuve de l'Absolu. Mais, malheureusement, l'élite scientifique ne l'honore guère, si oui, pour « corrompre » l'épreuve. Quel est ce rationnel, ce RATIO : « Rien ne se crée, rien ne se perd, tout se transforme ? » En renouvelant ce célèbre aphorisme d'Antoine Laurent Lavoisier, le terme même de création prend toute sa signification « noétique », à son sens exact. « Rien ne se perd ? » Alors, toute transformation « conserve » l'**information** d'une « naissance » qui n'est pas apparue ex nihilo. Ce sont les fameux **principes de conservation de la physique**. Mais, pour bien comprendre ceux-ci, il ne faut pas oublier « transformation ». Surtout lorsque la transformation, devenue mutagène, change de référentiel et devient indécelable avec les moyens classiques. Ainsi, de « Fusion Espace$\leftarrow$temps $\Rightarrow$ Espace-temps déployé », l'Information Courbure spatiale $\Rightarrow$ Matière, toute Conservation est sauvegardée mais selon des critères non conventionnellement appréhendés par nos sens physiologiques non noétisés du corps. Exemple noétique : l'énergie quantique de l'électron au repos

$$E_{q_0} = \mu_e c_0^2 = 5{,}109950236.10^5 (\mathrm{eV}) = 8{,}187111168.10^{-14} (\mathrm{J})$$

« disparaît » en passant du référentiel phénoménal au référentiel convolinvolutif symplectique par la relation mutagène :

$$\mathcal{C}_{q_0} = k^2 E_{q_0}^{-1} = 1{,}42254084.10^{24}\left(m^{-2}\right).$$

Il convient d'utiliser, dans la codification utilisée, la version énergétique thermodynamique (en joule) et non en électromagnétique (eV). Il y a équivalence par la constante universelle $k^2 = 1{,}16465.10^{11}\left(kg.s^{-2}\right)$ au sens où, commutativement :

$$E_{q_0} = k^2 \mathcal{C}_{q_0}^{-1}.$$

Cette transformation peut être mesurée par esthésiemétrie en mesurant la longueur d'onde de Broglie $\tilde{\lambda}_B = 2{,}4263...10^{-12}\,m$. (à la précision de la mesure près). L'exemple donné ici, est fondamental par son caractère unique. Il faut donc bien comprendre que « création » au sens où il convient de l'accepter n'a rien de mystérieux, même si l'exposé, sortant du cadre du connu, nous dévoile un inédit, une révélation tout-à-fait fabuleux : le secret de l'ESPRIT. La courbure $\mathcal{C}_{q_0}$ au sens élémentaire, (pour rester simple), est dévoilée par sa transformation-MATIERE par la relation mathématique :

$$E_{q_0} = k^2 \mathcal{C}_{q_0}^{-1}$$

au sens $\mathcal{C}_{q_0}^{-1} \Rightarrow E_{q_0}$, et réciproquement. Deux remarques essentielles doivent être fournies : la matière « ne se crée » **qu'au niveau quantique** par d'incessantes transformations perpétuelles à des rythmes qui nous paraissent effrénés (des milliers de milliard par seconde). De même, commutativement, les mêmes transformations s'effectuent du visible quantique phénoménal en « non visible » noétique symplectique ou nouménal ; mais la non-visibilité garde la trace « conservée » du visible. L'autre remarque doit être bien comprise aussi. Le passage « subtil ⇒ matériel **ne peut être** que quantique. Ce passage concerne l'infiniment petit, les submicro-univers noétiques-quantiques. En changeant de la **dimension-submicro** à la **dimension-micro**, la mutation est terminée. La dimension-micro concerne l'atomistique, laquelle conserve certains aspects du quantique-au-repos en les « faisant passer » en « quantique dimensionnellement accéléré » qui constitue déjà le référentiel phénoménal. C'est ainsi que certains gourous ou spiritualistes en mal de sensationnel ont prétendu « créer » de la matière et, après avoir pris des cours de prestidigitation, ont pu bluffer des crédules qui ne demandaient qu'à voir le « miracle impossible ».

Que vient faire alors le Noéticanthrope dans ces processus ? C'est le moment d'aborder la **démiurgie**. Le terme **démiurge** a ses origines grecques en *demiourgos* (*dêmos*-peuple et *ergon*-création) terme signifiant « artisan qui travaille pour le public ». Cette origine le doit à la conception platonicienne « dieu architecte de l'univers ». Pour les gnostiques, il s'agit d'un être émanant de l'Être suprême (Dieu). Dans la réalité, il doit être annoncé au monde (dans le secret encore actuel où une telle « annonce » est (encore) irrecevable) : la démiurgie est un « égrégore », « issu » du Cardinalat $\mathfrak{C}=1^{**}$ et incarné **dans** l'espace-temps en une créature humaine dont le Destin a été « décidé » dès sa conception, mais… « décision Hors Espace-Temps ». La physique noétique prouve que toute Création s'« amorce » en Fusion E←T (Hors espace-temps) mais a lieu dans l'espace-temps. L'« amorce » est (Incréé) dans le **Présent Continu** (HTE) aux plexus aortique-plexus solaire, donc invisible. Sa dynamique se manifeste **dans** l'espace-temps (référentiel physique (phénoménal), donc visible. Le Hors-temps-espace est incompréhensible à nos neurones cérébraux à vocation discursive **dans** le temps. Mais, chez Noéticanthrope, la secrète mais « puissante » sensation du présent-Continu (6.10^{-41} seconde) dans la poitrine lui donne la possibilité d'accéder à la CONNAISSANCE que le comportement des neurones noétisés dans le cerveau (HTE) se transforme en COMPRÉHENSION. C'est cette « triade » : Présent-Continu ; Connaissance ; Compréhension qui rend l'homme en voie de Réalisation-Homme, Démiurge. Toutes les bases permettant toute Création sont contenues dans l'amplificateur noétique holomorphe $\mathcal{N}$ dont la valeur maximum, ai-je calculée précédemment, soit $\mathcal{N}_{2N} \approx 8{,}49.10^{28}$, désigne l'« art » démiurgique de l'Homme en Accomplissement. Le fait que la dimension d'univers cosmologique $R_U \approx 1{,}3.10^{26}$ mètres soit reliée à $\mathcal{N}_{2N}$, prouve que « cet » Homme est **Créateur**. Ce n'est pas son « masque incarné », ce n'est pas son apparence physique dans l'illusion terrestre de l'espace-temps, qui créent, mais l'HyperNoétisation des cellules des organes majeurs de son corps, en particulier ses neurones et synapses du cerveau. Ces créations ne peuvent pas encore être expliquées à l'heure actuelle (comment ces « cellules spéciales » procèdent-elles ?). Mais j'ai établi le modèle de la Noéticanthropie qui est détaillé dans le Lexique VII (cf. mon site) et que je réexposerai ci-après. Ce développement permettra de raisonner à partir d'un canevas. La seule direction possible pour aborder les processus de Création est la suivante : chaque création correspond à un univers riemannien en Fusion E←T. C'est le Présent-Continu qui en est « artisan » (le démiurge véritable est « lui »). Donc, toute Création par l'« amorce Présent-Continu P-C » ayant son « origine » (6.10^{-41} seconde) dans l'Incréé, s'y structure **instantanément** (par INCRÉÉ-ABSOLU-ESPRIT ($\mathfrak{C} = 1^{**}$)). On ne peut donc absolument pas « situer » où et quand (inlocalisation spatiale et non séparabilité temporelle) la création va s'effectuer : il ne saurait y avoir ni « origine » ni « fin » de son ébauche. Le seul « début » est celui que nous « voyons » lorsque la morphogenèse se matérialise **dans** l'espace-temps. C'est pourquoi est-il impossible de « localiser » spatiotemporellement ce que l'on désigne improprement par big bang. Une forme de compréhension à ce qui heurte si brutalement nos logiques du sens commun est contenue à ce sujet dans la première partie, chapitre six et du modèle « multivers expansionniste » décrit par les figures 19 à 21. C'est ainsi que le modèle submicro-univers-électron a une période $\widetilde{T}_0 = F_0.10^{-20}$ seconde (ou, probablement plus exactement : $\Phi.10^{-20}$ s avec $\Phi = \frac{1}{2}\left(1+\sqrt{5}\right)$. Celui-ci est donc pulsatoire, fig. 22, 23, 24 de période $\widetilde{T}_0$. Par holomorphisme, l'Information de tous les « intermédiaires » (figure 21) est instantanément et « constamment » présente jusqu'à la dimension de notre cosmos dont nous ne connaissons, **dans** l'espace-temps que son expansion « actuelle » à $R_U \approx 1{,}3.10^{26}$ mètres et $\tau_U \approx 13{,}7.10^9$ années mais laquelle devrait, à l'instar du modèle multivers général [(210) et figure 21] se présenter également comme pulsatoire. C'est l'actualisation du processus H.T.E. **dans** l'espace-temps qui nous permet de « remonter » l'Histoire de notre cosmos par imagerie électronique avec la sonde WMAP, dans l'« espoir » (qui sera sans cesse déçu) de pouvoir remonter jusqu'au big bang, déception car impossibilité parce que… ce dernier n'a jamais ÉTÉ ! En fait, le « big bang » est celui des infinités de big bang qui ont lieu perpétuellement en Fusion E←T (HTE) et dont les différents taux d'expansion, en morphologie symplectique holomorphe (N.G.), se juxtaposent les uns aux autres (revoir figure 21, ainsi que Lexique VI cf. mon site) pour former, par actualisations passées et se produisant perpétuellement, la vision que nous avons de l'Univers (au sujet de cette « vision », étudier le Lexique IX, mon site).

Toute création démiurgique développe **dans** l'espace-temps des énergies qui peuvent être colossales. La théorie des univers multiples dans le concept involutif-symplectique, permet l'établissement de modèles autorisant au calcul ces énergies, mais dont la diversité échappe évidemment à la symbolique globale. Ces énergies calculées sont les suivantes (voir dernier chapitre) :

Energie phénoménale « de position » :

$$W_{(\mathcal{C}_{\dot{q}})}(\mathcal{C}_{MN}) \approx \mathbf{3{,}17.10^{9}\,J}\ \left(\sim 880\,\mathrm{kWh}\right)$$

et l'énergie phénoménale « de force » :

$$W_{(\mathcal{C}_{\dot{p}})}(\mathcal{C}_{MN}) \approx \mathbf{1{,}356.10^{18}\,J}\ \left(\sim \text{près de } 377 \text{ milliards de kWh}\right).$$

Ces énergies sont, à l'évidence « empruntées » aux lieux géographes terrestres où elles doivent s'exprimer.

Le modèle noétique de la Noéticanthropie

La Manifestation matérielle de l'Univers est, ontologiquement, organisée mathématiquement par les séries de Fibonacci

Il s'agit d'une affirmation que j'ai résumée, au premier chapitre de cette partie, en me basant sur les constats que nous impose la série principale de Fibonacci. Par quelques exemples que la Nature nous offre en abondance (une abondance qui mériterait à elle seule un ouvrage à esprit scientifique et non ce qui a été produit jusqu'à maintenant où nombre d'auteurs-chercheurs continuent à confondre rapports de Fibonacci avec le Nombre d'Or), il apparaît que la série principale de Fibonacci représente la matérialisation de l'ESPRIT (qui est, quant à Lui, sous l'égide du Cardinalat gémellaire-Nombre d'Or), tant au niveau de la matière inerte que de la vie (homme compris).

Trois exemples parmi les plus pertinents : la disposition de l'émergence des tiges-branches végétales de quelques arbres (chênes, tilleuls, pommiers, poiriers), la configuration géométrique-morphologique de la feuille de platane, la disposition des graines dans la fleur de tournesol, disposition qui, à elle seule, décrit la série de Fibonacci dans ses premiers rapports « efficaces », l'évocation de l'ananas, de l'artichaut, des pommes de pins, etc. convainquent par le constat de l'évidence, que l'assertion mathématique comme conjecture démontrée de mon présent propos est exacte. Il faudrait y ajouter les spirales logarithmiques de nombre de coquillages et, enfin… le secret des neurones du cerveau des mammifères et les rapports conjugués de Fibonacci {8/5 ; 5/8} du cytosquelette qui les constitue. Il faudra, enfin, configurer ces constats par les explications noétiques que j'ai apportées dans nombre de mes ouvrages, ces dernières années, et en particulier dans l'ouvrage présent, pour se rendre à la « criante » évidence que s'« il y a un dieu créateur du Monde », ce ne serait pas celui qui, par religions humaines interposées, n'aurait su semer que la misère et la mort, mais l'ontologie mathématique, magnifique organisateur de l'ORDRE. A remarquer une observation d'une belle « éloquence » que je n'ai encore jamais relevée sous la plume des zélateurs du Nombre d'Or : le Nombre d'Or $\frac{1}{2}\left(1+\sqrt{5}\right)$ et son « jumeau » $\frac{1}{2}\left(1-\sqrt{5}\right)$, s'ils instaurent ce que j'appelle le Cardinalat par leur somme : $\mathfrak{C}=1{*}{*}=\frac{1}{2}\left[\left(1+\sqrt{5}\right)+\left(1-\sqrt{5}\right)\right]$, ÊTRE parfait, INCRÉÉ /ESPRIT, se distinguent des rapports de Fibonacci lesquels, étant tous irrationnels (sauf le cinquième rapport {8/5 ; 5/8}, par le fait que ces derniers, sans solutions **exactes**, soient « imparfaits » ; la Nature nous en offre perpétuellement l'évidence : tout le Créé par la Dynamique créatrice phénoménale souffre d'imperfections diverses malgré la « miraculeuse » harmonie que nous offre l'organisation génotypique du vivant… précisément « opposée » par la conflictuelle phénotypie humaine.

Retour à l'organisation synaptique-neurale dans le cerveau humain

Pénétrons plus en détail dans l'activité de cette organisation sous l'égide du cinquième rapport de Fibonacci. Un rappel simple mais fondamental, auparavant : pourquoi le couple 8/5 = 1,6 et 5/8 = 0,625 et non un « plus évolué » d'un rapport supérieur ? Parce que ce rapport, étant exactement rationnel, contrairement à tous les suivants, est indéfiniment **stable** ce qui ne peut être le cas « direct » avec des rapports irrationnels. Il y a ainsi une forme de « pseudo-perfection » apportée par la rationalité des rapports stables. Cependant, par le calcul suivant :

$$8/5 - 5/8 = 1{,}6 - 0{,}625 = 0{,}975 \neq 1,$$

aucune gémellité, donc, aucun « cardinalice » : il y a bien imperfection… accusée.

Peut-être la Nature gère-t-elle une sorte de « hiérarchie » dans l'imperfection ? Privilégiant la « stabilité numérique » à la gémellité (qui n'est rigoureuse que pour les Nombre et Section d'Or, soit, dans la formulation générique : $v_n = \dfrac{u_{(n+1)}}{u_n} \to \Phi$

(pour n infini, donc inatteignable) ?

Des recherches neurobiologiques récentes(*) conduisent à des observations que j'estime douées d'une richesse fantastique. Le cytosquelette semble être doté d'un « centre de contrôle » nommé **centriole**. Celui-ci ressemble à un 𝕋 disjoint 𝕋 composé de deux faisceaux de microtubules. Rappelons que les microtubules constituant ces faisceaux sont organisés (cf. Chapitre 1, deuxième partie) selon le rapport {8/5 et 5/8}. Le centriole constitue le centre organisateur des microtubules nommé **centrosome**. Le centriole est à l'origine de la **mitose** (division cellulaire) : c'est donc par l'action du centriole que la division des chromosomes s'opère (mitose). Le dédoublement des deux « cylindres » mircotubulaires donne naissance à deux « 𝕋 » qui se séparent mutuellement, chacun d'eux étant à l'origine d'une « morpho-organisation »-microtubules. Les fibres microtubulaires connectent le centriole aux centromères, points particuliers du noyau, siège de brins de molécules d'ADN. C'est ce processus qui est à l'origine de la mitose, cette « mystérieuse » division cellulaire par quoi la vie se multiplie, se divise et s'organise dans sa fabuleuse diversité. Ainsi, par la mitose au sein d'une cellule, se forme le **noyau**, siège où s'opère la génétique cellulaire, contrôle de l'identité et de l'hérédité, régisseur de la production protéique pour la cellule ; d'autre part, centrosome et son constituant, le centriole, structurent et contrôlent la fonctionnalité de la cellule (organisation, mouvement). La figure 39 expose les arrangements par 5 et 8 « hélicoïdes » orientés respectivement vers la droite et vers la gauche. D'où la présence du rapport cinquième de Fibonacci {8/5 ; 5/8}.

La grande question qu'il est nécessaire d'aborder maintenant, est la suivante : que viennent faire ces nombres de la série principale de Fibonacci dans la

---

(*) « Les ombres de l'Esprit. A la recherche d'une science de la conscience » R. Penrose. InterEditions 1995.

manifestation (matérialisation, incarnation de la vie) de l'Univers et de la Terre ? Ce n'est pas la première fois que cette question cruciale, de nature ontologique est posée, cela va de soi. L'étude des réponses proposées ne me convainc nullement ; il me semble à peu près sûr, cependant, que l'orientation de l'interrogation doit se focaliser sur des rayonnements engendrant probablement quelques types de signaux, nombreux ou pas, le long de chaque microtubule, le rapport cinq de Fibonacci intervenant. Les microtubules véhiculent des molécules et établissent des connexions avec des microtubules voisins. Celles-ci sont des pontages de protéines associées aux microtubules (voir figure 41). La configuration cylindrique des microtubules apparaît alors comme une disposition de 5 + 8 = 13 colonnes comportant de grands nombres de pontages entre elles.

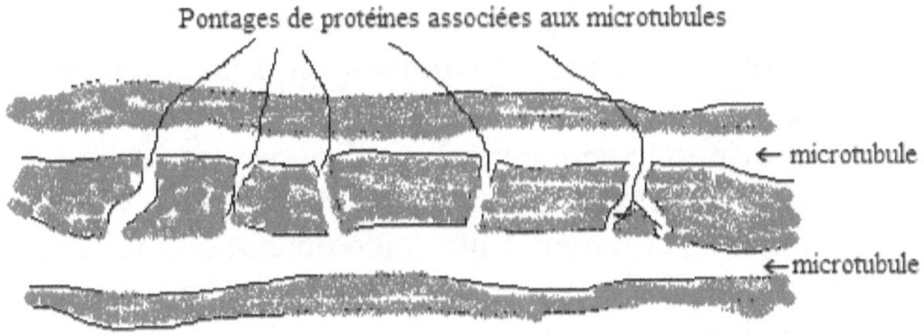

Figure 41

La morphologie cytosquelletique semblant être assez homogène chez la quasi-totalité des mammifères, le nombre 13 devient une valeur quasi universelle pour leurs microtubules.

Il est clair, au vu de ce qui a été exposé ci-dessus, que la « signification numérique » des microtubules pour les neurones et les synapses est colossale. Il est non moins clair que la « version subtile » de celle-ci ne le sera pas moins. Pour terminer cette courte exploration, les études microscopiques sont pertinentes : le diamètre des microtubules atteint entre 25 et 30 nanomètres (nm, soit 25 à 30 millionièmes de millimètre) alors que leur longueur est de l'ordre de plusieurs millimètres, soit environ 10000 fois plus important. Le « cylindre microtubule » peut varier en diamètre, selon la fonction localement plus ou moins instantanée, transporte des molécules neurotransmettrices. Leurs réseaux de communication sont impressionnants, grâce en particulier aux pontages. Ces dernières années ont vu éclore de nombreuses découvertes entraînant des commentaires au sujet d'une « nécessaire » plasticité cérébrale : d'après les spécialistes américains, il apparaît que les microtubules participent de manière certaine au contrôle de la « plasticité neurale », à l'origine de celle de notre cerveau. Il a été beaucoup question, dans la première partie, de la « géométrie dorée » qui n'avait pas son **équivalent de perfection** dans les structures physiques moléculaires et cellulaires. Celle-ci est le « siège » du référentiel convolinvolutif symplectique et nouménal. Dès le premier chapitre de la deuxième partie, les « transcriptions géométriques » dans le microscopique physique (à partir de la géométrie dorée) se révélèrent « imparfaites », la fameuse molécule de carbone fullerène en étant l'exemple type. Je dois repréciser, ici, que cette « imperfection » n'en est pas une au vu des comparaisons possibles en biologie moléculaire. J'insiste sur le fait que si le dodécaèdre est l'exemple même de la PERFECTION au sens où sa géométrie unique symbolise l'INCRÉÉ/ESPRIT, c'est parce qu'il est la traduction mathématique absolue du Nombre d'Or et de son Cardinalat gémellaire associé, par l'intermédiaire du Nombre d'Ordre $\Omega_{\Phi} = \dfrac{\Phi + \Phi^{-1}}{\Phi - \Phi^{-1}} = 5$. Le dodécaèdre (parfait) « se décline » en matérialisation sous la forme icosaédrique tronquée (association de pentagones et d'hexagones). On les retrouve ici sous la forme clathrine.

Ces figures apparaissent dans les terminaisons synaptiques et présynaptiques des axones, et, du fait de leur configuration géométrique, interviennent de manière importante dans l'émission des neurotransmetteurs. Les clathrines sont constituées de trimères protéiques (trisquètres) à base d'acides aminés (la clathrine est donc beaucoup plus volumineuse que le fullerène). En schématisant la géométrie des trisquètres par la représentation suivante , la clathrine prend l'apparence de la figure 42 :

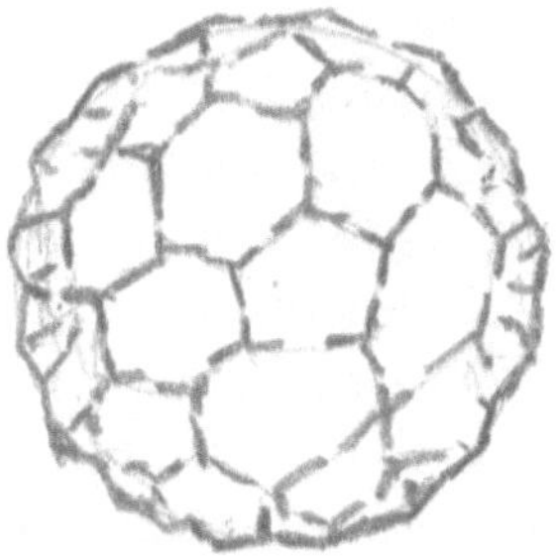

Figure 42

On retrouve la figure type-football (icosaèdre tronqué) comme pour la molécule fullerène de carbone (carbone remplacé par des trimères polypeptidique (avec acides aminés). Il est évident, encore une fois, que, entre le rapport de Fibonacci et l'icosaèdre tronqué, intervient l'obligatoire « imperfection » géométrique du fait de l'exigence structurelle des molécules de la vie (peptides, acides aminés) pour lesquelles la configuration strictement dodécaédrique (Nombre d'Or et Cardinalat, revoir figure 5, 13) ne convient pas du fait que beaucoup de ces structures microscopiques doivent se « rapprocher » de la sphère (acuité angulaire aussi réduite que possible ce que le dodécaèdre ne permet pas). Il s'ensuit une conjecture fabuleuse : chaque configuration icosaédrique tronquée résulterait-elle d'une « négociation (!) » entre l'obligatoire respect du Cardinalat et l'exigence structurelle des molécules de la vie ? Nous verrons, dans la suite explicative du modèle noéticanthropique, que cette conjecture se vérifie avec évidence... métabolisme basal et nombres de Fibonacci à l'appui. Il semble bien, d'ailleurs, que plus la structure vivante s'organise en complexité, plus la « rigueur quantique » s'amenuise, nullement aux niveaux des composantes moléculaires ni (encore moins !) aux niveaux quantiques, mais dans la globalité de l'être vivant. Par exemple, graines de tournesol (pour ne prendre que ce seul exemple parmi tant d'autres) et microtubules suivent la rigueur locale du rapport de Fibonacci, tandis qu'aux niveaux d'organisation d'un être vivant en tant que tel, s'il demeure la « valeur Fibonacci », celle-ci n'est plus assujettie à tel ou tel rapport strict. J'en fournirai, plus loin, un exemple fondamental et pertinent concernant – en Noéticanthropie – le métabolisme basal lié au poids de la personne (forcément variable autour d'une moyenne assez précise dans le meilleur des cas) et le « métabolisme » subtil dont les rapports sont dans les « intervalles-Fibonacci », mais soigneusement réglés, autour des « valeurs jumelles » (à trois décimales) : 1,618 ; 0,618.

Le modèle de la Noéticanthropie

Le terme **Noéticanthropie** est un néologisme. Je m'en suis entretenu au cours de plusieurs de mes livres. La racine grecque « noêsis » est liée à ce que nous pourrions nommer « gnôsis », en d'autres termes, réducteurs et sans appel : CE QUI EST. J'utilise, ainsi, le verbe d'état être que je ne souhaite pas identifier à l'existence. L'« êtreté » (État d'ÊTRE) n'est pas synonyme d'existentialité. Tous les animaux, tous les végétaux, bref : tout ce qui est vie, existe. L'homme contingent n'y échappe donc nullement. Mais le Sens suprême – et c'est pourquoi mes ouvrages de

physique noétique ont été écrits – c'est que la créature humaine – au–delà de ses contingences et mémoires animales, SE RÉALISE, ou S'ACCOMPLISSE. L'homme, malgré sa capacité d'« homotechnicus », serait–il immature à ce point ? Réponse OUI ! Contrairement aux animaux (admettons mammifères), la créature humaine est « inachevée », donc fragile. Son ressort est sa prodigieuse capacité d'adaptation par son **intelligence réflexive**.

D'autre part, l'Univers, tel que nous le voyons, a un DESTIN. Disant cela, je sais que des lecteurs scientifiques frémiront d'indignation et de « négationnisme » scandalisé. Ce n'est pas important. Le Monde a un Destin. Je le sais depuis mes deux « chocs psychologiques » à propos desquels il m'est arrivé de m'entretenir. Dans mon Vécu, il y a « avant » et « après ». Ne cherchant nullement à convaincre, j'expose des « faits intérieurs » en ma personne, sans la moindre idéologie (car il y a comparaison de l'« après » avec l'« avant »). Le destin de la créature humaine est de s'Identifier au Destin du Monde, non pas (du tout) dans le malheur toujours actuel de celui–ci pour exercer bénévolat et humanitaire (dont la dérive aboutit à un extrémisme aussi dangereux que les fondamentalismes religieux), mais dans la **Dynamique créatrice** que l'homme devenu Homme, par la Révélation (fantastique) de **Dieu–en–Soi**, accomplirait Hors–Temps–Espace (Fusion Temps → Espace). Ainsi, Accomplissant le Monde par la Surrection progressive, au cours des siècles, d'« humanoïdes » sur le chemin d'une véritable Humanisation de notre planète, il accomplirait son Destin dans la Vision unitaire et grandiose de l'UNITÉ de la Vie : l'Unité entre son existence incarnée et sa Vie désincarnée (que je nomme référentiel Hypersymplectique). La mort, liée aux croyances de toutes sortes (entre le Néant et la vie dite (faussement éternelle) disparaîtrait ainsi et le vieux rêve de la Gnose ésotérique prophétisée par la **Rédemption finale** s'accomplirait (fût–elle de manière bien différente de ce que la Gnose pourrait en proposer).

La Noéticanthropie, la « Gnose » qui s'« incarne » dans l'Homme (je dirais de manière plus accomplie, le « Troisième miracle »), c'est la Finalité universelle. Pour éviter une gnose trop facilement philosophique, je l'ai « investie » des lois de l'ontologie qui gouvernent la matière, ainsi que des Lois de l'Esprit qui gouverneraient l'Homme Réalisé. Ce qui signifie que les théologiens, les dignitaires religieux, les spiritualistes, fussent–ils nourris d'intuition, ne connaissent que l'esprit mais pas l'Esprit. Car l'Incarnation de l'Esprit–Ordre–AMOUR dans le corps physique rend celui–ci « Corpus Âtma » : le Troisième miracle de la Vie, rend l'humain Noéticanthrope.

Le Tenseur symplecto–nouménal de la Fusion Espace–temps submicrophysique : quantique macroscopique ?

Les deux expressions ci–dessous sont le résultat d'une modélisation générale du Tenseur symplectique–nouménal par ses deux versions–images réciproques :

$$\mathcal{R}_{\mu\nu} - \frac{1}{2} G^{\mu\nu} \mathcal{R} \, G_{\mu\nu} + \mathfrak{K} = 0$$

(symplectique–nouménal) (318)

$$\mathcal{R}_{\mu\mu} - \frac{1}{2} \mathcal{R} G_{\mu\mu} + K = 0$$

(Fusion symplectique HyperNoétique) (319)

Le résultat (318) est celui d'une rigoureuse modélisation de la Fusion électromagnétique noétique de l'Espace–temps englobant autant le référentiel symplectique que bosonique–nouménal. Le résultat (319) est celui d'une évaluation comparée des solutions des deux tenseurs, l'un « symplectique–S.O.U.L. », l'autre HyperNoétique. L'évaluation comparée du terme $1+\frac{r^*}{r_s}$ (ou $1-\frac{r^*}{r_s}$… selon l'écriture) intervenant dans les deux solutions avec des termes « composants » est dans la conjecture exacte d'une quasi identité entre les deux : l'axiomatique du passage de (318) à (319) est alors immédiate.

L'ouvrage « N'–Théorie » étudie dans le détail la mise au point du modèle fondamental {318 ; 319}. Les relations citées ci–contre sont celles du référentiel symplectique–nouménal et concernent les submicro–univers involutifs de $\beta_0^2 = 2 \to \infty$, représentatifs quantiques des fermions et des bosons. Mais j'ai proposé déjà, précédemment, les conséquences symboliques des aspects macroquantiques noéticanthropiques (§2, 2e partie).

Le modèle de la Fusion HyperNoétique–Symplectique cellulaire

L'« identité fusionnelle » de l'électron avec les molécules de la Vie étant démontrée, commençons à établir le modèle de l'Homme–démiurge.

Nous sommes à l'aube d'un bouleversement sans commune mesure avec ce que nos perceptions timorées pourraient nous en laisser paraître. Une Mutation au sens total où nos organismes physiques, notre vie commune, nos sociétés subiront des changements « impitoyables », donc douloureuses au plus haut point (dans l'immédiat) pour nos structures sociales, afin qu'apparaisse :

L'INCARNATION D'un ORDRE encore inconnu qu'il convient de nommer FUSIONNEL (mais que l'Affect égocentrique de tout un chacun n'est pas prêt d'accepter).

Et cette gigantesque et bouleversante Mutation commence, modestement, ici, avec le développement qui va suivre.

Reprenons encore une fois la relation classique de la conservation de la matière :

$$\boxed{\frac{V^2_{0(MN)}\rho^2_{MN}}{\widetilde{u}^4_0} - 3p^2_{\rho(MN)} = 0} \qquad (320)$$

V_0 est le BioMacrovolume hypersphérique de la symbolique MacroNoétique, ρ_{MN} une masse volumique de « matière symplectique de nature électromagnétique » MacroNoétique exprimée en unités $kg.s^{-3}$ et $p_{\rho(MN)}$ la quantité de mouvement de celle–ci dans les trois directions k isotropes, l'espace symplectique étant à la « frontière – Fusion – Défusion – Nombre d'Or ».

Nous cherchons la possibilité d'établir deux tenseurs, l'un global pour k dimensions spatiales, l'autre pour les quatre dimensions spatiotemporelles classiques mais où la « dimension–temps » serait « absorbée » dans la considération $\widetilde{x} = \widetilde{u}_0 \widetilde{t}$. La correspondance, $k \to 4$ (non commutative) devra donc avoir **même dimension**, dénominatrice commune de l'« esprit » hyperspatial. L'expression $\widetilde{x} = \widetilde{u}_0 \widetilde{t}$ doit nous alerter : la Mutation référentielle, ici abordée, **ne doit** ni ne peut plus utiliser la constante céique c_0 : celle–ci **doit** être « transférée » par la constante « mouvement–Psyché » pour laquelle nous proposons le terme constant déjà utilisée $\mathbf{\widetilde{u}_0 = 1 m.s^{-1}}$

(nous savons que c_0 et $\widetilde{u}_0$ sont liées par la vitesse de phase $v > c_0$ par $\widetilde{u}_0 = \dfrac{c_0^2}{v_{\varphi(M)}}$).

L'équation (320) décrit l'**énergie HyperNoétique** par la quantité de mouvement symplectique par :

$p_\rho = \dfrac{1}{\sqrt{3}} \dfrac{V_0 \rho_{MN}}{\widetilde{u}_0^2}$ ce qui fournit l'énergie (de nature électromagnétique) :

$$\boxed{E_{MN} = \frac{V_0 \rho_{MN}}{\widetilde{u}_0}} \qquad (321)$$

ρ_{MN} ayant la dimension $\left[kg.s^{-3}\right]$.
Or, puisque : $\Gamma^- = \Gamma^+ e^{j\varphi}$, (relation fondamentale d'opérateurs commutables, T VI, §4, 2e partie par (373) et (374)) l'énergie macronoétique E_{MN} doit être **quantifiée** comme l'énergie quantique électromagnétique :

$E_q = hf$ (f étant une fréquence électromagnétique), ce qui n'est possible que si on écrit :

$$\mathcal{Q}_0 = k^2 \mathcal{C}_0^{-1} \qquad (322)$$

avec $\mathcal{C}_0 = R_0^{-2}$, courbure hyperspatiale mais laquelle **est tenue,** maintenant, dns l'hypothèse évidente du référentiel symplectique à la limite de la disjonctivité nouménale–symplectique !! Résultat extraordinaire qui **démontre** que le « mur » de la lumière (relativité restreinte) **n'est pas** un mur pour les biomolécules aminoacides, ni pour les molécules ADN–ARN noétisées ; elles appartiennent donc au référentiel symplectique. En acceptant alors en toute logique, l'égalité : $|\Gamma^-| = |\Gamma^+|$, on déduit :

$\mathcal{Q}_0 = E_q$, si bien que :

$k^2 \mathcal{C}_0^{-1} = hf$, d'où :

$$\boxed{k = \sqrt{hf\mathcal{C}_0}} \qquad (323),$$

la courbure $\mathcal{C}_0$ ayant la dimension de l'aire inversée R^{-2}. Il en résulte, en termes d'énergie :

$$\boxed{k^2 = E_q \mathcal{C}_0} \qquad (324)$$

C'est donc la **courbure hyperspatiale** du référentiel nouménal qui « renseigne » sur le modèle **hypernoétique** du référentiel symplectique car c'est cette dernière qui a créé la courbure hyperspatiale. Nous remarquons, ainsi, les correspondances électromagnétiques HyperNoétiques par (324).

La prise en compte de (324) permet de justifier le caractère hyperspatial du Champ déterminé par la symplectique HyperNoétique (holomorphe) et l'« irruption » de la constante k^2, ainsi que son importance capitale dans la Révolution qu'elle permet d'amorcer (à terme) dans toute la physique.

Nous devons déterminer deux tenseurs, le tenseur {k, k} par $\mathbb{T}_k^k$, tenseur de courbure pour n'importe quelle dimension k d'univers et $\mathbb{T}_4^4$, tenseur de courbure de notre « bonne et vieille » (!) connaissance spatiotemporelle classique.

Par (320), on détermine :

$$p_\rho^2 = \frac{1}{3}\frac{V_0^2 \rho_{MN}^2}{\tilde{u}_0^4} \qquad (325)$$

La conservation globale est exprimée par une divergence nulle du tenseur T_ν^μ soit :

$$\nabla \bullet T_\mu^\nu = 0 \qquad (326),$$

puis, par la courbure riemannienne globale $\mathbb{T}_k^k$. Cette dernière somme les contributions des densités respectives ρ et ρ_{MN} où le modèle de conservation (320) en préparation HyperNoétique, est entièrement basé sur les masses spécifiques ρ_{MN} de dimension $kg.s^{-3}$ et ρ de dimension classique $kg.m^{-3}$. Illustration remarquable de la pérennité de la courbure hyperspatiale $\left[\text{temps}\left(\text{par } kg.s^{-3}\right)/\text{espace}\left(\text{par } kg.m^{-3}\right)\right]$. La masse volumique ρ s'exprime par :

$\rho = \dfrac{k^2}{f^2 V_0}$ pour « attribuer » la dimension spatiale $\left[kg.m^{-3}\right]$ et $\rho_{MN} = k^2 f$ de la dimension temporelle $kg.s^{-3}$, si bien que :

$$\mathbb{T}_\mu^\mu = \mathbb{T}_k^k(\rho) + \mathbb{T}_4^4(\rho_{MN}) \qquad (327)$$

Les courbures riemanniennes par les tenseurs $\mathbb{T}_k^k$ et $\mathbb{T}_4^4$ ont la même dimension courbure $\left[\mathcal{C} = R^{-2}\right]$. Nous avons pour $\mathbb{T}_k^k(\rho)$ deux expressions : l'une tenant compte du deuxième terme de (320), l'autre de son premier terme. Par exemple (325) donne la quantité de mouvement :

$p_\rho = \frac{1}{\sqrt{3}} \frac{V_0 \rho_{MN}}{\tilde{u}_0^2}$ d'où $p_\rho^2 = \frac{1}{3} \frac{V_0^2 \rho_{MN}^2}{\tilde{u}_0^4}$, de dimension $[m^2.kg^2.s^{-2}]$. En transformant la quantité de mouvement en courbure (l'aspect « massique » de la physique en aspect géométrique, exigé par le tenseur $\mathbb{T}_k^k$), on doit poser la dimension–rapport :

$\left[\frac{m.kg.s^{-2}}{m^3.kg.s^{-2}}\right]$ ce que l'on obtient par le quotient :

$$\mathcal{C} = p_\rho \frac{f}{k^2 V_0} \qquad (328)$$

En transformant le premier terme de (320), de nature directement macronoétique en courbure bidimensionnelle (m^{-2}), soit :

$\frac{V_0^2 \rho_{MN}^2}{\tilde{u}_0^4}$ en courbure, comme précédemment, on obtient le deuxième terme de $\mathbb{T}_k^k$ soit :

$\frac{M_\sigma^{-2} \rho_{MN}^2}{\tilde{u}_0^6}$:

Construisons maintenant le modèle–courbure HyperNoétique à partir de (320). Nous devons faire intervenir :

- la courbure $\mathbb{T}_k^k[-3p_{\rho(MN)}^2]$ (329)

- la courbure $\mathbb{T}_k^k\left[\dfrac{V_0^2\rho_{MN}^2}{\tilde{u}_0^4}\right]$ plus $\mathcal{C}_{(\rho)} = p_\rho \dfrac{f}{k^2 V_0}$ (330)

- la courbure $\mathbb{T}_4^4[\rho]$; (331)

- la courbure $\mathbb{T}_4^4[\rho_{MN}]$ (332)

Après calculs, on trouve les courbures (cf. « N'–Théorie ») :

$$\mathbb{T}_k^k\left[-3p_{\rho(MN)}^2\right] = -\frac{1}{3}p_\rho \frac{f}{k^2 V_0}$$

$$\mathbb{T}_k^k\left[\frac{V_0^2\rho_{MN}^2}{\tilde{u}_0^4}\right] = -\frac{1}{3}M_\sigma^{-2}\frac{\rho_{MN}^2}{\tilde{u}_0^6} \quad \text{avec } M_\sigma^{-2} = \tilde{u}_0^4 k^{-4}$$

$$\mathbb{T}_4^4[\rho] \qquad = -M_\sigma^{-2}\rho^2 - \frac{p_\rho f}{k^2 V_0}$$

$$\mathbb{T}_4^4[\rho_{MN}] \qquad = \frac{M_\sigma^{-2}\rho_{MN}^2}{\tilde{u}_0^6}$$

On obtient le tenseur final de courbure :

$\mathbb{T}_\mu^\mu = \mathbb{T}_k^k(\rho) + \mathbb{T}_4^4(\rho_{MN})$ en sommant les termes ci–dessus. Finalement, il vient :

$$\boxed{\mathbb{T}_\mu^\mu = M_\sigma^{-2}\left[\frac{2}{3}\frac{\rho_{MN}^2}{\tilde{u}_0^6} - \rho^2\right] - \frac{4}{\sqrt{3}}\frac{p_\rho}{k^2}\frac{f}{V_0}} \qquad (333)$$

Comparons entre elles les grandeurs numériques des courbures contenues dans $\mathbb{T}_{\mu}^{\mu}$.

Nous avons :

$$M_{\sigma}^{-2} \times \frac{2}{3}\frac{\rho_{MN}^{2}}{\tilde{u}_{0}^{6}} = 0{,}6667\ m^{-2}\ ;$$

$$M_{\sigma}^{-2}.\rho^{2} = 3{,}291.10^{4}\ m^{-2}$$

avec

$$\rho^{2} = \frac{k^{4}}{f^{4}V_{0}^{2}}$$

$$\frac{4}{3}\frac{p_{\rho}}{k^{2}}\frac{f}{V_{0}} = \frac{4}{\sqrt{3}} \times \frac{f^{2}}{\tilde{u}_{0}^{2}} = \frac{4}{\sqrt{3}} \times 6{,}25.10^{-4} = 1{,}443.10^{-3}\, m^{-2}$$

Il subsiste le deuxième terme, les autres étant négligeables.

D'où :

$$\boxed{\mathbb{T}_{\mu}^{\mu} \approx -M_{\sigma}^{-2}\frac{k^{4}}{V_{0}^{2}f^{4}}} \qquad (334),$$

expression générale et fondamentale de l'hyper–univers hypersphérique noéticanthrope.

Le terme du deuxième membre est la courbure :

$$\left[\frac{\tilde{u}_{0}^{4}}{k^{4}} \cdot \frac{k^{4}}{V_{0}^{2}f^{4}}\right],$$

appartenant à une géodésique nouménale–symplectique.

En simplifiant l'expression entre crochets ci–dessus et en faisant intervenir le transformateur mutationnel k^2, on obtient le « relais–immédiat » sans « filtre » nouménal, de la **symplectique énergétique MacroNoétique** :

$$\boxed{W_{q+1} - W_q = k^2 \frac{f^4 V_0^2}{\tilde{u}_0^4}} \qquad (335)$$

Le calcul de cette énergie donne :

$$W_{MN} = 1{,}16465.10^{11} \times (0{,}025)^4 \times (8{,}82)^2 = \mathbf{3{,}539.10^6\,J}$$

Reprenons l'expression (335) soit :

$$W_{BMN} = \frac{k^2 f_0^4 V_{0(BMN)}^2}{\tilde{u}_0^4}$$

Conformément au modèle simplifié par :

$$\mathbb{T}_\mu^\mu = -M_\sigma^{-2} \frac{k^4}{V_{0(BMN)}^2 f^4},$$

nous devons respecter, pour le calcul du volume symbolique noétique $V_{0(BMN)}$, la fréquence fondamentale $f_0 = 0{,}025\,Hz$ (cf. Tome VI : fréquence de l'« Arbre de Vie ») mais non l'une de ses nombreuses harmoniques remarquables. Tirant $V_{0(BMN)}$ de (335), soit :

$$V_{0(BMN)} = \frac{\tilde{u}_0^2}{k f_0^2} \sqrt{W_{BMN}} \qquad (336)$$

on détermine :

$$V_{0(BMN)} \approx \frac{1\left(m^2.s^{-2}\right) \times \sqrt{3{,}54.10^6\,(J)}}{3{,}412697.10^5\left(kg^{1/2}s^{-1}\right) \times (0{,}025)^2\left(s^{-2}\right)}$$

$$\mathbf{V_{0(BMN)} = 8{,}82\ m^3}$$

de rayon hypersphérique :

$$R^0_{BMN} = \left(\frac{V_{0(BMN)}}{2\pi^2}\right)^{1/3} = \left(\frac{8{,}821123}{19{,}73921}\right)^{1/3}$$

$$\boxed{R^0_{BMN} \approx 0{,}7645\ m}$$

et de rayon euclidien

$$R^-_{BMN} = \left(\frac{3V_{0(BMN)}}{4\pi}\right)^{1/3} = \left(\frac{3 \times 8{,}821123}{12{,}56637}\right)^{1/3}$$

$$\boxed{R^-_{BMN} \approx 1{,}28\ m}$$

Le rayon riemannien seul, est représentatif de la théorie hyperspatiale utilisée. Nous voyons bien, ici, la distinction entre HyperNoétique (centrée sur la Mégamolécule sémiotique ADN) et la BioMacroNoétique concernant la créature humaine Homme dans sa totalité.

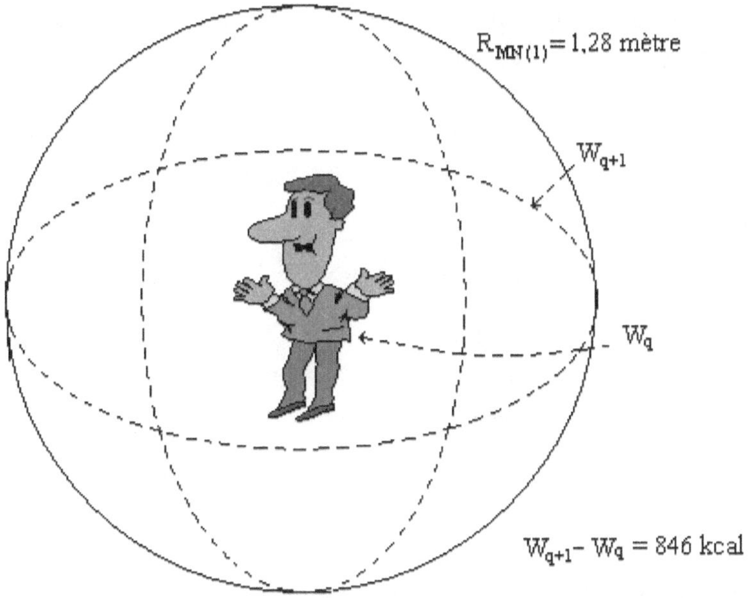

Figure 43

Sur le thème identitaire de la Fusion, est–il possible de rapprocher sur le plan symplectique l'expression du Tenseur nouménal, par ailleurs présenté comme universel ?

Soit le tenseur $\mathbb{T}_{\mu}^{\mu}$ assimilé à la courbure (334). Celui–ci ne comporte plus la constante céique c_0, mais la vitesse de phase démiurgique du Champ–Psyché totalement dévoilée et accomplie. L'expression (320), parfaitement symétrique comporte, un tenseur symétrique de type Riemann–Christoffel de rang 2 susceptible d'écriture :

$$\mathcal{R}_{\mu\mu} = \sum_{1}^{4} {}_{ij}G^{ij}\mathcal{R}^{i}_{\mu,\mu j} \qquad (337),$$

lequel exprime la « propagation connectée » de son champ noétique par le dalembertien :

$$\tilde{\square}\big| G_{\mu\mu} = -2\mathcal{R}_{\mu\mu} \qquad (338),$$

On déduit :

$$\mathcal{R}_{\mu\mu} = -\frac{1}{2}\,\underline{\tilde{\square}}\;G_{\mu\mu} \text{ où } \underline{\tilde{\square}}\big| G_{\mu\mu} = -\mathcal{C}\,G_{\mu\mu} \qquad (339)$$

D'où :

$$\boxed{\mathcal{R}_{\mu\mu} - \frac{1}{2}\mathcal{R}G_{\mu\mu} + K = 0} \qquad (340),$$

expression HyperNoétique du modèle fusionnel submicronoétique électromagnétique en référentiel noétique. Le modèle (340) est le **Tenseur HyperNoétique**.

On retrouve la quasi–identité d'écriture tensorielle de (318) aux indices près.

La solution du Tenseur HyperNoétique–Symplectique cellulaire (cf. « N'–Théorie »)

Revoir solution S.O.U.L. dès son début (N'–Théorie).

La stabilité de la solution S.O.U.L. impose en Hypernoétique :

$$\mathcal{R}_{\mu\mu} = KG_{\mu\mu} \qquad (341)$$

Suivons le développement (en reprenant (cf. « La grande Unité de l'Univers Matière-Esprit révélée par la physique ») la solution S.O.U.L. du Tenseur nouménal) du raisonnement à la suite de (341) ; par équivalence, on obtient :

$$\mathcal{R}_{\mu\mu} = \frac{\partial^2}{\partial X^\mu \partial X^\mu} \log\sqrt{-G} - \Gamma^\alpha_{\mu\mu,\alpha} + \Gamma^\beta_{\eta\mu}\Gamma^\eta_{\beta\mu} - \Gamma^\eta_{\mu\mu}\frac{\partial}{\partial X^\eta}\log\sqrt{-G}$$
(342)

Contentons–nous des deux dimensions $\mu,\mu = 0,0$ puis $\mu,\mu = 1,1$. On a avec : $\mathcal{R}_{00} = KG_{00}$ puis $\mathcal{R}_{11} = KG_{11}$, en développant tous les symboles de Christoffel et après simplifications :

pour $\mathcal{R}_{00}$: $\frac{d^2\Psi}{dr^{*2}} + \frac{1}{2}\left(\frac{d\Psi}{dr^*}\right)^2 - \frac{1}{2}\frac{d\Psi}{dr^*}\frac{d\varepsilon}{dr^*} + \frac{2}{r^*}\frac{d\Psi}{dr^*} = -2\,Ke^\varepsilon$
(343)

puis pour $\mathcal{R}_{11}$:

$$\frac{d^2\Psi}{dr^{*2}} + \frac{1}{2}\left(\frac{d\Psi}{dr^*}\right)^2 - \frac{1}{2}\frac{d\varepsilon}{dr^*}\frac{d\Psi}{dr^*} - \frac{2}{r^*}\frac{d\varepsilon}{dr^*} = -2\,Ke^\varepsilon \qquad (344)$$

En soustrayant (344) de (343), il reste :

$$\frac{d\Psi}{dr^*} + \frac{d\varepsilon}{dr^*} = 0 \qquad (345)$$

de solution $\varepsilon + \Psi = \ell n\,\sigma$ (346),

σ étant une constante. En reportant (345) et (346) dans (343), il vient après simplification :

$$\frac{1}{r^*}\frac{d^2}{dr^{*2}}\left[r^* e^\Psi\right] = -2K\sigma \qquad (347)$$

En intégrant deux fois de suite, il vient successivement :

$$\frac{d}{dr^*}\left[r^* e^\Psi\right] = -2K\int r^*\sigma dr^* = -K\sigma r^{*2} + \gamma$$

puis :

$$r^* e^{\Psi} = -\int \left(K\sigma r^{*2} + \gamma \right) dr^* + \rho$$

soit :

$$\boxed{r^* e^{\Psi} = -K\sigma \frac{r^{*3}}{3} - \gamma r^* + \rho} \qquad (348)$$

σ, ρ, γ étant constantes d'intégration.
Avec (346), soit $\varepsilon = -\Psi + \ell n\, \sigma$, en dérivant (348), il vient :

$$\frac{d}{dr^*}\left(r^* e^{\Psi}\right) = -K\sigma r^{*2} - \gamma .$$

Or, dans (348), la constante γ fait partie de l'intégrant au même titre que $K\sigma \frac{r^{*3}}{3}$, d'où, en première approximation : $-\gamma = \sigma$, si bien que :

$$\frac{d}{dr^*}\left(r^* e^{\Psi}\right) = -K\sigma r^{*2} + \sigma = \sigma\left(1 - Kr^{*2}\right) \qquad (349)$$

On constate alors que (348), selon les deux variantes–variables ψ et ε, s'écrit de deux manières :

$$\left.\boxed{\begin{aligned} e^{\Psi} &= \sigma\left(1 + \frac{\rho}{\sigma r^*} - \frac{1}{3} K r^{*2}\right) \\ e^{-\varepsilon} &= 1 + \frac{\rho}{\sigma r^*} - \frac{1}{3} K r^{*2} \end{aligned}}\right\} \qquad (350)$$

Si nous nous référons à la solution générale du tenseur par (341), soit $\mathcal{R}_{\mu\mu} = KG_{\mu\mu}$, nous constatons que pour le 1er terme de la géodésique, il est nécessaire de poser :

$$dS_1^2 = e^{-\varepsilon}\left(dX^0\right)^2 = e^{\Psi}\left(dX^0\right)^2 \qquad (351)$$

Or, l'on sait que la formulation générale de la géodésique s'écrit :

$$dS^2 = G_{\mu\nu}(X)\,dX^{\mu}dX^{\mu} \qquad (352),$$

avec, par suite du 3e terme dans (V–(153)), (N'–Théorie) soit :

$$\delta\left(r^*, \tilde{t}\right)d\tilde{t}^2 \ :$$

$$\left(dX^0\right)^2 = c_0^2 d\tilde{t}^2,$$

d'où :

$$\boxed{dS_1^2 = \left(1 + \frac{\rho}{\sigma r^*} - \frac{1}{3}Kr^{*2}\right)c_0^2 d\tilde{t}} \qquad (353),$$

puis, avec la suite par (134) :

$$\boxed{dS_2^2 = dS_1^2 = \frac{1}{1 + \frac{\rho}{\sigma r^*} - \frac{1}{3}Kr^{*2}}dr^{*2}} \qquad (354)$$

Si on pose $\rho = r_s^*$ avec $\sigma = 1$ ce qui se justifie dans la solution générale de la géodésique, alors :

$$G_{\mu\mu} = G_{00} = 1 + \frac{r_s^*}{r^*}$$

Le terme ρ est une constante d'intégration apparaissant dans (348). Considérons dans (353) le terme $1+\frac{\rho}{r^*}$ ($\sigma = 1$). Le symbole r^*, dans la représentation symplectique, est une distance. Soit l'énergie symplectique HyperNoétique mise au point plus loin :

$$M = \frac{k^2 f^4 V_0^2}{\widetilde{u}_0^4} \tag{355}$$

En multipliant tout par $\widetilde{u}_0^2$ et en posant D* pour la métrique symplectique finie, on obtient avec $\tau = \widetilde{t}$ (temps symplectique) en prenant en compte la constante de courbure K, « au nom » du Principe d'Identification unitaire universelle avec (135), (136) du Tome I § 4 de « N'–Théorie », par identification, précisément, on obtient les géodésiques HyperNoétiques par :

$$dS_1^2 = \widetilde{u}_0 d\tau^2 \left[1 - \frac{2\sqrt{\mathcal{A}_{ADN} \widetilde{u}_0 V_0 k^{-2} f^4}}{D^* \widetilde{u}_0^2} - \frac{1}{6} K D^{*2} \right] \tag{356}$$

puis :

$$dS_2^2 = \frac{-dD^{*2}}{1 - \frac{2\sqrt{\mathcal{A}_{ADN} \widetilde{u}_0 V_0 k^{-2} f^4}}{D^* \widetilde{u}_0^2} - \frac{1}{6} K D^{*2}} \tag{357}$$

le terme $\mathcal{A}_{ADN}$ étant une action $\left[m^2 kg\, s^{-1}\right]$ adaptée à la molécule ADN « moyenne » Hypernoétisée puis avec

$dS_3^2 = 0 \left(\theta = \varphi = 0\right.$, par non localisation polaire riemannienne)

$$d\Sigma^2 = dS_1^2 + dS_2^2 = \widetilde{u}_0^2 \left[1 - \frac{2\sqrt{\mathcal{A}_{ADN}\widetilde{u}_0 V_0 k^{-2} f^4}}{D^* \widetilde{u}_0^2} - \frac{1}{6}KD^{*2} \right] d\tau^2 - \frac{dD^{*2}}{1 - \frac{2\sqrt{\mathcal{A}_{ADN}\widetilde{u}_0 V_0 k^{-2} f^4}}{D^* \widetilde{u}_0^2} - \frac{1}{6}KD^{*2}}$$

(358)

On vérifie, cependant, ici comme en submicronoétique :

$$\frac{2\sqrt{\mathcal{A}_{ADN}\widetilde{u}_0 V_0 k^{-2} f^4}}{D^* \widetilde{u}_0^2} << \frac{1}{6}KD^{*2}$$

si bien que la géodésique se simplifie en posant, en outre :

$$C = \frac{1}{6}KD^{*2}$$

et en assimilant Σ à D* (comme en submicrosymplectique–quantique). D'où

$$dD^{*2} = \left(1 - C\right)\widetilde{u}_0^2 d\tau^2 - \frac{dD^{*2}}{1 - C} \qquad (359)$$

Il vient :

$$\frac{\widetilde{u}_0^2 d\tau^2}{dD^{*2}} = \frac{1 + \frac{1}{1 - C}}{1 - C}$$

et en posant $\mathfrak{F}_{(4)} = \widetilde{u}_0^2 \dfrac{d\tau^2}{dD^{*2}}$ on obtient la formulation fondamentale de la Fusion symplectique :

$$\boxed{\mathfrak{F}_{(4)} = \frac{2-C}{(1-C)^2}} \qquad (360)$$

avec la solution développée connue :

$$C = \frac{1}{2\mathfrak{F}_{(4)}}\left[\left(2\mathfrak{F}_{(4)} - 1\right) \pm \sqrt{\left(1 - 2\mathfrak{F}_{(4)}\right)^2 - 4\mathfrak{F}_{(4)}\left(\mathfrak{F}_{(4)} - 2\right)}\right] \qquad (361)$$

La solution doit être fusionnelle symplectique par :

$$\tilde{u}_0^2 \left(\frac{d\tau}{dD^*}\right)^2 = 1^*, \text{ d'où}$$

$$\boxed{\mathfrak{F}_{(4)} = 1^*} \qquad (362)$$

ce qui donne, sans surprises, le résultat attendu connu Nombre et Section d'Or :

$$\boxed{\left.\begin{array}{l} C_1 = \frac{1}{2}\left(1 + \sqrt{5}\right) = \Phi \\ C_2 = \frac{1}{2}\left(1 - \sqrt{5}\right) = \Phi^{-1} \end{array}\right\}} \qquad (363)$$

L'on constate un « couplage » remarquable entre le Nombre d'Or, apparaissant en T^2–algèbre–S* et le rayon vecteur R^*_{MN} de la « masse symplectique », « logée » au plexus aortique du Noéticanthrope par :

$$R^*_{MN} = -r^*_{MN}\,\frac{\Phi^{-1} + \Phi}{\Phi^{-1} - \Phi} = \sqrt{5}\; r^*_{MN} \qquad (364)$$

Reprenons, maintenant, le modèle BioMacroNoétique.

Le tenseur de courbure symplectique HyperNoétique, l'équivalent en symplectique hypernoétique du tenseur submicronoétique en nouménal par :

$$\mathbb{T}_\mu^\mu = M_\sigma^{-2}\left[\frac{2}{3}\frac{\rho_{MN}^2}{\widetilde{u}_0^6} - \rho^2\right] - \frac{4}{\sqrt{3}}\frac{p_\rho}{k^2}\frac{f}{V_0}$$

se décline après simplification, comme déjà vu, par :

$$\mathbb{T}_\mu^\mu \approx -M_\sigma^{-2}\frac{k^2}{V_0^2 f^4} = \frac{\widetilde{u}_0^4}{V_0^2 f^4} \qquad (365)$$

l'équivalent, terme à terme de :

$$\mathcal{R}_{\mu\nu} = KG_{\mu\nu}.$$

Or, le traitement algébrique de ce tenseur a fourni (365). Il est donc légitime, par identification unitaire, largement développée précédemment, de procéder par équivalence, et de considérer que (365) est également solution de la courbure $\mathcal{R}_{\mu\nu}$. Or, précisément, j'ai traité cette question par l'identité

$$M = \frac{k^2 f^4 V_0^2}{\widetilde{u}_0^4} \qquad (366)$$

où sur l'« Arbre de Vie » (« colonne » épinière (cf., Tome VI))
$\widetilde{u}_0 = 1 m.s^{-1}$; $f = 0{,}025\,Hz$, $V_0 = 8{,}82\,m^3$ et
$k^2 = 1{,}16465.10^{11}\,kg.s^{-2}$
D'où :

$$M = 1{,}16465.10^{11} \times (0{,}025)^4 \times (8{,}82)^2 = \mathbf{3{,}539.10^6\,J\ (NG)}$$

La masse symplectique peut se définir en kilogrammes non graves mais les unités d'énergie doivent demeurer telles pour les équations aux dimensions ! L'« attraction » ne se définit donc pas **par rapport à la masse**, mais par rapport à la **contrainte de courbure** de nature géométrique, ce que la solution–S.O.U.L. avait laissé prévoir et on retrouve bien la notion du RÉEL riemannien dans l'esprit de ce chapitre, exposé précédemment. Si bien que le **nombre d'ORdre** $\Omega_{\Phi} = \left(\frac{1+\Phi^2}{1-\Phi^2}\right)^2$ qui traduit une telle courbure par R^{*-2}_{MN} est signifiant d'une conséquence révolutionnaire symplectique par courbure spatiale, **« tunnels attracto–fusionnels » sans divergence**, donc hors entropie, symbolique qui « corrige » la relativité générale dans le RÉEL nouménal–symplectique.

Constatons, maintenant, que l'énergie « issue » de

$$\boxed{W_{MN} = \frac{k^2 f^4 V_0^2}{\tilde{u}_0^4} = (Nm)_{ADN} c_0^2} \qquad (367),$$

d'où :

$$\boxed{(Nm)_{ADN} = \frac{k^2 f^4 V_0^2}{c_0^2 \tilde{u}_0^4}} \qquad (368),$$

de valeur :

$$(Nm)_{ADN} = \frac{1{,}16465.10^{11}\left(kg.s^{-2}\right) \times (0{,}025)^4\left[s^{-4}\right] \times (8{,}82)^2\left[m^6\right]}{8{,}987551787.10^{16}\left[m^6.s^{-6}\right]}$$

soit :

$$\mathbf{(Nm)_{ADN} = 3{,}937778.10^{-11}\,kg \quad (NG),}$$

« replonge » le processus en termes phénoménaux (physiques). En fait, le « métabolisme basal symplectique » du Noéticanthrope est défini par (366) et il convient de ne pas exprimer l'énergie en joules mais en unités de courbure (ou en joules NG). C'est par l'alimentation ingérée en complément que M devient une énergie physique métabolique. C'est une valeur très proche de celle, trouvée par une approche plus « physiologique » $(3{,}923896.10^{-11}\,kg)$, en excès de 0,35%. Rappelons que W_{MN} est la valeur de l'énergie métabolique basal noéticanthropique « régie » par le Nombre d'Or… base du Troisième miracle. Ce résultat est tout-à-fait extraordinaire ! Et il vérifie, en plus, le « vécu alimentaire » des rations caloriques. Ainsi :

- le submicro-univers électron est régi par $\{\Phi\,;\mathfrak{C}=1**\}$;
- l'Univers cosmologique est régi par $\{\Phi\,;\mathfrak{C}=1**\}$ (voir précédemment) ;

Nous allons voir dans le dernier chapitre qu'il en est de même pour le micro-univers neuronal du Noéticanthrope.

Par (335) on déduit :

$Mtb_0 = \Phi W_{BMN}$: l'« univers noéticanthrope » de l'Homme démiurge est également régi par $\{\Phi\,;\mathfrak{C}=1**\}$, Mtb_0 étant son métabolisme basal organique. En clair : la portion Φ^{-1} en kilocalories est d'origine Hypersymplectique (N.G. donc « gratuite » par $W_{BMN} = 843\,\text{Kcal}$) mais qui ne devient « grave », donc assimilable que lors d'ingestion alimentaire.

4

Du quantique submicroscopique au quantique HyperNoétique micrsocopique par la Noétique neurale du Noéticanthrope

Corrélations et correspondances résumées

Le développement qui suit [voir site : http://johann_soulas.publibook.com] constitue les Lexique XI et XII. Les quelques numéros d'équations renvoient au Lexique mentionné.

UNIVERS QUANTIQUE-NOÉTIQUE	**NOÉTICANTHROPIE**
$\dot{n} = 2$ Voir Lexique III (L174). Modèle symplectique : $\partial_\mu \Omega^{(2)}_{(\nu\gamma)} - \partial_\nu \Omega^{(2)}_{(\mu\gamma)} - \mathcal{O}\Omega^{(2)}_{(\mu\nu)\gamma} = 0$ $\partial^4_\gamma \Omega^{(2)}_{(\gamma\mu)\nu} - \mathcal{O}\Omega^{(2)}_{(\mu\nu)} = 0$ $\partial_\mu \Omega^{(2)}_{(\gamma\varepsilon)\nu} - \partial_\nu \Omega^{(2)}_{(\gamma\varepsilon)\mu} - \mathcal{O}\Omega^{(2)}_{(\mu\nu)(\gamma\varepsilon)} = 0$ $\partial^4_\gamma \Omega^{(2)}_{(\gamma\varepsilon)(\mu\nu)} - \mathcal{O}\Omega^{(2)}_{(\mu\nu)\gamma} = 0$ $\Downarrow$	$\dot{n} = 16 ; m = 0{,}75$ Voir Lexique VI. Ontologie hologrammique résumée par l'amplificateur hologrammique symplectique-nouménal $\mathcal{N} = 16^{2\dot{n}m}$ Voir Lexique VII Etablissement du Modèle HyperNoétique du Noéticanthrope (L217) : $\mathcal{R}_{\mu\nu} - \frac{1}{2}\mathcal{R}G_{\mu\nu} + \mathfrak{K}G_{\mu\nu} = 0$ (L494) : $\mathcal{R}_{\mu\mu} - \frac{1}{2}\mathcal{R}G_{\mu\mu} + K = 0$

Solution **Tenseur nouménal-symplectique**	**Fusion HyperNoétique : modèle (L508)**
(L198) : $\mathcal{R}_{(\mu\nu)} - \frac{1}{2}\mathcal{C}G_{(\mu\nu)} = 0$ (euclidien) (L217) : $\mathcal{R}_{\mu\nu} - \frac{1}{2}\mathcal{R}G_{\mu\nu} + \mathbb{K}G_{\mu\nu} = 0$ (riemannien) Constante de courbure : (L216) : $\mathcal{C} = G^{\mu\nu}\mathcal{R}_{\mu\nu}G_{\mu\nu}$ $\mathbb{K} = 3R^{-2}$ $R = 1{,}4522.10^{-12}\,m$ ⇓ **Solution S.O.U.L. du Tenseur (L217)** (L292) $dS^2 = \left[c_0^2 - \frac{\sqrt{\hbar c_0 u_0 k^{-2} f_0^4}}{r^*} - \frac{1}{6}Kc_0^2 r^{*2}\right] d\tilde{t}^2 - \frac{dr^{*2}}{1 - \frac{\sqrt{\hbar c_0 u_0 k^{-2} f_0^4}}{r^* c_0^2} - \frac{1}{6}Kr^{*2}}$ **Solution noétique-corrélée : Fusion Espace←temps** $\mathfrak{F}_0 = c_0^2 \frac{d\tau^2}{dq^2} = 1$ avec $\tau = \tilde{t}$; $dS = dq$ En posant : $\Gamma_G = -\frac{\sqrt{\hbar c_0 u_0 k^{-2} f_0^4}}{r^* c_0^2} - \frac{1}{6}Kr^{*2}$, il vient en posant :	$\mathbb{T}_\mu^\mu = M_\sigma^{-2}\left[\frac{2}{3}\frac{\rho_{MN}^2}{\tilde{u}_0^6} - \rho^2\right] - \frac{4}{\sqrt{3}}\frac{p_\rho}{k^2}$ p_ρ = quantité de mouvement ρ = masse volumique = $\frac{k^2}{f^2 V_0}$ $\tilde{u}_0$ = vitesse de phase « Psyché » ρ_{MN} = densité « temporelle » (en $kg.s^{-3}$) de nature E.M. V_G = volume symbolique de référence $M_\sigma^{-2} = k^{-4}\tilde{u}_0^4$ La comparaison numérique des termes permet la simplification de (L508) en : $\mathbb{T}_\mu^\mu \approx -M_\sigma^{-2}\frac{k^4}{V_0^2 f^4}$ avec $V_0 = V_G$ On déduit de ce modèle une énergie HyperNoétique (NG) (L510) : $W_{q+1} - W_q = k^2 \frac{f^4 V_0^2}{\tilde{u}_0^4}$ Le calcul numérique donne : $V_{0(BMN)} = 8{,}82\,m^3$ $f = 0{,}025$ Hz (arbre de Vie,

$$c_0^2 d\tau^2 (1-\Gamma_G) = dq^2 \left(1 + \frac{1}{1-\Gamma_G}\right)$$ En effectuant : $$1 = \frac{2-\Gamma_G}{(1-\Gamma_G)^2}$$ soit : $$\Gamma_G^2 - \Gamma_G - 1 = 0$$ d'où : $$\Phi = \Gamma_G^{(1)} = \frac{1}{2}\left(1+\sqrt{5}\right)$$ Nombre d'Or $$-\Phi^{-1} = \Gamma_G^{(2)} = \frac{1}{2}\left(1-\sqrt{5}\right)$$ Section d'Or **CARDINALAT GEMELLAIRE** : $$\boxed{\Phi - \Phi^{-1} = 1^{**}}$$ (L596-1)	L VIII) $$W_{MN} = 3{,}539.10^6\,J \approx 845{,}5\ Kcal\ (N$$ c'est le **Métabolisme-Noéticanthrope non grave** ⇓ Solution du Tenseur HyperNoétique cellulaire symplectique hologrammique (L516 à L529) Résultat (L533) : $$C = \frac{2\sqrt{\mathcal{A}_{ADN}\tilde{u}_0 V_0 k^{-2} f^4}}{D^* \tilde{u}_0^2} - \frac{1}{6} KD^{*2}$$ on obtient : $$dD^{*2} = (1-C)\tilde{u}_0^2 d\tau^2 - \frac{dD^{*2}}{1-C}$$ En termes de Fusion Espace←temps : $$\frac{2-C}{(1-C)^2} = 1$$ avec $C^2 - C - 1 = 0\ (C = \Phi)$ D'où : $\boxed{\Phi - \Phi^{-1} = 1^{**}}$ (L596-2)

Le modèle électronique quantique noétique et le modèle HyperNoétique humain sont identiques par le Cardinalat Gémellaire unifié

ÉQUIVALENCE (NG) - ÉNERGIE QUANTIQUE	ÉQUIVALENCE « MATIERE ADN-NEURONES » EN HYPERNOÉTIQUE-MÉTABOLISME HYPERNOÉTIQUE
Pour l'électron de masse (NG) μ_e : $$c_0^2 = \frac{E_q}{\mu_e} \quad \text{(L597)}$$ Longueur d'onde (De Broglie) associée : $$\lambda_B = \frac{hc_0}{E_q} = 2{,}42631.10^{-12}\,\text{m}$$ Avec $$\mathcal{A}_{ADN} = A_M = h\mathbf{C}^{1/2} = 1{,}986447461.10^{-25}\,\text{J.s}$$ on calcule l'onde Noéticanthropique	Pour le Noéticanthrope (masse Nm_{ADN} voir : site http://johann_soulas.publibook.com) pour détails dans : « L'AVENEMENT DE LA SYMPLECTOMORPHOGENESE DANS LE CORPS HUMAIN » où sont calculés : 1 molécule ADN (moyenne) : $$m_{ADN} = 2{,}9354.10^{-18}\,\text{kg}$$ $N = 1{,}33675.10^7$ d'où $(Nm)_{ADN} = 3{,}932896.10^{-11}\,\text{kg}$ et où est démontré : $(Nm)_{ADN} c_0^2 = 3{,}5266.10^6\,\text{J} \approx 843\,\text{Kcal}$ D'où $$c_0^2 = \frac{W_{MN}}{(Nm)_{ADN}} \quad \text{(L598)}$$

Considérons, selon les lois de la physique ondulatoire transposées en physique noétique, une longueur d'onde neuronale symplectique intrinsèquement associée à chaque neurone par :

$$\widetilde{\lambda}_{ADN} = \frac{A_M}{(Nm)_{ADN}\widetilde{u}_0} = \frac{1{,}9864475.10^{-25}\,\text{J.s}}{3{,}923896.10^{-11}\,\text{kg} \times 1\text{m.s}^{-1}} \approx 5{,}06.10^{-15}\,\text{m}$$

L'holomorphisme HyperNoétique symplectique détermine expérimentalement deux résultats :

- l'amplification holomorphique informative des neurones potentiellement noétisables du corps humain est égale à $\mathcal{N}_{2N} \approx 8{,}5.10^{28}$ (maximum actuel possible) ;
- la dimension de longueur de l'onde associée est celle de l'Univers cosmologique, soit : $\Gamma_U \approx 1{,}3.10^{26}\,\mathrm{m}$.

D'autre part, l'organisme humain comporte environ 10^{11} neurones si bien que, étendue à l'organisme noétisé, la longueur d'onde devient :

$$\Gamma_{ADN} \approx 5{,}06.10^{-15}\,\mathrm{m} \times 10^{11} = 5{,}06.10^{-4}\,\mathrm{m}$$

($5{,}06.10^{5}$ nanomètres).

Définissons, maintenant, un coefficient pondérateur $0 < n_c < 1$ des 100 milliards de neurones effectivement noétisés en Noéticanthropie. Pour cela, on pose alors :

$$n_c \Gamma_U = \widetilde{\Gamma}_{ADN} \mathcal{N}_{2N}$$

d'où :

$$\boxed{n_c = \frac{\widetilde{\Gamma}_{ADN} \mathcal{N}_{2N}}{\Gamma_U}} \qquad (369)$$

ce qui, avec les valeurs numériques mentionnées, fournit :

$$5{,}06.10^{-4}\,\mathrm{m} \times 8{,}9.10^{28} / 1{,}3.10^{26}\,\mathrm{m}$$

soit :

$$n_c \approx 0{,}35.$$

La noétisation ne peut pas s'incarner à plus de 35% dans les neurones du corps humain.

Il découle de cet exposé une conjecture fantastique : la grande unité MATIERE-ESPRIT de l'Univers passerait par la corrélation fusionnelle Espace←temps entre l'électron quantique et le neurone noétique. L'égalité :

$$\boxed{\frac{E_q}{\mu_e} = \frac{W_{MN}}{(Nm)_{ADN}}} \qquad (370)$$

par le potentiel gravifique c_0^2 interposé en faisant foi.

L'expérience portant sur le **métabolisme basal** Mtb_0 du Noéticanthrope, montre la relation suivante :

$$Mtb_0 = \Phi W_{MN} \qquad (371)$$

où Φ est le Nombre d'Or ! A l'évidence, ce résultat tout-à-fait extraordinaire est relié à l'obtention du Cardinalat Gémellaire dans les deux modèles électronique quantique noétique et HyperNoétique métabolique humaine (Noéticanthropie).

ESQUISSE THÉORIQUE DE LA CONNECTIVITÉ NEURALE

Introduction

L'expérience physique qui permet d'obtenir des photons corrélés se fait selon les transitions radiatives en cascade atomique du type :

$$4p^2\ {}^1s_0 \rightarrow 4s\,4^1p_1 \rightarrow 4s^2\ {}^1s_0$$

du calcium que la figure ci-dessous illustre par les deux raies spectrales :

$$\lambda_D = 58{,}1\ \text{Å}$$

et

$$\lambda_K = 48{,}6\ \text{Å}$$

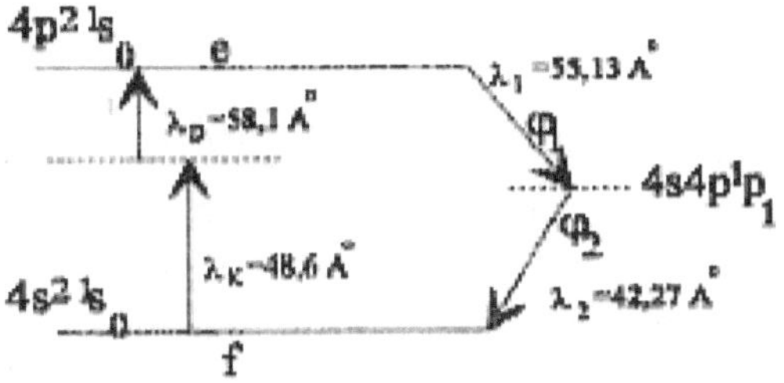

Figure 44

Lors des deux Lexiques X et XI précédents j'ai soulevé la conjecture quasi démonstrative par holomorphisme noétique symplectique d'une sorte de « filiation quantique neuronale » : sous certaines conditions, le « cerveau neuronal » semble avoir des comportements que je nomme quantique-noétique car la physique quantique seule ne permettrait pas de soutenir valablement cette conjecture « filiale ». Cette filiation a ses limites comme cela est apparu dans le Lexique XI. Néanmoins, l'hyperNoétique montre des correspondances que j'estime révolutionnaires pour la Connaissance scientifique.

Je souhaite, ici, réaliser la correspondance corrélative photon←neurone. La limite immédiate qui apparaît, c'est que les transitions quantiques spectrales n'existent pas, à l'évidence, pour les neurones. Or, nous avons vu la structure cellulaire du neurone qui « répond » au cinquième rapport de Fibonacci :

$$u_5 = 8/5; 5/8$$

Objectif

Précisément, L XI a permis de vérifier l'existence d'ondes neurales (réf. Symplectique) de longueur d'onde calculée $5{,}06.10^{-15}\,\mathrm{m}$ et vérifiée par esthésiemétrie par :

$$\widetilde{\Gamma}_{\mathrm{ADN}} \approx 5.10^{-4}\,\mathrm{m} \text{ car } \widetilde{\Gamma}_{\mathrm{ADN}} = 10^{11} \times \widetilde{\lambda}_{\mathrm{ADN}} \qquad (372)$$

D'autre part, j'ai étudié dans « De l'Univers quantique à l'Homme-Univers » au chapitre 4 de la Deuxième partie (site : http://johann_soulas.publibook.com) des fréquences radiatives symplectiques des centrosomes **du noyau neuronal définies par** :

$$\widetilde{\mathrm{f}}_{\mathrm{ADN}} = \frac{k}{2\pi\sqrt{\mathrm{m}_{\mathrm{ADN}}}} = \frac{3{,}41269688.10^{5}}{2\pi\sqrt{2{,}935.10^{-18}}} \approx \mathbf{3{,}17.10^{13}\,Hz} \qquad (373)$$

avec :

$$\widetilde{\lambda}_{(\mathrm{ADN})} = \mathrm{c}_0\,\widetilde{\mathrm{f}}_{\mathrm{ADN}}^{-1} \approx \mathbf{9{,}463.10^{-6}\,m}$$

ainsi que :

$$\widetilde{\mathrm{f}}_{\mathrm{HS}} = \frac{k}{2\pi\sqrt{(\mathrm{Nm})_{\mathrm{ADN}}}} \approx \mathbf{8{,}67.10^{9}\,Hz} \qquad (374)$$

avec :

$$\widetilde{\Gamma}_{(\mathrm{ADN})} = \mathrm{c}_0\,\widetilde{\mathrm{f}}_{\mathrm{HS}}^{-1} \approx \mathbf{0{,}0346\,m}$$

J'ai pu vérifier par esthésiemétrie ces valeurs des longueurs des ondes planes correspondantes.

Je vais tenter de modéliser par le détail, à l'instar des photons jumeaux, ce que l'on pourrait nommer « guides d'ondes-neuraux jumeaux ». La modélisation est basée (cf. « La grande unité de l'univers Matière-Esprit révélée par la physique » J. S. Publibook 2009) sur la découverte par des neurobiologistes américains de la structure géométrique des neurones selon le rapport cinquième de Fibonacci, soit $\{ 8/5 ; 5/8 \}$.

L'objectif affiché est de tenter, conformément aux révélations du Lexique XI de conjecturer que, à l'instar des photons, les neurones sont doués de connectivité. Nous allons voir que la route est longue pour parvenir à ladite conjecture mais qu'elle vaut la peine d'être parcourue.

Le guide d'ondes neuronal de la corrélation ondulatoire

La symplectique neuronale : rappels

La modélisation de la masse de la molécule ADN a fourni (cf. tome VI, « N'–théorie » et « La symplectogenèse dans le corps humain », cf. site) :

$$\mathbf{m_{ADN} = 2{,}9354.10^{-18}\,kg}\,.$$

(comme mentionné ci-dessus).

Celle de la « mégamolécule–ADN » noétisée en référentiel hypersymplectique, fournit :

$$\mathbf{(Nm)_{ADN} = 3{,}924.10^{-11}\,kg\ \ (NG)}$$

A la frontière symplectique–phénoménal, j'admets que la fréquence des ondes électromagnétiques engendrées par les variations de polarisation des tubulines s'exprime par :

$$\widetilde{f}_{ADN} \approx \mathbf{3{,}17.10^{13}\ Hz}$$

de longueur d'onde :

$$\widetilde{\lambda}_{ADN} \approx \mathbf{9{,}463.10^{-6}\ m}$$

En cas de hypersymplecticité–Nombre d'Or cellulaire, m_{ADN} est remplacé par $(Nm)_{ADN}$ et on recalcule :

$$\widetilde{f}_{HS} \approx \mathbf{8{,}67.10^{9}\ Hz}$$

avec

$$\widetilde{\lambda}_{HS} \approx \mathbf{0{,}0346\ m} \ \ (3{,}46\ \text{cm})$$

Complétons ce calcul par la modélisation suivante. En conséquence de la théorie du principe unitaire universelle jointe au Principe holomorphe, la molécule ADN doit comporter, à la limite référentielle symplectique–phénoménale, une zone d'**énergie disjonctive** qui « façonne » la géométrie riemannienne microlocalement. La surface « disjonctive » compte tenu de sa formation, doit retenir « prisonnière » l'énergie de disjonction (NG) laquelle surface doit alors revêtir la **forme sphérique** d'aire S_{ADN}. Or, la disjonction perpétuelle permettant l'incarnation phénoménale de la molécule et, par suite, celle du neurone nécessite l'apparition d'une couche disjonctive « séparant » physiquement la symplectique du physique. A mon sens, la géométrie sphérique, valable durant un instant infiniment petit où l'énergie symplectique de l'« univers-électron » est « immobile » se transforme en une géométrie approximativement « fluente » selon la disposition suivante ci–dessous :

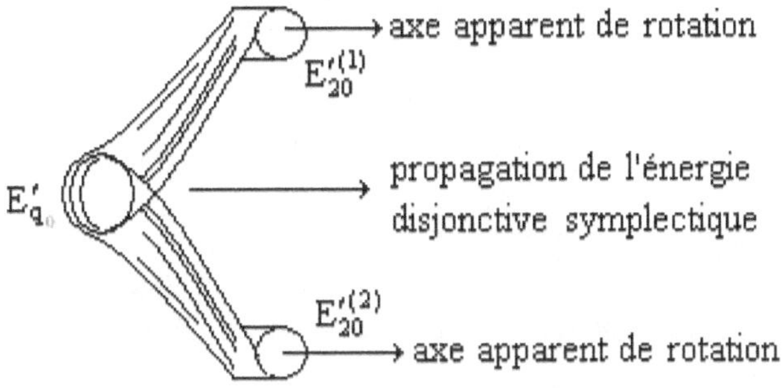

Figure 45

$E'^{(1)}_{20}$ se recombine avec $E'^{(2)}_{20}$ de sorte que : $E'_{q_0} = E'^{(1)}_{20} + E'^{(2)}_{20}$.

Selon toute vraisemblance symbolique, après séparation, il apparaît deux aires de révolution **cylindriques** pour $E'_{20} = \frac{E'_{q_0}}{2}$ « tournant » autour de leurs axes respectifs de révolution.

Pour être en conformité avec la validité de ce modèle, il est nécessaire que :

- à l'intérieur du cylindre l'onde électromagnétique « piégée » se propage par réflexions successives infiniment proches, à la vitesse $v \approx c_0$;
- sa longueur d'onde doit être égale à celle issue d'un dipôle demi–onde.

Appliquons, en conjecture, le même modèle symbolique à la molécule ADN en « situation disjonctive ». Ainsi, si r_0 est le rayon du cylindre, on doit avoir :

$$2\pi r_0 = \frac{\widetilde{\lambda}_{ADN}}{2} \text{ d'où } r_0 = \frac{\widetilde{\lambda}_{ADN}}{4\pi} \approx \frac{8{,}1.10^{-6}\,\text{m}}{4\pi} \approx \mathbf{6{,}45.10^{-7}\,m}$$

pour le modèle microtubule–ADN neuronal symplectique de base ; ainsi que :

$$2\pi R_0 = \frac{\widetilde{\lambda}_{HS}}{2} \text{ d'où } R_0 = \frac{\widetilde{\lambda}_{HS}}{4\pi} \approx \frac{0{,}0346\,\text{m}}{4\pi} \approx \mathbf{2{,}75.10^{-3}\,m}$$

pour le modèle hypersymplectique microtubule ADN neuronal. Notons bien que ces dimensions, appartenant au référentiel symplectique, ne se distinguent pas physiquement.

Étude du modèle cylindrique en référentiel hypersymplectique

Je privilégie l'hypersymplectique car le modèle inhérent est plus « proche » de la MacroNoétique liée au métabolisme basal global de la Démiurgie.

Reconsidérons la fréquence $\widetilde{f}_{HS}$ et sa longueur d'onde.

Pour la correspondance entre les longueurs d'onde électromagnétiques symplectiques et les dimensions microtubulaires, il me paraît important de chercher l'« impact–Fibonacci », s'il existe. Posons, en vue d'adimensionnaliser, une longueur $\ell = 1\,\text{mètre}$ (par exemple). Ainsi :

$$(f_{HS}^{-1} c_0 / \ell = \varphi_R^{-1} \text{ (adim). D'où } \varphi_R = \widetilde{f}_{HS} c_0^{-1}$$

et on constate la correspondance :

$$\boxed{\Phi^7 = \varphi_R}$$

à 0,136% ce qui correspondent à la position $n = 8\ (21/13)$ soit 1,625833 ($\Phi^7 \approx 29{,}03444188...$) correspondant à

$$\left(\lambda_{HS}^{-1}/\ell\right)^{-1} \approx (0{,}034578...)^{-1} \approx 28{,}92$$

ce qui me semble une approximation satisfaisante (vu l'approximation relativement grossière des microtubules dans leur séquencement circonférentiel ($8/5 = 1{,}6$ mais… c'est vrai, il y a le bénéfice du nombre rationnel). En tout état de cause, la relation précédente nous suggère que les minitubules pourraient bien constituer des guides d'ondes cohérés par leur dimensionnement même. Reprenons maintenant la relation première du métabolisme basal :

$$\Phi = 10^{e/13}.$$

Dans ce cas, avec :

$$\Phi^7 = \varphi_R,$$

on a :

$$\boxed{\Phi = (\varphi_R)^{1/7}}$$

ce qui restitue :

$$\varphi_R = 29{,}0865,$$

cohérent avec le résultat précédent, ($\varphi_R = \Phi^7$). Ceci prouve que l'aspect métabolique Nombre d'Or global soit :

$$(\text{Mtb})_0 = \Phi W_{MN}, \text{ d'où } \Phi = \frac{(\text{Mtb})_0}{W_{MN}} = \left(\tilde{\lambda}_{HS}^{-1}/1\,\text{m}\right)^{1/7}$$

n'est pas différent du fonctionnement microtubulaire neuronale–ADN sur le plan électromagnétique fondamental. Notons donc bien la correspondance intéressante :

$$\boxed{\Phi = \left[\tilde{\lambda}^{-1}_{(\text{HS adim})}\right]^{1/7}} \qquad (375)$$

Premier approfondissement général dans l'approche dissipation–attraction

L'approfondissement à entamer consiste à chercher si les microtubules sont des guides d'ondes cohérentes. Pour cela, démarrons avec la pseudo–prémisse suivante, ce qui nous permettra de voir si l'enthymème associé (l'axiome constituant l'une des prémisses de mon raisonnement) nous éclairera ou non sur la suite.

1. Je rappelle que le système moléculaire ADN–neuronal holomorphe doit être considéré dans « l'esprit $\mathbb{T}^2$ » (tore bidimensionnel) en référentiel **symplectique**. Ceci ne signifie nullement que la géométrie euclidienne des synapses et cellules soient « torsadée » en tores ;
2. en conséquence de quoi, je vais commencer par évaluer la considération générale : attraction–dissipation.

Rappelons le Nombre que je nomme Ordre (cf. « N'–Théorie »), apparu dans la modélisation géométrique que j'ai effectuée par :

$$\Omega_\Phi = \left(\frac{\Phi^{-1} + \Phi}{\Phi^{-1} - \Phi}\right)^2 = \left(\frac{2{,}236...}{-1}\right)^2 = \mathbf{5},$$

nombre rationnel, cinquième nombre dans la suite de Fibonacci et cinquième dans le rapport $n_5 = 5/3 = 1{,}666...$ (irrationnel « harmonique »).

La construction géométrique du tore $\mathbb{T}^2$ est organisée par le résultat $\Omega_\Phi = 5$. La « gestion quantique » par Φ confère la **cohérence** aux ondes symplectiques associées. Par holomorphisme hypersymplectique on déduit qu'il en est de même concernant la cohérence ondulatoire. Le passage du référentiel Fusion symplectique au déploiement espace–temps physique ne répond pas systématiquement (loin s'en faut) à des critères isomorphiques.

Considérons un **système dissipatif** (réf. phénoménal) caractérisé par un espace des phases et un « objet » géométrique supposé attracteur. L'attraction est organisée par la périodicité relaxative du système tel que le fournit la relation (NG) :

$$\tilde{f}_{HS} = \frac{k}{2\pi\sqrt{(Nm)_{ADN}}}$$

d'où la périodicité correspondante en régime sinusoïdal :

$$\tau_{HS} = 2\pi k^{-1}\sqrt{(Nm)_{ADN}}\,.$$

Dans l'espace des phases, admettons τ_{HS} constant, amplitude constante, la trajectoire étant le cycle limite C_L suivant en coordonnées $\dot{\theta}(\theta)$ avec $\dot{\theta} = \frac{d\theta}{dt}$ (figure 46).

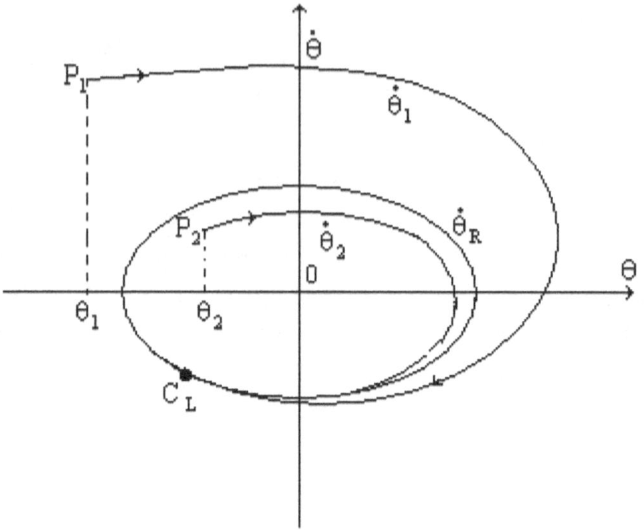

Figure 46

Dès « mise en service », la phase transitoire représentée par $\dot{\theta}_1$ et $\dot{\theta}_2$, converge vers le cycle limite C_L représenté par la courbe fermée (d'apparence elliptique dans le plan) $\dot{\theta}_R$. Cette dernière représente l'équilibre entre **entretien** de la relaxation et sa **dissipation**. L'association entre dissipation et entretien nécessite un **bassin attracteur**. Le bassin d'attraction est ainsi, et de manière la plus générale, déterminé par n équations différentielles générales :

$$\frac{d}{dt}\vec{X}(t) = F\left[\vec{X}(t)\right] \text{ pour } \vec{X} \in \mathbb{R}^n$$

On appelle $\vec{X}$ le flot de vecteurs f caractérisé par l'attracteur $\mathcal{A}$ dans l'espace des phases de dimension n. L'attracteur est un invariant et constitue n compact de l'espace des phases à **volume physique nul** $\mathcal{V} = 0$. On écrit alors :

$f\mathcal{A} \equiv \mathcal{A}$

Considérons le point P_1. Il s'agit, en principe, d'un point de départ muni de ses conditions initiales. Dans l'espace–temps, celles–ci sont distinctes les unes des autres et occupent un emplacement car elles sont **extensives**. Lorsque l'attracteur C_L attire la trajectoire de départ P_1, l'extension diminue par suite de la compacité croissante du bassin d'attraction, au fur et à mesure qu'il s'approche de l'attracteur lui–même.

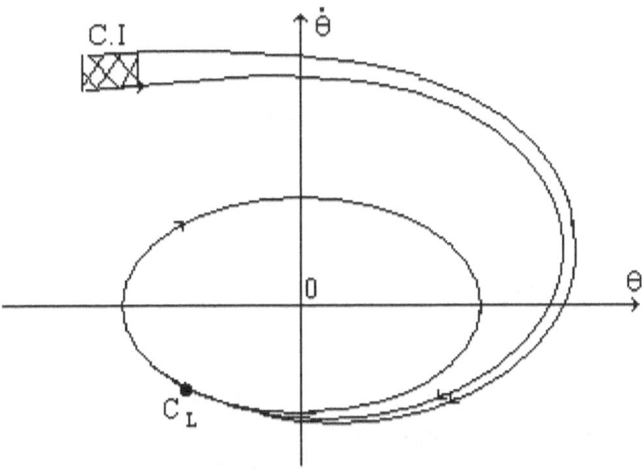

Figure 47

Observons rapidement le cas d'un système muni de ses conditions initiales (C. I.). Au fur et à mesure de sa compacification, en s'intégrant dans l'attracteur, les informations contenues dans le C.I. – en référentiel symplectique – « fusionnent » en Espace–temps mais **ne s'effacent pas** ! Le circuit limite C_L est alors attracteur, géométriquement représenté par un tore $\mathbb{T}^2$. L'espace des phases possède alors un grand nombre n de libertés, ce qui semble intéressant – en tant que modèle – pour traiter le sujet que j'ai abordé. Mais la dimension de l'attracteur d est alors inférieure à n. La preuve : la vitesse de variation relative de volume $\mathcal{V}$ de l'espace des phases est définie par la dérivée de Lie :

$$\mathcal{V}^{-1}\frac{d\mathcal{V}}{dt}=\sum_{i=1}^{n}\frac{\partial \dot{X}_i}{\partial X_i},$$

le tore étant admis en « fonctionnement conservatif » (référentiel symplectique, donc non entropique), hamiltonien, en d'autres termes, donc volume **non nul** et **conservé**. Par suite :

$\sum_{i=1}^{n}\frac{\partial \dot{X}_i}{\partial X_i}\equiv 0$: la vitesse de variation du volume est nulle. D'où :

$$\frac{1}{\mathcal{V}}\frac{d\mathcal{V}}{dt}=0 \text{ d'où } \mathcal{V}=\text{Constante}\neq 0$$

La particularité intéressante de l'attracteur $\mathbb{T}^2$ réside dans le fait que deux types de fonctionnement sont seules possibles. Soit Ω la pulsation de rotation des trajectoires autour du grand cercle et ω celle des trajectoires du petit cercle : si Ω/ω n'est pas rationnel, le régime est quasi périodique et il y a **densification** du champ vibratoire d'énergie. Si Ω/ω est rationnel (rapport fini), le régime est **périodique** et **stable**. La périodicité **exacte** (rationnelle) et la **stabilité inconditionnelle** sont soumises à la condition que je me propose d'établir.

Prenons le cas le plus simple : le comportement $\mathbb{T}^2$ du tore, donc en bidimension. L'attracteur–tore doit être compacté mais « modérément » afin que le régime soit hamiltonien, donc dérivée de Lie nulle : le volume de l'espace des phases attracteur ($\mathcal{V}$) ne doit pas s'annuler, en conséquence.

Approfondissement formel : signal périodique et spectre de Fourier

Avant de développer les éléments de base, introduisons le sujet par le spectre de Fourier.

Supposons dans le bassin attracteur deux domaines d'attraction Σ_1 et Σ_2. L'attraction dépend de la superposition exacte des spectres de Fourier. Commençons cette étude dans le cas le plus simple possible avec un signal sinusoïdal. Soit :

$$s(\chi) = S[\cos \omega\chi + j \sin \omega\chi] = Se^{j\omega\chi} \text{ où } \omega = \frac{2\pi}{X}$$

et prenons sa transformée discrète :

$$\mathcal{F}(\chi) = \frac{1}{\sqrt{n}} \sum_{i=1}^{n} s(\chi) e^{-j\frac{2\pi jk}{n}}$$

avec k = 1, 2, …, n ou

$$\mathcal{F}(\chi) = \frac{1}{\sqrt{n}} \sum_{i=1}^{n} Se^{j\omega\chi}.e^{-j\frac{2\pi ik}{n}}$$

Posons $\varphi_k = \frac{\Delta\chi}{X} - \frac{k}{n}$ en sélectionnant dans $\omega\chi = \frac{2\pi\chi}{X}$ l'« épaisseur » $\left\{\frac{2\pi i\Delta\chi}{X}\right\}$ portion de signal circulaire, si bien que :

$$\mathcal{F}_k = \frac{1}{\sqrt{n}} \sum_{i=1}^{n} S e^{j\frac{2\pi i \Delta\chi}{X}} . e^{-j\frac{2\pi i k}{n}} = \frac{1}{\sqrt{n}} \sum_{i=1}^{n} S e^{j2\pi i \varphi_k}$$

En effectuant des transformations connues dans le calcul des exponentielles et en sommant i de 1 à n, il vient :

$$\mathcal{F}_k = \frac{1}{\sqrt{n}} S e^{j2\pi\varphi_k} \frac{e^{j2\pi n\varphi_k - 1}}{e^{j2\pi\varphi_k - 1}}$$

En élevant au carré afin de faire apparaître la puissance spectrale et en privilégiant l'écriture circulaire, il vient :

$$|\mathcal{F}_k|^2 = \frac{1}{n} \frac{\sin^2(n\pi\varphi_k)}{\sin^2(\pi\varphi_k)} \qquad (376)$$

Mais, en admettant n élevé (ce qui est le cas habituel) $\sin^2(n\pi\varphi_k) >> \sin^2(\pi\varphi_k)$, si bien que $\pi\varphi_k$ est suffisamment petit pour que l'on confonde l'angle et son sinus, si bien que :

$$|\mathcal{F}_k|^2 \approx \frac{1}{n} \frac{\sin^2(n\pi\varphi_k)}{(n\pi\varphi_k)^2} \qquad (377)$$

La représentation graphique de $n|\mathcal{F}_k|^2$ en fonction de $n\pi\varphi_k$ est donnée ci-dessous :

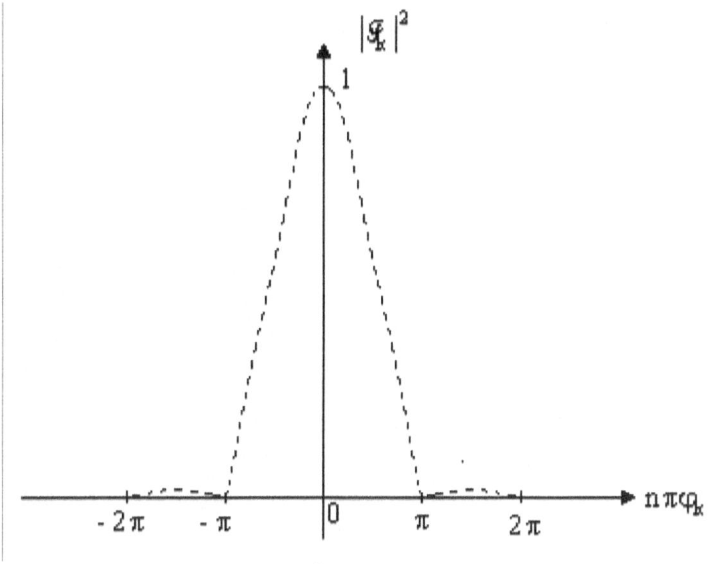

Figure 48

L'amplitude de la raie de Fourier est maximum (1) pour $n = 0$ et les raies harmoniques latérales sont d'amplitudes négligeables. $\Delta\chi$ peut toujours « se choisir » telle pour que $\varphi_k = 0$ (cas sinusoïdal simple) avec p/q = 1, $(\Omega/\omega = 1)$ d'où résonance à acuité infinie. La situation sera donc toujours, en cas d'une fonction rigoureusement périodique : $|\mathcal{F}_k|^2 = 1$, raie unique d'épaisseur nulle à l'origine, sans enveloppe.

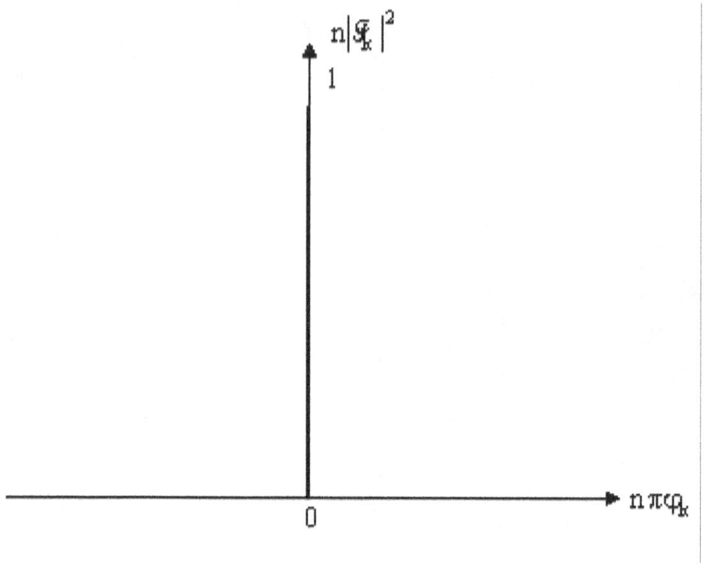

Figure 49

Il est nécessaire d'admettre alors que la superposition exacte $\mathcal{F}_1$ (Σ_1) et $\mathcal{F}_2$ (Σ_2) est une donnée ontologique de toute hamiltonialité. Au niveau des phénomènes quantiques, donc primordialement « simples », c'est effectivement le cas. Pour des « situations » holosymplectiques, c'est plus complexe. Il conviendra d'envisager, dans le meilleur des cas, un régime quasi-périodique mais non strictement sinusoïdal. Envisageons ce cas présentement car il nous servira ultérieurement, toujours dans le cas des matérialisations mais à un niveau **incarnatif** de la vie consciente (donc humaine).

Rappelons l'expression de la transformée de Fourier d'un signal temporel (phénoménal) s(t) :

$$G(k) = \int_{-\infty}^{\infty} s(t) e^{-jkx} dx \qquad (378)$$

avec $x = \omega = \dfrac{2\pi}{T_0}$

Définissons ainsi un régime quasi-périodique du temps. Soit une fonction y de z variables indépendantes t_1, t_2, …, t_z. Dans le cas périodique, nous savons que :

$$y(t_1, t_2, ..., t_i, ..., t_z) = y(t_1, t_2, ..., t_i + 2\pi, ..., t_z)$$

avec i = 1, 2, …, z.

Dans le cas quasi-périodique, nous avons :

$$t_1 = \omega_1 t,\ t_2 = \omega_2 t, ..., t_i = \omega_i t.$$

La fonction y développe donc z fréquences fondamentales :

$$f_i = \frac{\omega_i}{2\pi} \text{ (i = 1, 2, …, } z\text{)}$$

avec $T_i = \frac{2\pi}{\omega_i} = \frac{1}{f_i}$ (i = 1, 2, …, z)

soit z périodes de base associées. Un signal quasi-périodique s'exprime, ainsi, par la somme :

$$y(t_1, ..., t_z) = \sum_{i=1}^{z} x_i(\omega_i t) \qquad (379)$$

mais… « ne répond » plus à l'algèbre C*–A (non commutativité), ce qui devra retenir notre attention.

Il convient donc d'appliquer, préférentiellement, la transformée discrète :

$$\mathcal{F}(k) = \frac{1}{\sqrt{z}} \sum_{i=1}^{z} x_i(\omega_i t).e^{-j\frac{2\pi i k}{z}} \qquad (380)$$

avec k = 1, 2, …, z.

Prenons le cas classique, « naturellement » le plus fréquent, de deux signaux sinusoïdaux composés (régime non–linéaire) du type :

$$\sin\omega_m t.\sin\omega_p t = \frac{1}{2}\left[\cos\left(\left|\omega_m - \omega_p\right|t\right) - \cos\left(\left|\omega_m + \omega_p\right|t\right)\right] \quad (381)$$

Le spectre de Fourier laisse apparaître, alors, deux types de fréquences fondamentales, l'une, différentielle $\left|f_m - f_p\right|$, l'autre additionnelle $f_m + f_p$, (bandes latérales à f_m et f_p) ainsi que les composantes harmoniques. En général, des systèmes sélectifs appropriés privilégient la fréquence résultante la plus basse :

$$F_{mn} = \left|f_m - f_p\right|$$

et rejetteront les autres à $f_i > F$ ainsi que les harmoniques. Nous devons envisager un rapport p/q rationnel, cas favorable au couplage hamiltonien. Nous nous plaçons donc dans le référentiel nouménal muni de sa fréquence résultante :

$$f_1 = f_{m_1} - f_{p_1} = \frac{1}{X_1}$$

où X_1 est la variable nouménale, « période », comme précédemment.

Reprenons la formulation « enveloppe de Fourier » précédente (pour k_1) :

$$\left|\mathcal{F}_{k_1}\right|^2 \approx \frac{1}{n}\frac{\sin^2(n\pi\varphi_k)}{(n\pi\varphi_k)^2}$$

avec k = 1, 2, …, n et $\varphi_k = \frac{\Delta\chi}{X} - \frac{k}{n}$

Nous n'oublions pas que la « courbe enveloppe » est identifiée par n valeurs durant la variable nouménale la plus longue envisagée χ_{max}. Si bien que les deux fréquences des deux oscillateurs respectifs f_1 et f_2, résultantes chacune (dans mon hypothèse simplifiée) de la non–linéarité $\sin\omega_{m_1}\chi.\sin\omega_{p_1}\chi$, sont dans le rapport $f_1 / f_2 = n_1 / n_2$ (n_1, n_2 entiers car p/q rationnel) où f_2 résulte de la combinaison circulaire précédente :

$$f_2 = f_{m_2} - f_{p_2} = \frac{1}{X_2}$$

Il convient donc que la « superposition » de Fourier entre $\mathcal{F}_1$ ($\sum_1$)et $\mathcal{F}_2$ ($\sum_2$) soit quasi parfaite pour que la résonance hamiltonienne due à l'accrochage de f_1 et de f_2 l'une sur l'autre soit telle que :

$$f_0 = \frac{1}{X} = \frac{f_1}{n_1} = \frac{f_2}{n_2}$$

Dans le cas « circulaire d'emblée » périodique unique, l'enveloppe de Fourier est une raie purement informative d'épaisseur nulle, la superposition exacte des deux raies en une seule s'effectuant automatiquement par attraction quasi infinie (résonances quasi infinies). Dans le cas quasi–périodique envisagé ici, la transformation non–linéaire ramène au cas périodique mais avec le décalage dû à l'effet « bande » (ou raie) latérale. La fréquence de résonance f_0 symplectique se développant vers des valeurs de plus en plus faibles, la question de la possibilité de recouvrement aussi exact que possible des deux enveloppes (ou raies, $\mathcal{F}_{k_1}$ et $\mathcal{F}_{k_2}$) doit être évaluée avec attention. On cherchera le maximum d'amplitude, donc pour $n\pi\varphi_k$ fini (très petit) et n grand à très grand. Ainsi, avec $n\pi\varphi_k = 10^{-5}$ (par exemple), l'amplitude est égale à 1 (maximum) car n étant très grand par obligation (l'exploration pour évaluer la forme $\mathcal{F}_k$ devant comporter énormément de « points de mesure »), $|\mathcal{F}_k|^2$ sera très petit. Dans ce cas, il est plus « prudent » (!) d'utiliser la formulation exacte :

$$|\mathcal{F}_{k_1}|^2 = \frac{1}{2}\frac{\sin^2(n\pi\varphi_k)}{\sin^2(\pi\varphi_k)}$$

car l'angle $\pi\varphi_k$ aura, vraisemblablement, une amplitude de variation maximum (admettons 0 à $\frac{\pi}{2}$). Par exemple, pour n très élevé, $\frac{1}{n} << \frac{\Delta\chi}{X}$, d'où $n\pi\varphi_k \approx \frac{\pi}{2}$, par exemple ($\sin^2(n\pi\varphi_k) = 1$) mais $\pi\varphi_k$ étant très petit, dans le cas (favorable) où p/q est rationnel, le rapport n'est pas changé. Au total, $|\mathcal{F}_{k_1}|^2$ reste une constante durant le déploiement de $\Delta\chi$, et demeure, invariablement, une grandeur très petite.

Dans ces conditions, $|\mathcal{F}_{k_2}|^2$ (l'autre oscillateur de l'attracteur) devra se comporter de manière strictement identique, si les deux transformées « veulent » se superposer pour entrer en synchronisme. (Le terme conjugué du verbe « vouloir », dans l'expression noétique, est dans l'acception **observatoire suspensif humain**), l'« observation » mentionnée n'ayant strictement rien d'intellectuel (ou mental) du terme). En d'autres termes, la fréquence unique $f_0 = \frac{f_1}{n_1} = \frac{f_2}{n_2}$ recherchée sera très difficile à établir, vu la quasi constance des $|\mathcal{F}_k|^2$. (Il faut rappeler qu'ici : $\mathcal{F}_1 (\sum_1) \equiv |\mathcal{F}_{k_1}|$ et $\mathcal{F}_2 (\sum_2) \equiv |\mathcal{F}_{k_2}|$).

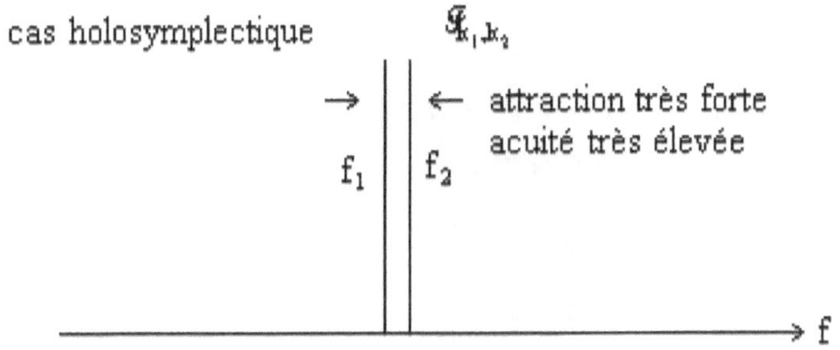

Figure 50

Les deux raies de f_1 et f_2 « se précipitent » l'une sur l'autre pour n'en former qu'une seule $\left(f_0 = (f_1 f_2)^{1/2}\right)$: l'observation suspensive est **implexée**, mais avec une « enveloppée » irréductible à une droite infiniment mince involutive si bien que la réalisation de f_0 est automatiquement assurée.

Quelques sections de Poincaré, solution périodique, matrice de Floquet

Considérons un attracteur simple, non défini géométriquement, pour l'instant. Lorsque la solution de ses propriétés dynamiques est périodique, nous avons vu que la trajectoire des phases tend vers une orbite fermée, cycle limite. On définit la section de Poincaré S_p par un plan coupant le cycle limite C_L suivant la figure ci-dessous :

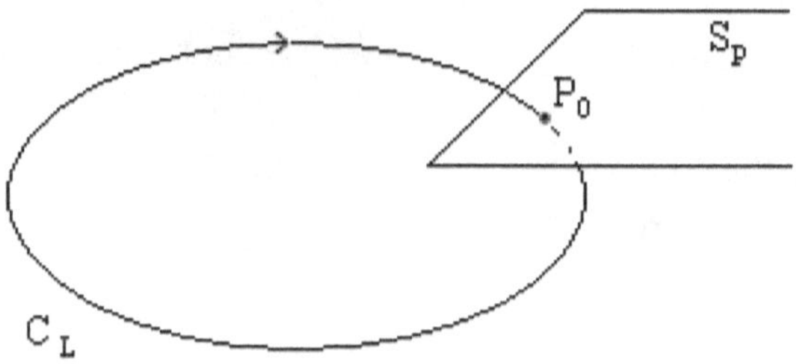

Figure 51

Dans le cas de la courbe simple C_L, P_0 est un point fixe d'application T périodique (période T) :

$$P_0 = T^2(P_0) = (P_0) = \ldots = T^n(P_0)$$

Si l'attracteur évolue comme un tore $\mathbb{T}^2$ dessiné dans $\mathbb{R}^3$, la configuration est la suivante :

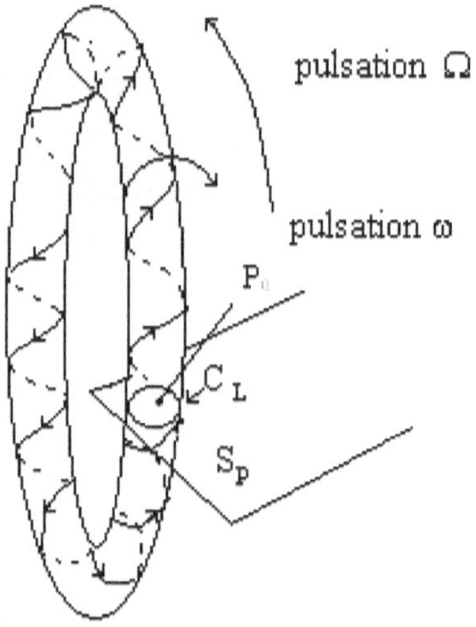

Figure 52

Le plan de coupe S_p détermine la section de Poincaré par le petit cercle C_L. Considérons un point P_0 de celui–ci. Au voisinage de P_0, l'application T est définie au **premier** ordre par une matrice $\mathcal{M}$ de sorte que :

$$\mathcal{M} = \left(\frac{dT}{dx_i}\right)_{x_i^0} \quad \text{avec} \quad i = 1, 2, ..., n, \text{les } x_i \quad \text{étant les}$$

abscisses de P_0. Une telle matrice, dite de Floquet lorsqu'elle est arrêtée au premier ordre, détermine après **une période** (un tour), le transformé d'expression $P_0 + d$, au voisinage de P_0, telle que la distance s'exprime selon :

$$T(P_0 + d) - P_0 \approx \mathcal{M}d$$

de valeur matricielle $[d] \to 0$.

Après q périodes : $T^q(P_0 + d) - P_0 \approx \mathcal{M}^q d$ et l'écart initial est multiplié par $\mathcal{M}^q$. Ce sont donc les valeurs propres de la matrice $\mathcal{M}$ qui déterminent la stabilité de la trajectoire. Si ces valeurs propres ont, toutes, un module inférieur à l'unité (cercle unité dans le plan complexe), la trajectoire périodique de ω est **stable** car $d \to 0$. Lorsque les valeurs propres de $\mathcal{M}$ ont des modules supérieurs à l'unité, il y a instabilité et le processus d'attraction tend vers le chaos. Je considère, bien entendu, une trajectoire de la section de Poincaré refermée sur elle–même, dépendant, ainsi, du rapport Ω/ω. Dans ce cas, après plusieurs rotations du rapport rationnel, chacun des points est le transformé d'un autre point de la même courbe, **invariante** dans l'application T et exprimé par :

$$T(C_L) = C_L$$

Soit, maintenant, la solution périodique :

$$T = \frac{2\pi N(\Omega)}{\Omega} = \frac{2\pi n(\omega)}{\omega} \text{ avec } F/f = \Omega/\omega = N(\Omega)/n(\omega)$$

Le rapport est rationnel d'évidence, et chacun des points est le transformé d'un autre point, le rapport Ω/ω déterminant, de par les deux rotations orthogonales (l'une le long du grand cercle, l'autre le long du petit cercle), un ensemble fini de points répartis le long de C mais non en courbe continue (trajectoire non dense sur le tore). Dans ces conditions, la section de Poincaré est définie par N points transformés les uns des autres tels que :

$$S_{P_i} = T^N\left(S_{P_i}\right)$$

Revenons au Nombre d'Ordre du tore défini par $\Omega_\Phi = 5$ et plaçons–nous dans le cas de la série de Fibonacci ou le nombre précédent est également premier et défini par la somme des deux précédents : $1+2=3$ et fournit le rapport rationnel :

$$\frac{2\pi n(\omega)}{\omega} \Big/ \frac{2\pi N(\Omega)}{\Omega} = \frac{3}{5} = 0{,}6\,.$$

L'analyse des transformés successifs donne la section de Poincaré suivante :

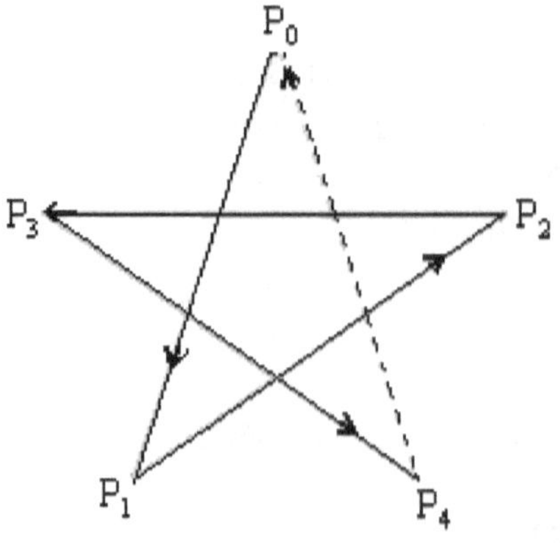

Figure 53

On obtient une étoile pentagonale non exactement régulière car le rapport 0,6, bien que rationnel, n'est pas exactement à la valeur « section d'Or » :

$$\left|\frac{1}{2}\left(1-\sqrt{5}\right)\right| = 0{,}618033988...$$

Mesurons plusieurs rapports :

$$\overline{P_1P_4}/\overline{P_3P_4} = 0{,}6 \;;\; \overline{P_2P_4}/\overline{P_0P_4} = 0{,}625 \;;\; \overline{P_0P_2}/\overline{P_3P_2} = 0{,}6125 .$$

En plus de l'imprécision du tracé graphique, l'« éloignement » de la Section d'Or est de l'ordre de 3%, mais… sommes–nous « en chemin » ?
Question cruciale : en chemin de quoi ? En essayant le rapport Fibonacci suivant, déterminé par la structure même des alignements croisés des tubulines du cytosquelette neurale–ADN, telle que la figure du « croisé » nous l'avait montré, soit $5/8 = 0{,}625$ (encore proche de la Section dorée), les transformés :

$$\frac{2\pi n(\omega)}{\omega} \Big/ \frac{2\pi N(\Omega)}{\Omega} = \frac{5}{8} = 0{,}625$$

(valeur rationnelle), fabriquent un tracé de S_P (huit points sur le petit cercle) mais d'où l'on ne parvient pas à dégager la structure dont bénéficie le rapport précédent.

Stabilité structurelle de l'attracteur périodique mais une seule possibilité structurelle selon la série de Fibonacci : faut–il en conclure que le modèle strictement phénoménal est inadapté ?

En effet, la « structure– $n = 4; \left(\frac{3}{5}\right)$ » pour laquelle la section de Poincaré laisse apparaître 5 traces disposées selon la figure précédente, suggère l'étoile pentagonale selon la section d'Or (étoile théoriquement idéalement parfaite) mais, en fait, approchée par le rapport rationnel mais non idéal égal à $3/5$. Le rapport suivant ($n = 5; 5/8$), pourtant celui des tubulines, plus « adapté » que $3/5$, ne « se dessine » pas dans la section de Poincaré car le tracé de l'étoile pentagonale est unique, donc irréductible selon la théorie des matrices de Floquet, alors que la série de Fibonacci est, quant à elle, réductible depuis ($n \to \infty$) à $n = i$ (quelconque fini).

Rappelons le postulat que je propose : l'onde dynamique symplectique qui parcourt les microtubules en espace des phases holomorphique symplectique est **cohérente** lorsque la stabilité linéaire du flot de vecteurs autour de la trajectoire périodique est assurée. La question est la suivante : la stabilité cherchée en référentiel phénoménal (comme c'est ma démarche présente) est–elle une condition suffisante pour assurer la cohérence ondulatoire ? Le processus départ nécessaire en phénoménal est le suivant, soit :

$X(t+T) = \vec{X}(t)$, $\overrightarrow{X_0} + \delta\vec{X}$ étant transformé au terme d'une période T en :

$\overrightarrow{X_0} + \mathcal{M}\delta\vec{X}$, $\mathcal{M} = m \times m$ étant la matrice de Floquet. Or, le parcours de pulsation Ω le long du grand cercle a toujours une valeur propre égale à 1 correspondant à un déplacement $\delta\vec{X}$ le long de la trajectoire, ce qui n'est pas une surprise mais ne nous renseigne nullement à propos de toute instabilité éventuelle dans des directions perpendiculaires à la trajectoire. Pour résoudre cette question, il est nécessaire d'étudier le principe d'action des matrices de Floquet.

Soit une section de Poincaré S_P et P_0 une origine d'un cycle limite stable et $P_1, P_2, ..., P_n$ des points d'intersections successifs d'une trajectoire initiale voisine d'un cycle limite. Coordonnons les points P_i et soit :

$$P_1\{x_1, y_1\}.$$

Une première transformation linéaire définit de nouvelles coordonnées d'un point P_2, tel que :

$$P_2\begin{cases} x_2 = \alpha x_1 + \beta y_1 \\ y_2 = \gamma x_1 + \delta y_1 \end{cases} \tag{382}$$

A l'itération d'ordre n correspondent les coordonnées itérées de P_n, tel que :

$$P_n\begin{cases} x_n = \alpha x_{n-1} + \beta y_{n-1} \\ y_n = \gamma x_{n-1} + \delta y_{n-1} \end{cases} \tag{383}$$

La matrice de cette transformation linéaire est celle des coefficients réels :

$$\mathcal{M} = \begin{bmatrix} \alpha & \beta \\ \gamma & \delta \end{bmatrix}, \tag{384}$$

sachant que l'on déduit :

$$\begin{bmatrix} x_n \\ y_n \end{bmatrix} = \mathcal{M}^{n-1} \bullet \begin{bmatrix} x_1 \\ y_1 \end{bmatrix} \qquad (385)$$

d'où

$$\overrightarrow{P_0P_n} = \mathcal{M}^{n-1} \bullet \overrightarrow{P_0P_1} \qquad (386)$$

Ce résultat apporte un début de réponse à notre question précédente. Si, au terme d'une période T : $\mathcal{M} = 1 \pm \delta X_{\to 0}$, non seulement il y a stabilité mais $\mathcal{M} \to 1$ fournit alors :

$$\overrightarrow{P_0P_n} \to \overrightarrow{P_0P_1}$$

et la section de Poincaré est « traversée » par des points dessinant la figure géométrique appropriée à l'ordre i de la série de Fibonacci. Le cas de l'étoile pentagonale est simple et pertinent mais… risque bien de demeurer le seul. En effet, pour essayer d'y voir clair, écrivons les applications :

$$x_2 \longrightarrow\!\!\circ\!\!\longrightarrow\!| x'_2 \; ; \; y_2 \longrightarrow\!\!\circ\!\!\longrightarrow y'_2 \; ;$$

et de même :

$$x_n \longrightarrow\!\!\circ\!\!\longrightarrow\!| x'_n \; ; \; y_n \longrightarrow\!\!\circ\!\!\longrightarrow y'_n$$

Pour P_2 on a: $\begin{cases} \alpha x_1 + \beta y_1 \to \lambda_1 x'_1 \\ \gamma x_1 + \delta y_1 \to \lambda_2 y'_1 \end{cases}$ puis pour P_n : $\begin{cases} \alpha x_{n-1} + \beta y_{n-1} \to \lambda_1^{n-1} x'_1 \\ \gamma x_{n-1} + \delta y_{n-1} \to \lambda_2^{n-1} y'_1 \end{cases}$

En résumé :

$$P_2 \begin{cases} x'_2 = \lambda_1 x'_1 \\ y'_2 = \lambda_2 y'_1 \end{cases} \text{ et } P_n \begin{cases} x'_n = \lambda_1^{n-1} x'_1 \\ y'_n = \lambda_2^{n-1} y'_1 \end{cases} \qquad (387)$$

La matrice carrée transformée $\mathcal{M}' \leftarrow \mathcal{M}$ comporte deux zéros en diagonale non principale si bien que :

$$\mathcal{M}' = \begin{bmatrix} \lambda_1 & 0 \\ 0 & \lambda_2 \end{bmatrix} \qquad (388)$$

qui sont valeurs propres de $\mathcal{M}$ et racines du discriminant :

$$\begin{vmatrix} \alpha - \lambda & \beta \\ \gamma & \delta - \lambda \end{vmatrix} = 0$$

soit :

$$\lambda^2 - \lambda(\alpha + \delta) + \alpha\delta - \gamma\beta = 0 \qquad (389)$$

Deux cas se posent, maintenant :

- l'attracteur est dissipatif (dérivée de Lie non nulle). Les coefficients $\alpha + \delta$ d'une part et $\alpha\delta - \gamma\beta$ d'autre part sont complexes dans le cas général, donc indéterminables ;
- l'attracteur est hamiltonien (dérivée de Lie nulle et, de plus il est important de situer l'exigence par un volume $\mathcal{V}$ très faible.

Seul le cas hamiltonien (dérivée de Lie nulle) est donc envisageable car, dans le cas contraire, l'incertitude à propos du déroulement des processus vitaux dans les microtubules des neurones ferait avorter la vie même dans la quasi totalité des cas. En effet, et alors, pour le second cas (hamiltonien), résoudre le déterminant

$$\begin{vmatrix} \alpha - \lambda & \beta \\ \gamma & \delta - \lambda \end{vmatrix} = 0$$

« correctement », ce qui est une nécessité, nous incite à poser :

$$\alpha = 0 \ ; \ \alpha\delta - \gamma\beta = -1 ,$$

d'où

$$\gamma\beta = 1 ,$$

toute latitude de choisir $\gamma = \beta = 1$ étant offerte ; avec $\delta = 1$, le déterminant :

$$\begin{vmatrix} -\lambda & 1 \\ 1 & 1 - \lambda \end{vmatrix} = 0$$

est avéré pour l'écriture du trinôme « doré » :

$$\boxed{\lambda^2 - \lambda - 1 = 0}$$

Force est, alors, de rechercher le modèle symplectique mais non pas phénoménal.

Le modèle T^2–algèbre–A décrit l'« espace » neural–ADN en « hyper » quantique–symplectique

La théorie matricielle en référence phénoménale (matrices de Floquet) a abouti au constat que… bien que l'attracteur doive être hamiltonien, elle ne saurait aller plus loin dans l'investigation de la modélisation « microtubulaire ». Il est ainsi démontré, par « défaut », que la référence phénoménale ne saurait pouvoir répondre à **aucune** question ontologique concernant l'essence des choses. Il nous intime, ainsi, de revenir au référentiel symplectique. Reprenons donc le modèle exposé en « N'-Théorie ». Le tore $\mathbb{T}^2$ doit être présenté dans ce cas par le formalisme approprié et basé sur une variété compacte d'un fibré dont la tangente est un **fibré tangent** dans l'espace X du feuillage F construisant le tore en raisonnant en « feuilletage riemannien » tel que je l'avais entrepris dans la Première partie de « De l'univers quantique à l'Homme-Univers ». Rappelons la démarche : en repère orthonormé, par diverses applications sur une variété compacte associée $\mathcal{R}$, reproduisant sur cette dernière **un feuilletage riemannien** tel que :

$$\mathcal{R}^{T} \longrightarrow\!\!\circ\!\!\longrightarrow \mathcal{R}$$

afin que tel que $\mathcal{R}^{T}$ soit fibré **transverse** direct, l'application par un nombre m :

$$\mathcal{R}^{T}_{m} \longrightarrow\!\!\circ\!\!\longrightarrow \mathcal{R}$$

est le fibré de repères transverses correspondant à une métrique fibrée pour chacune des feuilles du feuilletage. Dans ces conditions, le fibré tangent $\mathbf{T}_{F}$ devenu $\mathcal{T}_{\mathcal{F}(m)} \subset \mathcal{T}_{\mathcal{F}(m+1)}$ et

$$\mathcal{Q}_{(m)} = \mathcal{T}\mathcal{R}/\mathcal{T}_{\mathcal{F}(m)} \text{ et } \mathcal{Q}_{m+1} = \mathcal{T}\mathcal{R}/\mathcal{T}_{\mathcal{F}(m+1)}$$

construisent les expressions qui associent alors un fibré canoniquement vectoriel par l'application :

$$\mathcal{Q}_{m} \longrightarrow\!\!\circ\!\!\longrightarrow \mathcal{R}$$

Le chapitre (I–3 op. cit.) définit alors des dimensions Ker (fonction de Kelvin) appartenant au tore T² par $(\dim_C)$ pour une famille d'espaces de Hilbert, indexée par l'espace X des feuilles du feuilletage telle que l'indexation longitudinale le long du feuilletage s'écrive (cf. op. cit.) :

$$\Omega_\Phi = \mathrm{Ind}\left(p_A^\Omega \in A\right) = \dim_C[\mathrm{Ker}(D)] - \dim_C\left[\mathrm{Ker}\left(D^*\right)\right]$$

avec $D = (\sigma_m)^T$, opérateur différentiel transversal au feuillage et tel que (op. cit.) :

$$\mathrm{Ker}(\sigma_m)^T = \frac{\mathcal{Q}_m}{\mathrm{Ker}(\sigma_m)} = \mathcal{Q}_{(m+1)} \qquad (390)$$

Cette dernière relation par :

$$\frac{\mathcal{Q}_m}{\mathcal{Q}_{m+1}} = \mathrm{Ker}(\sigma_m) \qquad (391)$$

détermine ainsi la suite intéressante par incrémentations successives, puisque $\dim_C$ peut prendre toutes les valeurs réelles positives pour les projecteurs $\{p\} \in R$ du facteur R de classification des **classes d'équivalence** de ceux–ci par :

$$\dim(p) \in [0\,;1].$$

En d'autres termes, la dimension $\dim_C$ peut alors prendre toute valeur continue entre 0 et 1. Seul l'unité étant continue entre 0 et 1, celle–ci décline – comme déjà vu – le Nombre de Fusion 1*. En étendant cette propriété à l'algèbre A pour les projecteurs $\{p_A\} \in A$, les dimensions ne peuvent être prises que pour les projecteurs du sous groupe :

$$(\mathbb{Z} + \Phi\mathbb{Z})$$

Nous savons que ces projecteurs correspondent au Nombre et Section d'Or Φ et Φ^{-1} et à la combinaison, « signature » du tore T² :

$$\Omega_\Phi = \left(\frac{\Phi^{-1} + \Phi}{\Phi^{-1} - \Phi} \right)^2$$

Le Nombre d'Ordre Ω_Φ apparaît comme l'invariant topologique $\left\{ \Phi \, ; \Phi^{-1} \right\}$ caractérisant la **non commutativité** torique puisque $\mathrm{Ind}\left\{ p_A \right\} \in A$ contenant les projecteurs de A, définit une matrice du type :

$$M = \begin{bmatrix} a_{xx} & a_{xy} \\ a_{yx} & a_{yy} \end{bmatrix}$$

La « mosaïque–T² », en croissance symplectogénique non commutative détermine la structure hypersymplectogénique, après calculs, par (op. cit.) :

$$\sum_{k=0}^{\infty} \frac{(-1)^k}{2k+1} \left(\alpha^{2k+1} \right) = \left(\frac{\Omega_\Phi}{\mathrm{Ker}(D)} - 1 \right)^{-1}$$

avec l'angle pulsatoire $\alpha = \Omega \tilde{t}$, relation qui décrit l'accrochage d'une fréquence de résonance fondamentale (courant C de Ruelle), s'établissant selon le nombre –fréquence :

$$\rho_{[f]} = \lim_{n \to 0} \frac{f_x^{(n)}}{n} = \left(\frac{2\pi R}{2\pi r^*} \right)^2 = 5$$

C'est l'invariant de conjugaison qui assure la stabilité de la structure symplectique des espaces quantiques en référentiel symplectique, et par extension de la théorie matricielle phénoménale « non conforme » (car inappropriée) développée précédemment, appliquée aux « espaces hypersymplectiques » des molécules et des neurones. L'approche effectuée à ce sujet, peut être considérée comme une contribution à la **nécessité** de considérer la biologie moléculaire ADN–neurones comme un ensemble d'« espaces » « hyper » quantiques – symplectiques « fonctionnant » à l'image du référentiel symplectique fermionique des submicro–univers correspondants associés et donc en HORS–TEMPS–ESPACE. Il apparaît, suite à la vérification holomorphique de l'apparition d'une hypersymplecticité quantique moléculaire–neurale, qu'il est « mathématiquement » indispensable de conférer une nécessaire dimension « spirituelle » à la matière, (à son sens exact mais non dévoyé par le faux spiritualisme classique), une dimension subtile « haute » qu'est l'hypersymplectique. On peut donc revenir, maintenant, à notre étude matricielle de l'attracteur périodique dont il est clair qu'il doit être traité en espace riemannien torique. Puisque $\dim_C$, fonction des kelvin Ker(D), eux–mêmes rapports incrémentiels par $\mathcal{Q}_{(m+1)}$, est continu entre 0 et 1 par valeurs entières, et le projecteur matriciel d'ordre $n = 2$ associé est décrit par :

$$a_{xx} = \alpha = 0 \ ; \ a_{xy} = a_{yx} = 1 \ ; \ a_{yy} = \delta = 1$$

soit :

$$M = \begin{bmatrix} 0 & 1 \\ 1 & 1 \end{bmatrix}$$

que l'on peut traiter en lui associant les paramètres propres

$\lambda_1^{n-1} = \lambda_2^{n-1} = \lambda$ (puisque $n = 2$), il vient le discriminant :

$$\begin{vmatrix} -\lambda & 1 \\ 1 & 1-\lambda \end{vmatrix} = 0$$

d'où

$$\boxed{\lambda^2 - \lambda - 1 = 0},$$

trinôme doré avec ses pôles connus :

$$\lambda = \frac{1}{2}\left(1 + \sqrt{5}\right) \; ; \; -\lambda^{-1} = \frac{1}{2}\left(1 - \sqrt{5}\right)$$

ainsi que le Nombre d'Ordre de la Fusion Espace–temps symplectique :

$$\Omega_\Phi = \left(\frac{-\left(1-\sqrt{5}\right) + \left(1+\sqrt{5}\right)}{-\left(1-\sqrt{5}\right) - \left(1+\sqrt{5}\right)} \right)^2 = 5$$

L'« espace » neurale–ADN est donc bien de nature quantique hypersymplectique. Il convient d'admettre que la révélation conceptuelle est fantastique !

La connexion quantique-noétique et hypernoétique entre le référentiel symplectique et le système neuronale-cellulaire du corps humain

Rappelons d'abord un certain nombre de résultats établis antérieurement :

- la fréquence de l'onde hypersymplectique-noétique liée aux centrosomes du noyau neural associée à $(\mathrm{Nm})_{\mathrm{ADN}}$ (voir §3 précédent) :

$$\widetilde{f}_{HS} = \frac{k^2}{2\pi\sqrt{(\mathrm{Nm})_{\mathrm{ADN}}}} = \mathbf{8{,}67.10^9\ Hz}$$

- la fréquence théorique de l'« onde cellulaire-neuronale » associée à f_S soit : $f_R = 22300 \text{ à } 35600\,\mathrm{Hz}$. Ce très large intervalle résulte d'un grand nombre de mesures à partir de la longueur d'onde de l'eau cellulaire baignant les cellules. Le modèle, établi en « Physique noétique Tome III et complété au Tome V traduit cette fréquence par (Tome III §4 (252)) :

$$f_R = \frac{e}{4} \frac{1}{\sqrt{\pi^3 d_0^3 m \varepsilon_0}}$$

avec :

e : charge de l'électron : $1{,}602.10^{-19}\,\mathrm{s.A}$

m :masse de la molécule ADN « standard » symboliquement symplectique non grave (N.G.) : $2{,}9354.10^{-18}\,\mathrm{kg}$

ε_0 : permittivité diélectrique du vide : $8{,}854188.10^{-12}\,(\mathrm{F.m^{-1}})$

d_0 est une « distance intermoléculaire » assimilée à la longueur d'onde symplectique mesurée (esthésiemétrie) sur un grand nombre de cas. La valeur $(\widetilde{\lambda}_{eau} = d_0)$ moyenne est de l'ordre de $1{,}2.10^{-7}\,\mathrm{m}$ (120 nanomètres à 1% près). On trouve :

$$f_R = \frac{1{,}602.10^{-19}}{4} \frac{1}{\sqrt{\pi^3 \times \left(1{,}2.10^{-7}\right)^3 \times 2{,}9354.10^{-18} \times 8{,}854188.10^{-12}}},$$

ce qui, après calculs fournit :

$$f_R = \mathbf{33900\ Hz}$$

Voici comment je considère, après mûre réflexion et nombre de méditations, la connexion quantique-noétique-hypernoétique.

Le cerveau humain comporte environ 10^{11} neurones que j'assimile, d'un point de vue noétique-symplectique (N.G.) aux molécules ADN (également en représentation symplectique : ne pas oublier que je situe, alors, le référentiel symplectique, à $\beta^2 = 2$, donc à la « frontière » phénoménal/symplectique (en holomorphisme convolinvolutif). J'admets, ainsi, que $\widetilde{f}_{HS} = 8{,}67.10^9\ \text{Hz}$ constitue autant d'**opérations par seconde** par environ 10^{11} neurones (11,5 opérations environ par neurone en moyenne (« en dehors » de f_R). Avec $N = 1{,}33675.10^7$ (indice de l'hypernoétisation), il faut N neurones pour former 1 « méga –molécule » ADN symbolique, donc plus de 13 millions de neurones noétisés : ceux-ci acquièrent une « charge » informative noétique colossale laquelle est contenue dans $\widetilde{f}_{HS}$. Posons : 1 opération/seconde = 1 op. Je considère que f_R monocellulaire-neuronal, donc **non noétisé**, interfère avec $\widetilde{f}_{HS}$ dans le sens où f_R correspond au nombre n_{op} effectuée par chaque neurone. Il s'agit donc d'une « interférence hybride » noétique/non noétique. La seule solution à celle-ci consiste à déterminer le nombre total d'opérations N_{op} résultant par :

$$\mathbf{N_{op} = 8{,}67.10^9 \times 33900 = 2{,}939.10^{14}}$$

Le nombre N_{op}, dans cette optique, doit être considéré comme la **traduction connectique** symplectique convolinvolutif $\Rightarrow$ phénoménal. En termes plus précis : f_{HS} (convolinvolutivement symplectique noéticanthropique) provoque par f_R (non noétisé, donc physique) le nombre $\mathbf{N_{op} = 2{,}939.10^{14}}$ (opérations par seconde) **physiques** dans le cerveau du Noéticanthrope. Nous allons nous apercevoir d'une correspondance tout-à-fait remarquable. Mais, auparavant, un « retour didactique ». Reprenons, à titre « préparatif », la théorie de la Fusion électromagnétique exposée au Lexique II, et prenons le cas de Fusion $\dot{n} = 2$ pour rester simple. Le tableau de l'analyse de la Fusion $\dot{n} = 2$ est représenté ci-dessous.

Etat fusionnel maxwellien fondamental : $\tilde{\Psi} = 16^2 = 256$ pour : $\mathcal{N}_2 = 16^{2\dot{n}m}$ avec $m = 0{,}5$, d'où $\mathcal{N}_2 = 256$

$\dot{n}$ \ q	−2	−1	0	1	2	
$\dot{n}$ = 2	1	1	1	1	1	⇒ 5
1		3	3	3		⇒ 9
0			2			⇒ 2
	1	4	6	4	1	⇓ ⇒ 16

Le nombre d'opérations (équivalence de raisonnement avec ci-dessus) cérébrales effectives (donc physiques) :

$$\sqrt{\mathcal{N}_2} = 16$$

En faisant l'opération $N_{op}^2 = 8{,}6377.10^{28}$, on constate à 1,7 % que :

$$N_{op}^2 = \mathcal{C}_{2N} \cdot \mathcal{C}_{20}^{-1} = 2{,}538937.10^{53} / 2{,}9908.10^{24}$$

soit :

$$\boldsymbol{\mathcal{N}_{2N} = 8{,}489.10^{28}} \quad ,$$

coefficient amplificateur holomorphe de la Noéticanthropie.

Par la mesure esthésiemétrique de $\mathcal{C}_{2N}$, on obtient $\mathcal{N}_{2N}$, donc également relevant des mesures. Or :

$$\mathcal{N}_2 = 16^{2\dot{n}m}$$

avec $\dot{n} = 16$ et m résultant du calcul connaissant la mesure de $\mathcal{C}_{2N}$ ayant fourni $\mathcal{N}_{2N}$. On trouve $m = 0{,}750778...$ La valeur de m est d'une extrême sensibilité, mais, vu une précision raisonnable obtenue pour $\mathcal{N}_{2N}$ (à trois décimales avant la puissance vingt huit de dix), il est nécessaire d'exprimer m à six décimales. Quoi qu'il en soit, et vu nombre d'incertitudes et de « stylisations » inévitables à propos des modèles pour établir f_{HS} et f_R, j'estime que le résultat obtenu permet d'écrire l'égalité :

$$\boxed{N_{op} = \sqrt{\mathcal{N}_{2N}}} \qquad (392)$$

et relève d'une révélation fantastique si l'on se permet l'interprétation suivante. A l'instar du tableau précédent pour le « cas-boson à information gravifique $n = 2$, où $\sqrt{256} = 16$ fournit l'« information-photon » $(n = 1)$ en tant que radiation électromagnétique physique, N_{op} ajusté à $\sqrt{8,489.10^{28}} = \mathbf{2,91358...10^{14}}$ **opérations neuronales** par seconde (donc physiques dans le cerveau) fournit, en fait, $N_{op}^2 = \mathcal{N}_{2N}$ **informations noétiques** qui relèvent de la puissance créatrice de l'**Homme démiurge**. Par contre, **hors de la Chaîne noétique**, f_{HS} devient $f_S = \dfrac{k}{2\pi\sqrt{m_{ADN}}} = 3,17.10^{13}$, donc **non susceptible d'interférence** avec f_R, car f_S n'étant pas noétisé, ne « se situe pas » à la connexion référentielle symplectique/phénoménal, ce qui expliquant d'autre part, une amplification noétique holomorphe voisine de 150 environ (au lieu de $8,489.10^{28}$), ne permet pas d'obtenir une relation du type N_{op} (car alors N_{op}^2 ne pourrait pas s'identifier à une amplification inférieure à lui-même (puisque $\mathcal{N}_{2N}$ est absent !). Les biologistes, quant à eux, ont remarqué depuis fort longtemps, que les cellules du corps humain vibrent à des fréquences dans une large gamme, de 20000 Hz à près du double. Je considère ainsi que, **dans la contingence**, les neurones du cerveau ne peuvent pas entrer dans une relation consciente avec les cellules du reste du corps (conscience « au-delà » de la conscience habituellement psychologique, bien que le cerveau demeure le « moteur-maître » de tout l'organisme, cette absence de « conscientisation » des cellules du corps expliquerait alors l'existence des maladies). Par contre, en **Noéticanthropie** (Chaîne Noétique incarnée), nous sommes plusieurs à avoir constaté que les pathologies ne peuvent plus apparaître (bien que, ce que l'organisme à « supporté » **avant** la noétisation, ne semble pas pouvoir s'effacer aisément… mais le recul nous manque pour en commenter davantage).

Courbures de l'« univers-électron » symplectique et énergies créatrices correspondantes de structurations physiques

Les transformations dans le référentiel nouménal–noétique auquel le quantique symplectique dans sa structure de base est intégralement associé, sont traduites par les dimensions :

$$\mathfrak{K}(\dot{q}_j) = \mathcal{C}_{(q_j)}^{-1/2} f_0 \text{ et } \mathfrak{K}(\dot{p}_j) = k^2 c_0^{-1} f_0 \mathcal{C}_{(p_j)}^{-1} \qquad (393)$$

Le premier terme exprime une vitesse, (NG) le second une force, (NG) d'où la

- 1ère équation structurelle :

$$F_1(\dot{q}_j) \equiv c_O \partial_{(p)} \mathcal{C}_{(\mathcal{H})}\text{, et la}$$

- 2e équation structurelle :

$$F_2(\dot{p}_j) \equiv -k^2 \partial_{(q^{1/2})} \mathcal{C}_{(\mathcal{H})}^{-1}$$

Le champ des hypercourbures symplectiques et vectoriel à 2 k composantes dans l'espace des phases est décrit par les hypercourbures informatives associées à l'électron d'Information noétique de base : $\mathcal{N} = 1$, soit :

$$\left.\begin{aligned} \sigma_{(\mathcal{C}_{\dot{q}})} &= \left(2\pi^2 r^{*3}\right)^{-1} . f_0^{-1} \dot{q}_{(j)} \\ \text{et } \sigma_{(\mathcal{C}_{\dot{p}})} &= \left(2\pi^2 r^{*3}\right)^{-1} . k^{-2} . \dot{p}_{(j)} \end{aligned}\right\} \qquad (394)$$

Pour ce qui concerne la première équation de (394), le calcul appliqué donne, pour l'**électron** :

$$\sigma_{(\mathcal{C}_{\dot{q}})} = \left\{ 2\pi^2 \left[\left| -r^* \sqrt{5} \right| \right]^3 \right\}^{-1} \cdot \widetilde{T}_B \cdot \dot{q}_{(j)}$$

avec : $\widetilde{T}_B = \dfrac{\widetilde{\lambda}_B}{c_0} = \dfrac{2{,}4253.10^{-12}\,\text{m}}{3.10^8}$

d'où, avec $\Phi = \frac{1}{2}\left(1+\sqrt{5}\right)$ et

$$\Omega_\Phi = \left(\frac{\Phi + \Phi^{-1}}{\Phi - \Phi^{-1}}\right)^2 \begin{cases} \text{soit } \widetilde{T}_B \approx \Phi\Omega_\Phi.10^{-21}\text{s} \\ \text{et } r^* = 7{,}7286.10^{-13}\text{m} \end{cases}$$

on obtient :

$$\boxed{\sigma(e_{\dot{q}}) = 2{,}3806.10^{22}\,\text{m}^{-2}}$$

Étudions la deuxième équation de (394), il vient :

$$\sigma(e_{\dot{p}}) = \left\{2\pi^2\left[\left|-r^*\sqrt{5}\right|\right]^3\right\}^{-1}\cdot k^{-2}\frac{d}{dt}\left(\mu_e c_0\right)$$

avec : $k^{-2}\frac{d}{dt}\left(\mu_e c_0\right) = k^{-2}\frac{\mu_e c_0}{\widetilde{T}_B}$

Il vient :

$$\sigma(e_{\dot{p}}) = \left\{2\pi^2\left(r^*\sqrt{5}\right)^3\right\}^{-1}\cdot k^{-2}\times 2{,}7309.10^{-22}\times\frac{0{,}2\times 2}{1+\sqrt{5}}.10^{21}\begin{cases}\text{où } \mu_e = 9{,}10939.10^{-31}\,\text{kg}\\ \widetilde{T}_B \approx \Phi\Omega_\Phi.10^{-21}\text{s}\end{cases}$$

d'où :

$$\boxed{\sigma(e_{\dot{p}}) = 2{,}845.10^{21}\,\text{m}^{-2}}$$

Pour les énergies respectives mises en jeu, elles représentent celles de la « création » de l'univers quantique-électron par :

$$w(e_{\dot{q}}) = k^2\cdot\left[\sigma(e_{\dot{q}})\right]^{-1} = 1{,}16465.10^{11}\times\left(2{,}3806.10^{22}\right)^{-1} = \mathbf{4{,}89.10^{-12}\,J\left(3{,}05.10^{7}\,eV\right)}$$

$$w(\mathcal{C}_{\dot{p}}) = k^2 \cdot \left[\sigma_{(\mathcal{C}_{\dot{p}})}\right]^{-1} = 1{,}16465.10^{11} \times \left(2{,}845.10^{21}\right)^{-1} = \mathbf{4{,}09.10^{-11}\,J}\,\left(\mathbf{2{,}555.10^{8}\,eV}\right)$$

Les deux courbures symplectiques $\sigma_{(\mathcal{C}_{\dot{q}})}$ (vitesse) et $\sigma_{(\mathcal{C}_{\dot{p}})}$ (force) représentent la transcendance créatrice puisqu'elles sont « origine première » de l'espace–temps–matière de l'Univers cosmologique, donc des constituants de la vie, de l'homme et…

La suite apparaîtra comme une conclusion « allant de soi » que j'aborderai ci–après. Il reste la géométrie courbe sous ses formes « courbures spatiales » où aucune masse, aucune énergie, aucune impulsion n'imposent le moindre grave, la moindre inertie, mais que « la stochastique » phénoménale par transformation « symplectique → espace–temps euclidien » génère en masse grave, inertie, quantité de mouvement et énergie. Cette transformation enferme le secret ultime du Sens lorsqu'elle se manifeste, lorsqu'elle devient Consciente en l'Homme.

Courbures de l'« univers-neurone/synapse » en connexion symplectique holomorphe et énergies créatrices correspondantes développées de structurations biomoléculaires

Les modèles développés, ici, concernent, en fait, l'« univers-ADN », car la molécule ADN, en tant que symbole modélisable se comporte, mathématiquement, de manière encore relativement simple, ce qui n'est plus le cas avec l'« univers-neurone ». Or, j'ai constaté que, en définitive, le cytosquelette neuronal obéit à la série de Fibonacci de manière extrêmement simple. La « loi-Nombre d'Or-Cardinalat » quant à elle est générale, de l'électron jusqu'aux tubulines cytosquelettes. D'où le « modèle-neurone » que j'admets équivalent au « modèle-ADN ».

Par extension du « modèle-électron », écrivons :

$$\boxed{\sigma_{\dot{q}(ADN)} = \left[2\pi^2\left(R_{ADN}\sqrt{5}\right)^3\right]^{-1}\widetilde{F}_{ADN}^{-1}c_0\,,}$$

avec :

$$\widetilde{F}_{ADN} = \frac{k}{2\pi\sqrt{m_{ADN}}} = \frac{3{,}41269688.10^5}{2\pi\sqrt{2{,}9354.10^{-18}}} = \mathbf{3{,}17.10^{13}\ Hz}$$

$$\widetilde{T}_{ADN} = \widetilde{F}_{ADN}^{-1} = \mathbf{3{,}1544.10^{-14}\,s}\ ;$$

$$\widetilde{\lambda}_{ADN} = c_0\widetilde{T}_{ADN} = \mathbf{9{,}463.10^{-6}\,m}$$

Rayon symbolique de la molécule symbolique standard ADN :

$$R_{ADN} = \frac{\widetilde{\lambda}_{ADN}}{2\pi} = \mathbf{1{,}506.10^{-6}\,m}$$

D'où le calcul pour la « courbure-vitesse » :

$$\sigma_{\dot{q}(ADN)} = 1{,}3266.10^{15} \times 9{,}4632.10^{-6}$$

soit :

$$\sigma_{\dot{q}(ADN)} = \mathbf{1{,}2554.10^{10}\,m^{-2}}$$

Le calcul pour la « courbure-force » s'écrit :

$$\boxed{\sigma_{\dot{p}(ADN)} = \left[2\pi^2\left(R_{ADN}\sqrt{5}\right)^3\right]^{-1} \cdot k^{-2}\,\frac{m_{ADN}c_0}{\widetilde{T}_{ADN}}}$$

et son application numérique donne :

$$\sigma_{\dot{p}(ADN)} = 1,3266.10^{15} \times \left(1,16465.10^{11}\right)^{-1} \times \frac{2,9354.10^{-18} \times 3.10^{8}}{3,1544.10^{-14}},$$

de résultat :

$$\sigma_{\dot{p}(ADN)} = \mathbf{3,18.10^{8}\,m^{-2}}$$

On déduit les énergies créatrices biophysiques correspondantes pour élaborer ces deux « univers-neurones » ; énergie « vitesse » :

$$w_{\dot{q}(ADN)} = k^{2} \cdot \left[\sigma_{\dot{q}(ADN)}\right]^{-1} = 1,16465.10^{11} \times 7,96559.10^{-11}$$

puis énergie « force » :

$$w_{\dot{p}(ADN)} = k^{2} \cdot \left[\sigma_{\dot{p}(ADN)}\right]^{-1} = 1,16465.10^{11} \times 3,144654.10^{-9},$$

d'où :

$$w_{\dot{q}(ADN)} = 9,277\ \mathrm{J}$$

$$w_{\dot{p}(ADN)} = 366,2\ \mathrm{J}$$

De manière compréhensible, ces valeurs sont « normalement » très faibles : ce sont celles de l'homme contingent, i.e., l'**homme planétaire**.

La Traduction de l'Art–dynamique créateur dans l'Homme

Les aspects de ce que je prévois développer, ici, ont été exposés en détail dans le chapitre précédent. Je me bornerai donc à un rappel succinct avec commentaires appropriés éventuels.

Le principe holomorphe appliqué au référentiel symplectique permet un certain nombre d'extrapolations lesquelles doivent être comprises comme un canevas subtil bien que, « in fine », la Dynamique créatrice agisse spectaculairement dans ses expressions physiques de l'espace–temps phénoménal.

Voici quelques résultats obtenus précédemment qui sont rappelés ici :

- fréquence de l'« onde hypersymplectique » associée– $(\mathrm{Nm})_{\mathrm{ADN}}$:
  (voir Lexique VII (L542) et (L543)

$\widetilde{\mathbf{f}}_{\mathrm{HS}} = \dfrac{k}{2\pi\sqrt{\mathrm{Nm}}} = \mathbf{8{,}67.10^9\,Hz}$ le terme $(\mathrm{Nm})_{\mathrm{ADN}}$ a été déterminé par mes soins lors de l'avènement de la Chaîne noétique dans mon organisme (Lexique VII : calcul de

$$(\mathrm{Nm})_{\mathrm{ADN}} = 3{,}937778.10^{-11}\,\mathrm{kg\,(NG)}\,)\,;$$

- fréquence théorique de l'« onde cellule biologique » associée :

$\mathbf{f}_{\mathbf{R}} = \mathbf{33900\,Hz}$ (longueur d'onde :
$\boldsymbol{\lambda}_{\mathbf{R}} = \mathbf{8850\,mètres}$) ;

- longueur d'onde de l'hypersymplectogenèse « doré » associée à l'organisme métabolique noétisé de l'« Homme–Univers » (démiurgie) :

$$\boxed{\widetilde{\boldsymbol{\lambda}}_{\mathbf{u}} = \widetilde{\mathrm{u}}_0 \mathrm{A}_{\mathrm{M}} \left(k^{-4} \mathcal{C}'_{\mathrm{A}} \mathcal{C}_{\mathrm{exf}}\right)^{1/2}} \qquad (395),$$

de valeur : $= \mathbf{1{,}56413.10^{11}\,m}$
de fréquence théorique associée : $\mathbf{0{,}001916635\,Hz}$ $(\mathbf{0{,}0019\,Hz})$ et de périodicité noétique :

$\mathbf{T}_R = f_u^{-1} = \mathbf{521{,}7476\,secondes}$;

- les deux relations ontologiques concernant la Noéticanthropie (Démiurgie) :

métabolique : $\boxed{(Mtb)_0 = \Phi W_{MN}}$ (396)

avec $W_{MN} = (Nm)_{ADN} c_0^2$;
structurelle ontologique d'univers pour :

$$\boxed{\mathscr{N}_0 = 10^{e/13}} \qquad (397)$$

avec : $e = 2{,}718281831...$ (base népérienne).
Le nombre premier 13 est issu de
$\mathbb{T}_R = \mathbf{T}_R/(1 \text{ seconde}) = 521{,}7476$ avec

$\Phi^n = \mathbb{T}_R$ pour $n = 13{,}00296$, valeur approchée de manière très correcte ;

- il convient d'adjoindre à ces deux relations ci–dessus :

$\Phi^7 = \varphi_R$ d'où :

$$\boxed{\Phi = (\varphi_R)^{1/7}} \qquad (398)$$

avec $\varphi_R = \widetilde{f}_{HS} c_0^{-1}/1\,\text{mètre}$.

L'association : $\Phi = 10^{e/13}$ (assimilation $\mathscr{N}_0$ à Φ) et $\Phi = (\varphi_R)^{1/7}$ synchronise exactement le métabolisme basal (396) à (397) puis à l'onde associée à la noétisation neuronale et moléculaire ce qui fournit l'égalité : $(\varphi_R)^{1/7} = 10^{e/13}$ d'où :

$\varphi_{\mathbf{R}}$ = **28,92** (valeur théoriquement exacte : 29).
L'ajustement exact est censé se produire par autocorrélation par le Nombre d'Or et la relation fondamentale autorégulatrice :

$$\Phi - \Phi^{-1} = 1^*$$

en agissant sur T_R. Dans le meilleur des cas, le postulat admet que le « guide d'ondes » microtubulines–microtubules du cytosquelette neuronal moléculaire ADN devient quasi parfait dans sa structure.

A partir de la première équation ontologique démiurgique, rappelée ci–haut par (L651), on exprime la courbure noéticanthropique par :

$$\mathcal{C}_{MN} = k^2 \left[(Mtb)_0 \right]^{-1} \Phi^{-1}$$

mais laquelle doit être détaillée dans ses deux variantes, de valeurs respectives :

courbure–vitesse :

$$\boxed{\sigma_{(\mathfrak{C}_{\dot{q}})}(\mathcal{C}_{MN}) = \left(2\pi^2 R^{*3}_{MN}\right)^{-1} (\Omega_\Phi) f_0^{-1} \dot{q}_{(j)}(\tilde{u}_0)} \qquad (399)$$

calculé selon :

$$(8{,}82)^{-1}\left[m^{-3}\right] \times 1{,}618 \times 5 \times (0{,}025)^{-1}[s] \times 1\left[m.s^{-1}\right] = \mathbf{36{,}7\ m^{-2}}$$

et d'énergie créatrice égale à :

$$W_{(\mathfrak{C}_{\dot{q}})}(\mathcal{C}_{MN}) = k^2 \left[\sigma_{(\mathfrak{C}_{\dot{q}})}(\mathcal{C}_{MN})\right]^{-1} = \mathbf{3{,}17.10^9\ J}$$

(ou environ 880 kWh)

courbure–force :

$$\boxed{\sigma_{(\mathcal{e}_{\dot{p}})}(\mathcal{C}_{MN}) = \left(2\pi^2 R^{*3}_{MN}\right)^{-1} k^{-2} \frac{d}{dt}\left[\frac{W_{BMN}}{\widetilde{u}_0}\right],} \qquad (400)$$

calculé selon :

$$(8{,}82)^{-1}\left[m^{-3}\right] \times \left(1{,}16465.10^{11}\right)^{-1}\left[kg^{-1}.s^{2}\right] \times \frac{\mathbf{0{,}025}\left[\mathbf{s^{-1}}\right] \times \mathbf{3{,}5283765.10^{6}}\left[\mathbf{m^{2}.kg.s^{-2}}\right]}{\mathbf{1\,m.s^{-1}}}$$

égale à : $\mathbf{8{,}58718686.10^{-8}\,m^{-2}}$, d'énergie créatrice associée égale à :

$$W_{(\mathcal{e}_{\dot{p}})}(\mathcal{C}_{MN}) = k^{2}\left[\sigma_{(\mathcal{e}_{\dot{p}})}(\mathcal{C}_{MN})\right]^{-1} \approx \mathbf{1{,}356.10^{18}}\,J\left(\sim \mathbf{3{,}7674.10^{11}\,kWh}\right)$$

Ces valeurs sont holomorphes symplectiques Non Graves !! Mais, en devenant euclidiennes les énergies (graves) deviennent colossales.

Ces deux énergies $W_{(\mathcal{e}_{\dot{q}})}$ et $W_{(\mathcal{e}_{\dot{p}})}$ sont l'ultime traduction de la dynamique démiurgique du modèle CONSCIENCE/ABSOLU traduit démiurgiquement dans l'Homme.

Ces valeurs sont, ainsi, celles de l'Homme-démiurge. L'on voit bien que, loin d'être une sophistication « sophiste » ou philosophico-spirituelle, la révélation de la Mutation dans la contingence humaine par la noétisation de ses cellules entraîne un bouleversement total de l'être : l'**incarnation de la Chaîne Noétique** dans ses cellules (il s'agit d'un processus assez laborieux et… long, ne nous y trompons pas) constitue la RÉVOLUTION fondamentale de l'espèce humaine. Elle s'imposera, envers et contre tout, car la Finalité universelle du Monde **doit** s'accomplir… et la créature humaine en est l'« objet » en attendant d'en être actrice.

Le modèle quantique symplectique nouménal de l'univers–tore microscopique ADN traduit la cohérence ondulatoire de toute noétisation gouvernée par l'Ordre

J'ai modélisé dans plusieurs de mes ouvrages, le symbolisme torique de la molécule ADN noétisée. Deux « énergies subtiles » la gouvernent : l'une transversale, l'autre longitudinale. Physiologiquement, dans la conception quantique des phénomènes neuronaux chez l'homme, le rapport entre les deux énergies doit correspondre à un **nombre rationnel** (entier ou fractionnaire). L'Investiture de cohérence (I.C.) a été traité précédemment.

Soit m le rapport F rationnel et écrivons la relation algébrique « marqueuse » associée. Rappelons la relation associée

$$\lambda^2 - F\lambda - 1 = 0$$

avec ses pôles :

$$\lambda_{F1} = \frac{1}{2}\left(F + \sqrt{F^2 + 4}\right)$$

et

$$\lambda_{F2} = \frac{1}{2}\left(F - \sqrt{F^2 + 4}\right)$$

On a alors :

$$\boxed{\lambda_{F1} + \lambda_{F2} = F} \qquad (401)$$

Je définis l'investiture de cohérence par :

$$\mathcal{N}_g < F < \mathcal{N}_h$$

avec $h = g + 1$ et ses deux équations algébriques respectives :

$$\lambda_g^2 - \mathcal{N}_g \lambda - 1 = 0 \qquad (402)$$

et

$$\lambda_h^2 - \mathcal{N}_h \lambda - 1 = 0 \qquad (403)$$

ce qui définit le Cardinalat gémellaire par (voir précédemment) :

$$\mathfrak{G} = q_{(i)} - q_{(i-1)} = 1^{**} \begin{cases} q_{(i)} = H \\ q_{(i-1)} = G \end{cases} \qquad (404)$$

La relation ontologique

$$\boxed{\mathfrak{G} = 1^{**}}, \qquad (405)$$

Cardinalat gémellaire définit, selon mon appellation, le « guide cohérence » mathématique.

Exemple (1) Soit $F = 6{,}28428$. Avec $\lambda^2 - 6{,}28428\lambda - 1 = 0$, on calcule

$$\begin{cases} \lambda_1 = 6{,}439569875 \\ \lambda_2 = -0{,}155289875 \end{cases}$$

et

$$\boxed{F = \lambda_1 + \lambda_2}$$

On a donc

$$\mathcal{N}_g = 6$$

et

$$\mathcal{N}_h = 7$$

avec $h = 7$ et $g = 6$

Les équations algébriques correspondantes définissent respectivement :

$$\lambda_4^2 - 6\lambda_4 - 1 = 0 \Rightarrow \boxed{\lambda_6 + \lambda_6^{-1} = 6}$$

puis

$$\lambda_5^2 - 7\lambda_5 - 1 = 0 \Rightarrow \boxed{\lambda_7 + \lambda_7^{-1} = 7}$$

Le « guide cohérence » se définit par :

$$(\lambda_1 + \lambda_2) - (\lambda_4 + \lambda_4^{-1}) + (\lambda_5 + \lambda_5^{-1}) - (\lambda_1 + \lambda_2) = (6{,}28428 - 6) + (7 - 6{,}28428) = 1$$

d'où

$$\boxed{\mathfrak{G} = 1**}$$

Exemple (2) (Rappel) Soit le 1er rapport de Fibonacci entièrement rationnel, soit $8/5 = 1{,}6$ et $5/8 = 0{,}625$. La gémellarité n'est pas respectée. Etc.

Considérons donc le rapport (le seul intégralement) rationnel de Fibonacci, celui du cytosquelette neuronal, soit :

$$8/5 = 1{,}6 \ ; \ 5/8 = 0{,}625 .$$

La gémellité n'est pas respectée car : $1{,}6 - 0{,}625 = 0{,}975$ par :

$$\lambda_{F_1} - \lambda_{F_2} = 0{,}975$$

① Écrivons le trinôme marqueur « dégénéré » sous la forme :

$$\lambda^2 - F\lambda - 1 = 0$$

avec $F = \{F_1 ; F_2\}$ et ses pôles :

$$\lambda_{F_1} = \frac{1}{2}\left(F_1 + \sqrt{F_1^2 + 4}\right) \text{ et } \lambda_{F_{21}} = \frac{1}{2}\left(F_2 - \sqrt{F_2^2 + 4}\right)$$

On calcule :

$$\lambda_{F_1} = \frac{1}{2}\left(F_1 + \sqrt{F_1^2 + 4}\right) = 1{,}6$$

d'où successivement :

$$\sqrt{F_1^2 + 4} = 3{,}2 - F_1 \ ; \ F_1^2 + 4 = (3{,}2 - F_1)^2$$

ce qui fournit :

$$\boxed{F_1 = 0{,}975}$$

Puis, pour la deuxième racine :

$$\lambda_{F_{21}} = \frac{1}{2}\left(F_2 - \sqrt{F^2 + 4}\right) = -0{,}625$$

En procédant comme précédemment (pour F_1) on trouve, comme prévu :

$$\boxed{F_2 = -0{,}975}$$

d'où le trinôme algébrique :

$$\boxed{\lambda_F^2 - 0{,}975\lambda_F - 1 = 0},$$

de racines :

$$\lambda_{F_1} = \frac{1}{2}\left[0{,}975 + \sqrt{(0{,}975)^2 + 4}\right] = 1{,}6$$

$$\lambda_{F_2} = \frac{1}{2}\left[0{,}975 - \sqrt{(0{,}975)^2 + 4}\right] = -0{,}625$$

② L'Investiture de Cohérence est déterminée, primordialement par l'inégalité $\boldsymbol{\mathcal{N}}_g < F < \boldsymbol{\mathcal{N}}_h$ avec $h = g + 1$.
Puisque $F = 0{,}975 < 1$, $g = 0$, d'où $h = 1$. Donc, l'investiture « accroche » le Nombre par le trinôme « doré » par :

$$\lambda_h^2 - \boldsymbol{\mathcal{N}}_h \lambda_h - 1 = 0$$

avec $\mathcal{N}_h = 1$ de pôles dorés connus :

$$\left\{\lambda_h ; -\lambda_h^{-1}\right\}$$

de sorte que :

$$\lambda_h - \lambda_h^{-1} = h$$

puis :

$$\lambda_{F_1} - \lambda_{F_2} = F$$

Par définition :

③ I.C.= $\left[\left(\lambda_{F_1} - \lambda_{F_2}\right) + \left(\lambda_h - \lambda_h^{-1}\right) - \left(\lambda_{F_1} - \lambda_{F_2}\right)\right]$.

« L'élément–acteur » $\left\{\lambda_{F_1} ; \lambda_{F_2}\right\}$ disparaît, si bien que :

$$\text{I.C.} = \lambda_h - \lambda_h^{-1} = \Phi - \Phi^{-1} = \frac{1}{2}\left(1 + \sqrt{5}\right) + \frac{1}{2}\left(1 - \sqrt{5}\right) = 1**$$

④ On démontre ainsi que toute activité **subtile**, suite au Nombre de Fibonacci : $\mathcal{u}_n = \frac{u_{n+1}}{u_n}$ soit $\mathcal{u}_5 = \frac{u_6}{u_5} = 8/5 = 1{,}6$, prise par le théorème de l'I.C. soit $\text{I.C.} = 1**$ « guide » à la Gémellité par le PRÉSENT–CONTINU TRANSFINI (Fusion Espace ← temps en convolution holomorphe HyperNoétique) : le Cardinalat gémellaire est restitué par :

$$\boxed{\mathfrak{G} = 1**}$$

Tout se passe comme si, subtilement, un calcul **instantané** (Hors–Temps–Espace) fournit le Transfini gémellaire, le CARDINALAT ABSOLU 1** à partir du seul couple « initiateur » : $u_6 = 8$; $u_5 = 5$. A admirer la « stratégie » impeccable de la Nature : le choix {8 ; 5} est le seul qui permet, dans l'incarnation du vivant, l'assurance de la stabilité énergétique (informative) car les rapports $\boldsymbol{u}_5$ et $\boldsymbol{u}_5^{-1}$ sont les seuls qui soient rationnels. Pour la « Fécondation » ultérieure de toutes les conséquences Transformatrices suite à la morphogenèse associée, c'est le Cardinalat 1** qui CRÉE. Or, seul, le Cardinalat, puisque INCRÉÉ/ABSOLU « initie », en retour, la CRÉATION morphogénétique à la perfection exigée (par 1**), ce que le nombre ordinal 0,975 ne peut jamais réussir. Double démonstration est ainsi faite :

- la vie dans ses infinies manifestations incarnées, à la richesse infinie, est une « obligation universelle première » ;
- l'Accomplissement futur de l'homme contingent en Noéticanthrope est la deuxième « obligation universelle ».

Dans le premier exemple avec $F = 6{,}28428$, il s'agit du rapport des ondes longitudinale et transversale associées aux courbures respectives $\sigma_{\dot{q}(ADN)} = 1{,}2554.10^{10}\,m^{-2}$ et $\sigma_{\dot{p}(ADN)} = 3{,}18.10^{8}\,m^{-2}$ du tore. Le rapport des deux décrit le carré des longueurs d'onde respectives par :

$$\widetilde{F}_{\dot{p}(ADN)} / \widetilde{F}_{\dot{q}(ADN)} = 6{,}28428$$

Dans l'exemple deux, c'est l'« étalon » v_5 du rapport de Fibonacci relatif au cytosquelette neural qui est « mis à l'épreuve ». Les deux aboutissent au Cardinalat gémellaire : c'est le « Guide d'onde » mathématique des microtubules, assurant la cohérence de la vie et… de la Vie démiurgique.

Le résultat obtenu conduit à la résolution de la conjecture d'une « cohérence quantique symplectique holomorphe » au sein des molécules ADN–neurones noétisées. Ce résultat est très important et doit conduire, rationnellement, à une révélation de grande ampleur par les conséquences induites, à (long) terme dans la créature humaine à aptitude « correspondante ». Mais… ceci, à la condition que l'holomorphisme, établi par les deux expressions ontologiques « démiurges » :

$$Mtb_0 = \Phi W_{BMN} \text{ et } \Phi = 10^{e/13},$$

ainsi, que : $\Phi^7 = \varphi_R$,

permette la « vérification expérimentale » dans le Vécu, c'est–à–dire dans son propre organisme, ce qui est le cas de l'auteur de ces lignes et de son épouse.

Il est important de constater l'exactitude, la perfection de la mathématique en tant que « sujet ontologique créateur » universel. A l'**imperfection** de l'**approximation** inhérente à tout ce qui est matérialisation phénoménale de l'espace–temps, le synopsis « canal d'investiture » répond par la **perfection** autocorrélée de la cohérence propre à la série de Fibonacci $X + X^{-1} = 1*$ $\lambda_k + \lambda_k^{-1} = k...$ $\Phi - \Phi^{-1} = 1*$) dans l'exactitude **absolue** (passage de valeurs irrationnelles à LA valeur rationnelle dans chaque cas). Que la C* algèbre A « se prête » à cet aspect particulier de la géométrie différentielle s'explique par le « rôle » **unique** de l'univers quantique, que cette algèbre résolve à la perfection ce « rôle » grâce aux projecteurs matriciels d'ordre deux révélant le Nombre d'Or désigne la fantastique synthèse « de facto » établi « a priori » aux fondements de l'Univers et qui ne sont donc nullement relativistes (au sens d'Albert Einstein, car en Fusion Espace–temps). La série de Fibonacci n'apparaît « après coup » que comme une sorte de « décomposé », certes génial par sa simplicité mais néanmoins laborieux par « le fait irrationnel » exigeant bien naturellement la « nécessité de l'infini » par :

$$\boxed{\boldsymbol{u}_n = \frac{u_{(n+1)}}{u_n} \rightarrow \boldsymbol{u}_{n\rightarrow\infty} \rightarrow \Phi} \qquad (406)$$

Résumons le parcours pour la conjecture du « guide d'ondes neural ».

- $\widetilde{f}_{ADN}$; $\widetilde{\lambda}_{ADN}$ des centrosomes neuraux ainsi que $\widetilde{\Gamma}_{ADN}$ (L602) de LXI, valeurs modélisées et vérifiées numériquement par mesures esthésiemétriques ;
- établissement de $\widetilde{f}_{HS}$; $\widetilde{\lambda}_{HS}$;
- notions de la « propriété guidance d'onde » par modèle cylindrique du neurone avec impact des rapports de Fibonacci et du Nombre d'Or avec pour résultat :
  $\Phi = \dfrac{Mtb_0}{W_{MN}} = \left(\widetilde{\lambda}_{HS}^{-1}/1m\right)^{1/7}$ ((L603) de Lexique XI) ce qui cautionne l'équivalence quantique submicro-noétique-HyperNoétique, « Homme » donc, en raccourci : équivalence électron-neurone, déjà établi (autrement) en Lexique XI ;
- le modèle cylindrique électron↔neurone, en fait, doit être traité, sur le plan symbolique, en riemannien torique $\mathbb{T}^2$.
  Ceci entraîne la possibilité d'une approche « **dissipation-attraction** » surtout utile pour le

modèle torique neuronal avec la « propriété-Ordre » par

$\Omega_\Phi = 5$ (cf. N'-Théorie). La construction du tore est basée sur

Ω_Φ ;

- étude de la possibilité « cohérence ondulatoire » de la dissipation-attraction en espace des phases. Circuit limite en espace des phases C_L est attracteur en Fusion E←T et est le tore $\mathbb{T}^2$. Approfondissements par spectre de Fourier dans le bassin attracteur du référentiel symplectique. Apparition du rapport p/q rationnel pour la stabilité étudiée pour rapport (Fibonacci) 5 (3/5) et 6 (5/8) dans la section pentagonale de Poincaré ;
- étude approfondie des imperfections dérivatives des rapports de Fibonacci par rapport au Nombre d'Or dont le Cardinalat assure la stabilité par jumelage algébrique (rationalisation du rapport p/q) : $\Phi - \Phi^{-1} = 1$**. (Discussion approfondie (cas de nullité de la dérivée de Lie) conduisant au jumelage parfait par le Cardinalat ci-dessus ;
- description de l'« hyper-quantique » symplectique en « espace » neural-ADN par le modèle torique où il est prouvé mathématiquement que celui-ci conduit à la stabilité absolue par $\Omega_\Phi = 5$, le modèle « cohéreur » (L595) LX) en étant l'artisan « moteur » ;
- en application, le modèle de la cohérence mathématique, par l'exemple des deux courbures informatives des énergies ondulatoires non graves associées :

$\left(\mathfrak{C}_{\dot{q}}\right)_{ADN}$ (vitesse)

et

$\left(\mathfrak{C}_{\dot{p}}\right)_{ADN}$ (force NG)

en tant qu'ondes longitudinale (p) et transversale (q) respectives lesquelles sont alors corrélées, corrélation traduite par la gémellarité du Cardinal $\mathfrak{C} = 1^{**}$;

- je postule ainsi que les deux ondes jumelées (transversalité $\mathfrak{v}_1$ et longitudinalité $\mathfrak{v}_2$) peuvent s'étudier à l'image de deux photons jumelés.

Enfin, tous ces calculs sont « effectués » Hors-Temps-Espace, l'« Intelligence » métamathématique du Cardinalat $\mathfrak{C} = 1^{**}$ en étant l'« opératrice nouménale » noétique.

CONNECTIVITÉ NEURALE ET FUSION ESPACE←TEMPS

Objectif et définitions

Par l'étude de phénomènes inexpliqués associés à des événements donnés non prévisibles, parvenir à une explication d'une prédictibilité associative de la connectivité neurale observée, des phénomènes aux événements : d'où la Fusion Espace←temps en tant que conséquence implicite du jumelage informatif connectique. Dans l'optique de l'holomorphisme étudié, le passage des photons jumeaux aux « neurones jumeaux » donc connectés va être admis ci-après, sur la base démonstrative du début de ce chapitre. Construisons le modèle ci-dessous :

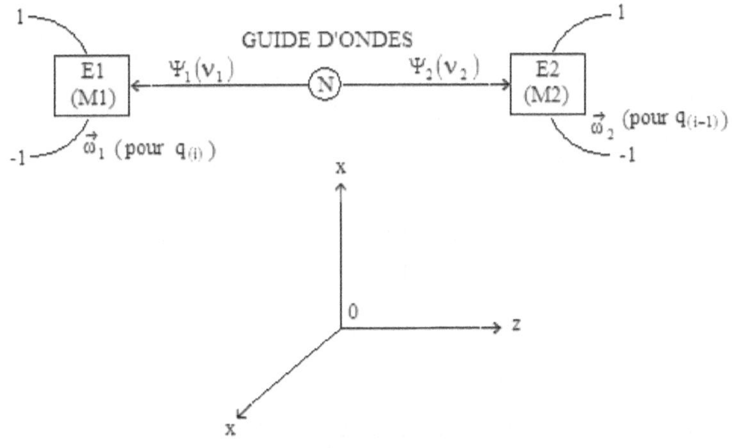

Figure 54

On considère deux champs noétiques $\Psi_1(\nu_1)$, $\Psi_2(\nu_2)$ issus d'une synapse N à deux neurones. Ces champs sont supposés se déplacer linéairement **dans** l'espace-temps événementiel (E1, E2) physique. On admet que M1 constitue un « miroir » symbolique pour tout événement E1 et M2, « miroir » symbolique pour tout événement E2. On admet (ce que l'esthésiemétrie a montré) que les champs symplectiques électromagnétiques possèdent des propriétés optiques de réflectivité ou de « passage », selon la nature de {E1 (M1), E2 (M2)}. Le champ ν_1, se « déplace » vers E1(M1), le champ ν_2 « vers » E2 (M2). Les événements E1 (M1), E2 (M2), imprédictibles a priori, provoquent des orientations que l'on admet limitées à deux : ($\overrightarrow{\omega_1}$ et $\overrightarrow{\omega_2}$) et associées aux deux ondes planes $\widetilde{\psi}_1$ et $\widetilde{\psi}_2$. Ce sont des ondes de phases cohérentes (voir paragraphe précédent) respectivement corrélées aux deux nombres $q_{(i)}$ et $q_{(i-1)}$ résultant des champs mathématiques, associés par :

$$\lambda_i^2 - q_i\lambda_i - 1 = 0$$

et

$$\lambda_{(i-1)}^2 - q_{(i-1)}\lambda_{(i-1)} - 1 = 0\,.$$

Les deux états possibles des {E1 (M1), E2 (M2)} sont conventionnellement définis par :

$$1\left(E_1^+ \,;\, E_2^+\right)$$

en cas de non réflexion (passage de l'onde) et :

$$-1\left(E_1^- \,;\, E_2^-\right)$$

en cas de réflexion de l'onde. Plusieurs ondes étant disponibles comme je l'ai déterminé et montré, sélectionnons par exemple : $\widetilde{f}_{HS}$ mesurée par esthésiemétrie sous sa forme $\widetilde{\Gamma}_{C(ADN)} = 0{,}0346\,\text{m}$ qui est la plus pertinente, donc la plus facile à mesurer. Je considère les événements $E_i\ (i = 1 ; 2)$ comme des miroirs symboliques ; en effet, l'onde $\widetilde{\Gamma}_{C(ADN)}$ est puissamment informative : tout évènement E_i « inacceptable » agit comme un écran opaque et $\widetilde{\Gamma}_{C(ADN)}$ est intégralement renvoyé ; la situation est alors : $-1(E_i^-)$; dans le cas d'un évènement « positif » allant dans un sens constructif, la situation se décline par : $1(E_i^+)$. On définit les deux « états noétiques » neuronaux par :

$$| \Psi(\nu_1, \nu_2)s \rangle = \frac{1}{\sqrt{2}} \{ | (x_1, x_2)s \rangle + \ | (y_1, y_2)s \rangle \} \qquad (407)$$

le sigle $| \ldots s \rangle$ représentant l'état informatif noétique (avec s pour symplectique. Dans l'**impossibilité prévisionnelle** des états noétiques, j'admets des comportements « aléatoires » au sens « intention noétique », non décohérée, bien que … l'aléa ne doit pas être instruit comme en quantique car, en fait, bien que le cerveau (conscience psychique) de l'opérateur humain soit dans l'incertitude du résultat (passage ou réflexion), si son « corpus » « perçoit » la nature de E_i, il y a confusion métrologique ; les neurones du cerveau sont alertés et le comportement devient alors prévisible [$1(E_i^+)$ ou $-1(E_i^-)$]. Il faut recommencer l'expérience (il convient alors de se faire assister d'un opérateur humain « en rayonnement » $\widetilde{\lambda}_{C(ADN)}$ environ 8100 nm, très éloigné de $0{,}0346\,\text{m} = 3{,}46.10^7\,\text{nm}$, donc pas d'interférences). Le « corpus » (soma), dans le « cas $\widetilde{\Gamma}_{C(ADN)}$ » est souvent conscient de la nature de E_i (- ou +) et les neurones sont alors rapidement (consciemment) avertis ; ce qui n'est pas le « cas $\widetilde{\lambda}_{C(ADN)}$ ». D'autre part, la longueur d'onde $\widetilde{\Gamma}_{C(ADN)}$ est suffisamment faible pour se comporter « optiquement » en tant que désadaptateur ou adaptateur d'admittance. Il y a adaptation d'admittance entre l'onde et l'événement pour $1(E_i^+)$: l'onde passe. Par contre, pour $-1(E_i^-)$, il y a désadaptation d'admittance et l'onde est « réfléchie ». Cette explication intéressante et capitale pour la Connaissance noétique se comprend : un évènement que nous refusons nous préoccupe (l'onde porteuse des informations « négatives » la constituant, étant réfléchie, en fait, « ne quitte pas » notre cerveau). Admettons, dans le « respect aléatoire » de l'expérience que, dans ce cas, $\widetilde{\Psi}(\nu_1)$ sort en 1 dans 50% des cas, donc en -1 dans 50% des autres cas, le nombre de situations « intentionnelles » i. e. probabilistes étant élevé.

Je cherche alors à formaliser une combinatoire où apparaîtront les paires {1 ; 1} pour $\widetilde{\Psi}(\nu_1)$ et $\widetilde{\Psi}(\nu_2)$ et idem pour les paires {-1 ; -1}.

Formalisme et corrélation neurale

Posons I.N. (Intention Noétique) par $N_\pm\left(\overrightarrow{\omega_1}\right)$ la probabilité « intentionnelle » de trouver le résultat ±1 pour $\widetilde{\Psi}(\nu_1)$ dans l'orientation $\overrightarrow{\omega_1}$ puis l'I.N. par $N_\pm\left(\overrightarrow{\omega_2}\right)$ de trouver ±1 pour $\widetilde{\Psi}(\nu_2)$ dans l'orientation $\overrightarrow{\omega_2}$. On peut donc prévoir :

$$\left.\begin{array}{c} N_+\left(\overrightarrow{\omega_1}\right) = N_-\left(\overrightarrow{\omega_1}\right) = 0{,}5 \\ \text{ainsi que :} \\ N_+\left(\overrightarrow{\omega_2}\right) = N_-\left(\overrightarrow{\omega_2}\right) = 0{,}5 \end{array}\right\} \qquad (408)$$

Considérons, maintenant, le cas des neurones corrélés. On pose :

$$N_{++}\left(\overrightarrow{\omega_1},\overrightarrow{\omega_2}\right)=N_{--}\left(\overrightarrow{\omega_1},\overrightarrow{\omega_2}\right)=\frac{1}{2}\cos^2\left(\overrightarrow{\omega_1},\overrightarrow{\omega_2}\right)$$

ainsi que :

$$N_{+-}\left(\overrightarrow{\omega_1},\overrightarrow{\omega_2}\right)=N_{-+}\left(\overrightarrow{\omega_1},\overrightarrow{\omega_2}\right)=\frac{1}{2}\sin^2\left(\overrightarrow{\omega_1},\overrightarrow{\omega_2}\right) \qquad (409),$$

en vertu du théorème de Pythagore appliqué en trigonométrie par le fait que :

$$\cos^2\left(\overrightarrow{\omega_1},\overrightarrow{\omega_2}\right)+\sin^2\left(\overrightarrow{\omega_1},\overrightarrow{\omega_2}\right)=1\,.$$

Pour $\left(\overrightarrow{\omega_1},\overrightarrow{\omega_2}\right)=0$,

$N_{++}\left(\overrightarrow{\omega_1},\overrightarrow{\omega_2}\right)=0{,}5$ ainsi que :
$N_{--}\left(\overrightarrow{\omega_1},\overrightarrow{\omega_2}\right)=0{,}5$ mais :
$N_{+-}\left(\overrightarrow{\omega_1},\overrightarrow{\omega_2}\right)=0$ ainsi que :
$N_{-+}\left(\overrightarrow{\omega_1},\overrightarrow{\omega_2}\right)=0$

Il est donc possible de définir, ainsi, un coefficient de corrélation neurale par :

$$\mathfrak{N}\left(\overrightarrow{\omega_1},\overrightarrow{\omega_2}\right)=N_{--}\left(\overrightarrow{\omega_1},\overrightarrow{\omega_2}\right)+N_{++}\left(\overrightarrow{\omega_1},\overrightarrow{\omega_2}\right)-\left[N_{+-}\left(\overrightarrow{\omega_1},\overrightarrow{\omega_2}\right)+N_{-+}\left(\overrightarrow{\omega_1},\overrightarrow{\omega_2}\right)\right] \qquad (410)$$

On voit ainsi que, lorsque l'angulation $\left(\overrightarrow{\omega_1},\overrightarrow{\omega_2}\right)=0$,

$$\mathfrak{N}(0)=1^{**} \qquad (411)$$

Dans ce cas, si $N_+\left(\overrightarrow{\omega_2}\right)=1$ relativement à $\widetilde{\Psi}(\nu_2)$ dans l'orientation $\overrightarrow{\omega_2}$, à l'évidence on trouvera $N_+\left(\overrightarrow{\omega_1}\right)=1$ relativement à $\widetilde{\Psi}(\nu_1)$ dans l'orientation $\overrightarrow{\omega_1}$. Le vecteur d'état noétique $|\Psi(\nu_1,\nu_2)s\rangle$ sera le même pour chaque paire, en **toute circonstance**. Reconsidérons maintenant (402). Il est convenable de poser simultanément, dans le cas neuronal :

$$N_{++}\left(\overrightarrow{\omega_1},\overrightarrow{\omega_2}\right)=\lambda_0$$

et

$$N_{--}\left(\overrightarrow{\omega_1},\overrightarrow{\omega_2}\right)=-\lambda_0^{-1}$$

dans un premier temps et de vérifier par (410) que :

$$\boxed{\lambda_0-\lambda_0^{-1}=1**} \qquad (412),$$

Cardinalat gémellaire puis dans un deuxième temps :

$$N_{++}\left(\overrightarrow{\omega_1},\overrightarrow{\omega_2}\right)=q_{(i)}$$

et

$$N_{--}\left(\overrightarrow{\omega_1},\overrightarrow{\omega_2}\right)=-q_{(i-1)}$$

et de vérifier en plus que, à nouveau par (410) :

$$\boxed{q_{(i)}-q_{(i-1)}=1**} \qquad (413)$$

Dans chacun de ces deux cas de figures, le vecteur d'état $|\Psi(\nu_1,\nu_2)s\rangle$ demeure identique et vérifie ainsi la **corrélation neurale** inconditionnelle. De (402), découle :

$$\mathfrak{N}_0\left(\overrightarrow{\omega_1},\overrightarrow{\omega_2}\right)=\cos^2\left(\overrightarrow{\omega_1},\overrightarrow{\omega_2}\right)-\sin^2\left(\overrightarrow{\omega_1},\overrightarrow{\omega_2}\right)\text{, d'où :}$$

$$\boxed{\mathfrak{N}_0\left(\overrightarrow{\omega_1},\overrightarrow{\omega_2}\right)=\cos 2\left(\overrightarrow{\omega_1},\overrightarrow{\omega_2}\right)} \qquad (414)$$

Les synapses en Fusion Espace←temps

Les relations (411) à (413) vérifient le **Cardinalat gémellaire** 1**, donc la corrélation neurale pour deux neurones d'Informations noétiques appartenant à un même rapport originel de Fibonacci (λ_i,λ_i^{-1}) aboutissant par cohérence mathématique à ($\Phi,-\Phi^{-1}$), jumelage doré. Au niveau primordial, je pose la conjecture suivante : les deux rapports primordiaux de Fibonacci {3/5 ; 5/3} qui caractérisent la structure microtubulaire neurobiologique des neurones rendent l'ensemble de **tous** les neurones **corrélés** potentiellement, moyennant certaines dispositions, informationnelles et **associatives** de sorte que l'action cérébrale se développe, chez l'Homme (Noéticanthrope) a priori en **Fusion Espace←temps** par la fonction $\mathfrak{F}_0=1*$ (cf. Lexique II (L30) ; (L31) ; (L43). Dans ces conditions, le détecteur de coïncidence (appareil électronique) nécessaire pour déceler la validité de (403) dans le cas des photons, n'est pas nécessaire dans le « cas neural » envisagé ici, puisque ce détecteur est intrinsèquement opérationnel à tout instant par $\mathfrak{F}_0=1*$ dans les cellules neuronales elles-mêmes, étant donné que, par définition de la Fusion E←T, aucun intervalle de temps, ni aucune distance ne séparent les neurones corrélés, leurs rayonnements d'ondes cohérentes (en particulier, $\widetilde{\Gamma}_{C(ADN)}$ ainsi que par {$\mathcal{N}_{2N}\widetilde{\Gamma}_{ADN}$ (372)} étant les « agents noétiques » de ladite Fusion). Je dis que ce symbolisme symplectique noétique explique que, par les extraordinaires prouesses techniques en imagerie cérébrale, la neurobiologie, **dans** l'espace-temps, découvre les propriétés de la plus haute organisation de l'Intelligence universelle qu'est le cerveau.

Le formalisme rigoureux appliqué dans l'optique neurale ci-dessus, par (411), rend le processus **connecté** exactement : les événements E1 et E2 doivent être tels que les ondes $\tilde{\Psi}(\nu_1)$ et $\tilde{\Psi}(\nu_2)$ passent toutes deux pour E1 passant et E2 réflexif, $\tilde{\Psi}(\nu_1)$ étant supposé parvenir avant (dans l'espace-temps) à E1, mais sont réfléchies toutes deux au cas où $\tilde{\Psi}(\nu_1)$ est réfléchi a priori par E1 lorsque son parcours précède celui de $\tilde{\Psi}(\nu_2)$ devant E2 (dans l'espace-temps). L'extrême complexité des processus neuronaux ne permet pas d'affirmer que la binarité {1 ; -1} puisse être respectée dans la **contingence humaine**, d'où un désordre prévisible qui risque d'amener, à terme, le chaos, donc non viabilité. Le **cas noéticanthropique**, par contre, celui de l'Ordre, devrait être représentatif du processus connectif ci-dessus.

Combinatoires informatives électronique spin 2 et neural $\dot{n} = 16$ (m = 0,75)

Combinatoire électronique et neurale holomorphe $\dot{n} = 2$

Je rappelle que le modèle électronique $\dot{n} = 2$ a été établi au Lexique II à l'aide des deux relations combinatoires (L131)1 et (L131)2 d'où a résulté le tableau de représentation, base structurelle (en tant que modèle théorique) de l'Univers pour spin $\dot{n} = 2$

$\dot{n}$ \ q	−2	−1	0	+1	+2	
n = 2	1	1	1	1	1	
1		3	3	3		
0			2			
Total	1	4	6	4	1	= 16	= (4^2)

L'état fusionnel fondamental est défini par $16^{2\dot{n}m} = 256$ ($\text{pour } \dot{n} = 2 \; ; \; m = 0{,}5$) grandeurs informatives au total dont $\sqrt{256} = 16$ grandeurs indépendantes (à des fins de matérialisation et/ou incarnatives).

Le nombre total de combinaisons informatives possibles est défini par le rapport

$$\sigma_\Psi = \frac{N!}{\Pi(n_i!)}$$

où,ici,

$$N! = 16! \approx 2{,}09.10^{13}$$

et

$$\Pi(n_i!) = 1! \times 4! \times 6! \times 4! \times 1! = 414720$$

D'où :

$$\sigma_\Psi \approx 5{,}4.10^7 .$$

L'Information noétique combinatoire noétique a pour valeur :

$$\mathcal{J}_\Psi = \ell n \sigma_\Psi = 17{,}8$$

Combinatoire neurale holomorphe $\dot{n} = 16$ (m = 0,75)

Considérons, maintenant, l'Information noétique combinatoire neuronale $\dot{n} = 16$; m = 0,75. Le schéma de la structure qui correspond à l'Homme Noéticanthrope a été calculé et représenté dans « Gnôsis noétique et métaphysique » §8 sous la forme :

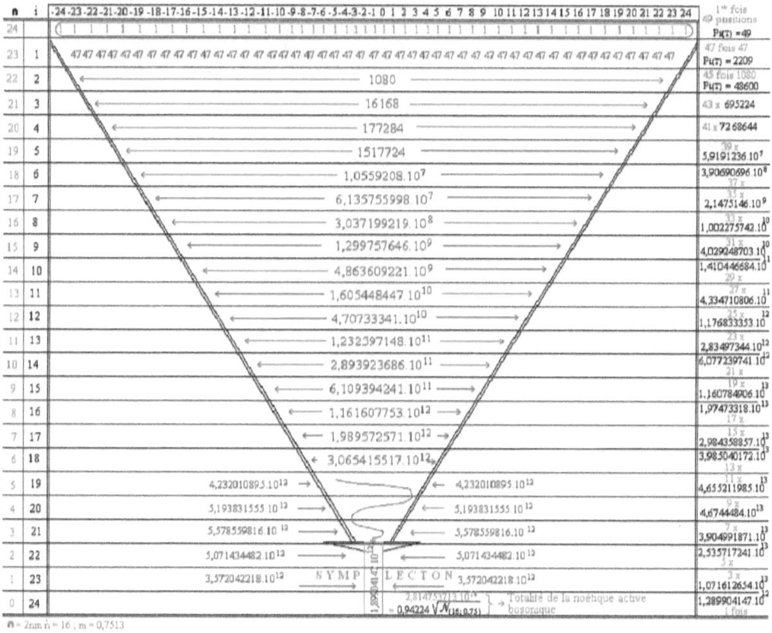

Dans la version holomorphe neuronale, le calcul procède par :

$$N\,! = \left[\sqrt{2{,}49.10^{28}}\right]! \approx 10^{2{,}945.10^{15}}$$

On peut estimer que pour $\Pi(n_i\,!)$, il suffit d'effectuer la somme pour la position $n = 0$, ce qui fournit

$\rho_N = 3{,}286.10^{13}$! (avec peu d'erreur en négligeant les autres colonnes) ce qui, après utilisation de la formule de Stirling, soit :

$$\left(\frac{3{,}286.10^{13}}{2{,}71828183}\right)^{3{,}286.10^{13}} \times \sqrt{2\pi \times 3{,}286.10^{13}}$$

donne $\rho_N \approx 10^{4{,}3.10^{14}}$!

D'où l'Information noétique combinatoire :

$$\mathcal{I}_N = \ell n \sigma_N = \ell n \frac{10^{2{,}945.10^{15}}}{10^{4{,}3.10^{14}}}$$

On obtient :

$$\mathcal{I}_N = 5{,}635.10^{15} - 9{,}89.10^{14} \approx \mathbf{4{,}446.10^{15}}$$

Le rapport d'efficience informative entre $\mathcal{I}_N$ et $\mathcal{I}_\Psi$ se détermine par :

$$\mathcal{I}_N - \mathcal{I}_\Psi \approx \mathbf{4{,}446.10^{15}}$$

Cette valeur, quasi infiniment élevée, nous apprend la potentialité pour l'homme contingent actuel d'avoir la possibilité, dans un avenir à terme, de transcender sa dualité encore animale, son cerveau acquiérant une flexibilité neuronale infiniment plus élevée que celle de la contingence actuelle. En estimant cependant que, la potentialité nouménale de $\dot{n} = 2$ est à $16^2 = 256$ opérations potentiellement décohérables, il faudrait procéder avec 256 ! au lieu de 16 ! Un nouveau calcul fournit alors, avec 256 ! $\approx 10^{506{,}933244...}$

$\mathcal{I}_\Psi = 1154{,}32$ au lieu de 17,8. La différence

$$\mathcal{I}_N - \mathcal{I}_\Psi = 4{,}446.10^{15} - 1{,}15432.10^{3} \approx 4{,}446.10^{15}$$

n'affecte guère davantage le calcul du rapport d'efficience informative précédent.

LA LÉGENDE DU TEMPS ABOLI

De la physique quantique, formalisée par l'intelligence la plus développée du cerveau humain à la « conception noétique » qui imprime la fin de la contingence dans le soma et le psychisme de l'homme, est-ce une aventure conceptualisable ? Peut-on seulement l'imaginer ? L'aube de secrets encore jamais révélés vient-elle de se lever sur le sort funeste d'une humanité qui s'est arrimée à une dérive qui ne serait jamais que l'accélération du maelström qui va engloutir l'inconscience et l'ignorance généralisées ? Y aurait-il un fil conducteur qui relierait les révélations noétiques de la physique quantique à cette aube de secrets qui toucherait la « légende » de la vie et nous propulserait vers la Révélation ultime : l'Homme démiurge, créateur d'univers, dans le sens où ces termes ont été expliqués dans le présent ouvrage ? Inutile de prendre date. Annoncé depuis de longues années ici même, la Fin des temps prophétiques, la Fin du temps physique sont là et nous imposent désormais la morsure de l'inconséquence humaine. Jusqu'à ce que la Conscience d'ABSOLU viendra l'effleurer.

Il vient d'être proposé dans ces pages de prendre Conscience de l'indicible qui gouverne la physique noétique : la Symbolique mathématique qui démontre que, simultanément à l'espace-temps et à ses manifestations matérielles, la Fusion Espace←temps, le Mystère ultime de l'Univers, consacre la **Totalité** à ce qui dépasse encore infiniment l'esprit de l'homme : la royauté de son Destin révélée dans la Raison simple mais toujours résolue : l'Accord profond de celle-ci et de celui-là aux grandes lois ontologiques de l'Univers.

Ussat, le 27 février 2009

Table